AF515403

알기 쉬운 **재료역학**

저자 프로필

김영호 한국폴리텍대학 충남캠퍼스 전기자동차과 교수
오만진 오산대학교 자동차 공학계열 교수

알기 쉬운 재료역학

초 판 인 쇄 | 2026년 2월 15일
초 판 발 행 | 2026년 2월 25일

지 은 이 | 김영호 오만진
발 행 인 | 조규백
발 행 처 | **도서출판 구민사**
(07293) 서울특별시 영등포구 문래북로 116, 604호(문래동 3가, 트리플렉스)
전 화 | (02) 701 - 7421
팩 스 | (02) 3273 - 9642
홈페이지 | www.kuhminsa.co.kr

신고번호 | 제2012-000055호(1980년 2월 4일)
I S B N | 979-11-6875-673-1 [93550]

값 25,000원

PREFACE
머리말

이 책은 기계공학 분야에서 많이 접하는 재료역학적 문제들을 해결하기 위한 필요 최소한의 내용을 남김없이 수록하여, 아주 쉽고 이해하기 쉽도록 풀이한 책이다. 또한 학문적 깊이를 요구하는 내용에 대해서는 결과만을 응용하여 독자로 하여금 지루함을 느끼지 않도록 힘썼다.

이 책의 대상으로서는 일단 기계공학에 입문하여 공부를 시작하는 모든 분을 고려하여 집필하였지만 다른 분야의 공학을 배우시는 분, 또는 기계기술자를 대상으로 하여 읽어 가면서 내용을 파악할 수 있도록 문제 풀이식으로 충분히 쉽게 집필하였다.

단위계는 현재 국내에서 일반적으로 사용하고 있는 MKS 단위를 사용하여 현장감을 충실히 하였으며, 주어진 문제에 대하여 생각하는 방법과 풀이하는 방법에 대하여 쉽고 간결하게 정리하였다.

중요한 기본사항에 대하여 한눈에 알기 쉽도록 정리하여 해설하였으며, 삼각 함수를 필요로 하는 곳에는 계산을 쉽게 하기 위하여 주로 특별각을 사용하였다.

집필에 있어서는 필자의 현장체험을 통하여 재료역학의 중요성과 산업안전, 강도, 파괴사고 등에 대해서도 연계하여 해설하려 하였으나, 시간과 지면의 부족으로 삽입치 못한 점을 양해해 주시기 바라며, 아울러 부족한 점에 대해서는 차기에 더욱 충실히 보충해 드릴 것을 약속드리면서 독자 여러분의 공부에 조금 이나마 도움이 되기를 바랍니다.

Mechanics of Materials

차 례

contents

CHAPTER 02 응력과 변형률[stress & strain] 27

CHAPTER 00 부 록[appendix] 327

Mechanics of Materials

CHAPTER 01 서 론

introduction

1. 역학(dynamics)

역학이란 ? 힘을 받고 있는 물체의 운동이나 정지상태를 서술 혹은 예측하는 학문으로써 실험물리학의 아버지라고 할 수 있는 Galileo Galilei(1564~1642)에 의해서 처음 시작되어 Issac Newton(1642~1727)에 의해 그 기초가 확립되었다.

일반적으로 역학은 힘과 물체의 운동과의 관계를 다루는 동역학과 외력이 평형을 이루어 물체가 정지하고 있거나 등속운동을 하는 정역학, 재료에 작용하는 힘과 재료의 변형을 다루는 재료역학, 유체에 작용하는 힘과 유체의 운동을 다루는 유체역학 등으로 분류할 수 있다.

① 강체역학 : 정역학, 동역학

② 변형체역학 : 재료역학

③ 유체역학

알아두기

① 역학에서 사용되는 기본 개념 : 길이, 시간, 질량, 힘

② 질점 : 물체의 크기가 공간에서 한 점으로 존재할 만큼 아주 작은 것.

③ 강체 : 질점이 서로간의 고정된 위치를 점유하고 있는 많은 질점들의 조합

2. 기본개념

역학은 힘에 관련한 자연현상을 다루는 학문이라고 말하였다. 이러한 자연현상을 수학적으로 기술할 수 있는 기초적인 개념은 다음과 같다.

2.1. 평행사변형의 법칙

한 질점에 작용하는 두 개의 힘을 하나의 힘 즉, 합력으로 표시할 수 있다. 이 합력은 주어진 힘과 크기가 같은 변을 갖는 평행사변형의 대각선이 된다.

2.2. 전달의 원리

강체상의 주어진 한 점에 작용하는 힘을 힘의 작용선을 따라 다른 점으로 이동하더라도 강체에 미치는 외부효과는 변하지 않는다.

2.3. 뉴턴운동의 3법칙(newton's three fundamental laws)

2.3.1. 제 1 법칙

만일 질점에 작용하는 합력이 없다면 원래 정지상태에 있는 질점은 정지상태에 있고, 운동하고 있는 질점은 일정한 속력으로 직선운동을 한다.

2.3.2. 제 2 법칙

만일 질점에 작용하는 합력이 존재한다면, 질점은 합력의 크기에 비례하는 가속도를 갖고, 그 가속도는 합력이 작용하는 방향으로 작용한다.

$$F = ma$$

F : 힘
m : 질량
a : 가속도

2.3.3. 제 3 법칙

상호작용하는 물체들 사이에 작용력과 반 작용력은 크기가 같고 작용선이 같으며 방향은 반대이다.

2.4. 스칼라(scalar)와 벡터(vector)

자연현상에서 밝혀진 수학적인 값들을 나타내는 방법에는 두 가지의 방법이 있다. 값의 크기만을 필요로 하는 것(스칼라량)과 크기와 방향을 필요로 하는 것(벡터량)들이 있다.

2.4.1. 스칼라(scalar)

단순한 크기만으로 기술되는 물리량으로써 대수적으로 더하고 빼거나, 곱하고, 나누면 해석이 가능하다.

예 거리, 면적, 부피, 시간, 질량, 속력, 온도, 에너지, 일 등

2.4.2. 벡터(vector)

공간상에서 크기와 방향이 제시되는 물리량으로서 변위, 속도, 가속도, 힘, 모멘트, 운동량을 들 수 있으며, 도식적으로는 화살표에 의해서 표시되는데 화살표에는 벡터의 크기, 방향, 방향성이 내포되어 있다.

2.5. 힘(force)

한 물체가 다른 물체에 작용하여 그 물체의 운동을 변화시키거나 변화시키려고 하는 것을 힘이라고 말한다. 힘에는 물체와 물체의 직접 접촉에 의한 것과 자기력이나 만유인력과 같이 비접촉상태에서 작용하는 것이 있다. 힘의 크기는 뉴튼의 운동법칙으로 정의되며 물체의 질량과 운동의 가속도를 곱한 값을 힘의 크기로 정의한다.

2.5.1. 힘 벡터의 합산

힘은 크기와 방향을 가진 벡터로서 평행사변형의 법칙에 따라서 더해진다.

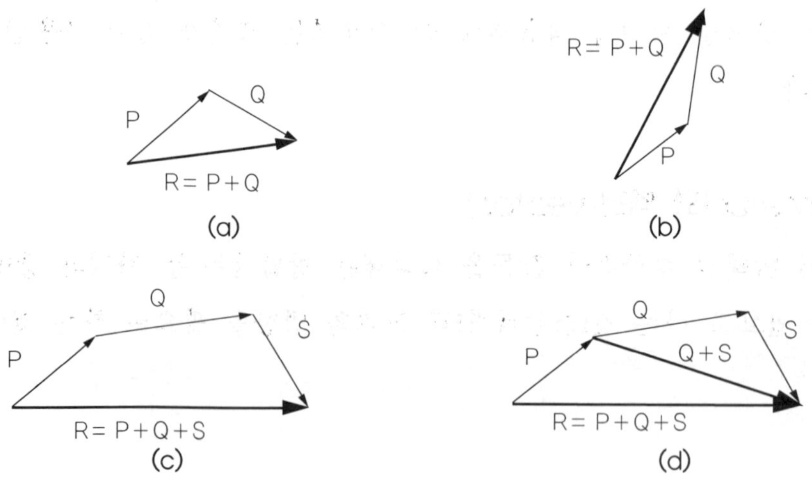

그림 1.

특별히 두 개 이상의 힘을 더하려면 평행사변형의 법칙을 순차적으로 적용하면 된다.

2.5.2. 여러 집합력의 합력

한 점에 여러 힘이 작용하는 경우에서도 힘의 평행사변형 법칙과 힘의 평행이동으로 합력을 구할 수 있다. 즉, 최초 벡터의 끝점에 다음 벡터의 시작점을 연결하고, 이 끝점과 다음 벡터의 시작점을 잇고, 연속적으로 이와 같이 연결한 후, 최초 벡터의 시작점을 최후 벡터의 끝점에 연결한 벡터가 모든 벡터의 합력이 된다.

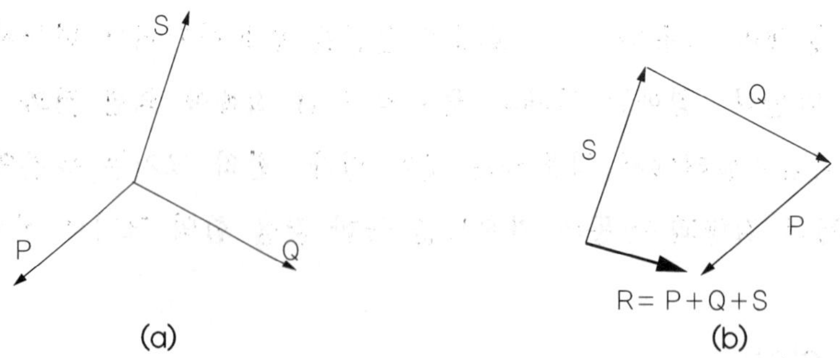

그림 2.

2.5.3. 힘의 분해

두 힘벡터 A와 B의 분해는 다음과 같은 덧셈식(합성식)으로 표현될 수 있다.

$$R = A - B = A + (-B)$$

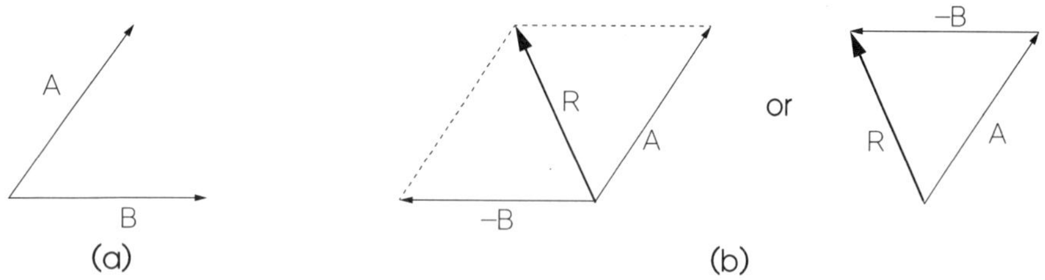

그림 3.

2.5.4. X, Y성분의 합에 의한 힘의 합산

세 힘 이상을 합산할 때는 힘의 합력을 구하는 힘의 다각형으로 삼각해법을 실제로 적용할 수가 없다. 이 경우에는 해석해법을 사용해야 한다. 질점에 작용하는 여러 힘의 합력 R의 스칼라 성분 Rx와 Ry는 해당되는 각 힘의 스칼라 성분들의 대수적 합산에 의하여 구해진다.

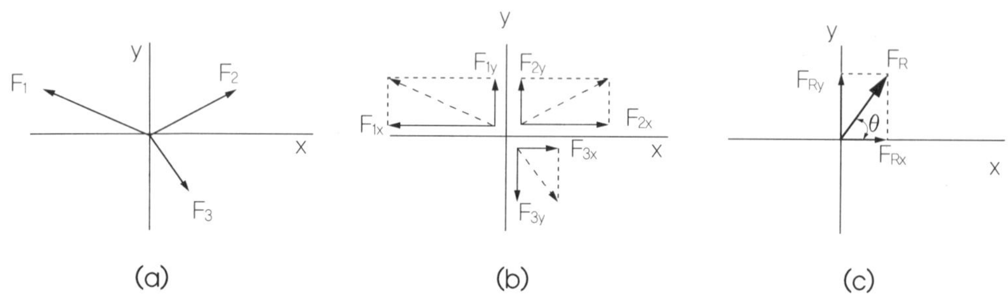

그림 4.

예제 Exercise

01. F_1 = 100[N], F_2 = 50[N], F_3 = 60[N]일 때 힘계의 합력을 구하시오.

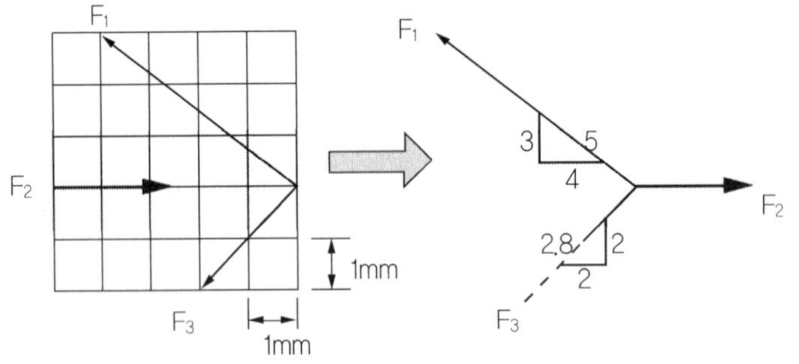

풀이 $R = F_1 + F_2 + F_3 = \sqrt{R_x^2 + R_y^2}$

$R_x = F_{1x} + F_{2x} + F_{3x} = -89 + 50 - 42.9 = -72.9$

$R_y = F_{1y} + F_{2y} + F_{3y} = 60 + 0 - 42.9 = 17.1$

$\therefore R = \sqrt{R_x^2 + R_y^2} = 74.87[N]$

2.6. 힘의 모멘트

2.6.1. 스칼라공식

A점을 통과하는 축에 대한 힘 F의 모멘트 M_A, 혹은 간단하게 표현하면 A에 대한 F의 모멘트는 힘의 크기 F와 A로부터 F의 작용선까지 수직거리 d의 곱으로 정의된다.

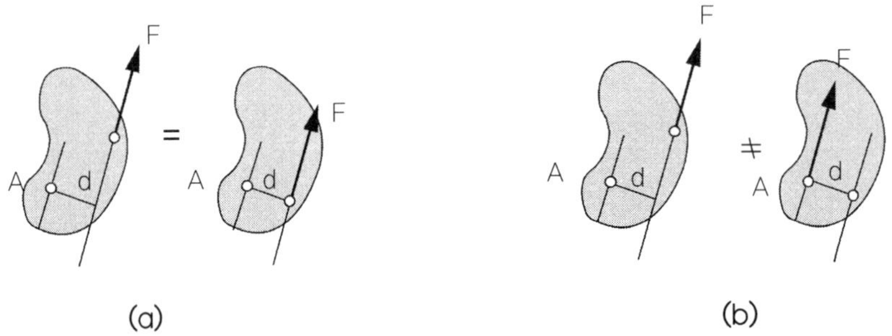

그림 5.

2.6.2. 벡터공식

점 O에 대한 힘 F의 모멘트, 실제로는 점 O를 통과하며 O와 F를 포함한 평면에 수직한 힘 F의 모멘트는 벡터의 외적으로 정의된다.

$$M_O = \gamma \times F$$

여기서 r은 점 O로부터 힘 F의 작용선상의 한 점 A까지의 위치벡터이다.

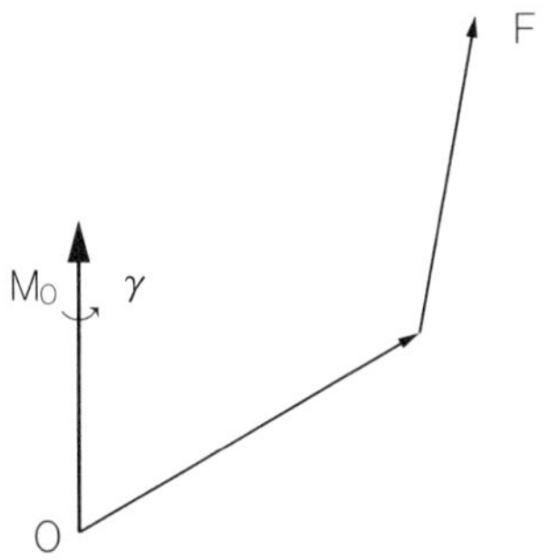

그림 6.

2.6.3. 직각벡터의 공식화

위치벡터 r과 힘 F를 직각 벡터의 형태로 표시하면 다음과 같은 행렬식으로 표현된다.

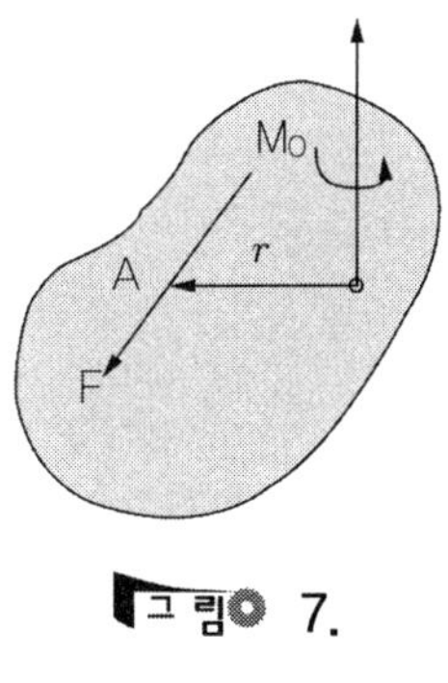

그림 7.

$$M_o = r \times F = \begin{vmatrix} i & j & k \\ r_x & r_y & r_z \\ F_x & F_y & F_z \end{vmatrix}$$

여기서 r_x, r_y, r_z는 한 점 O에서 힘의 작용선상의 한 점까지 그은 위치벡터의 직각성분이다. 또한 F_x, F_y, F_z는 힘 벡터의 직각성분이다.

2.7. 바리뇽의 정리(varignon's theorem)

임의의 축에 대한 한 힘의 모멘트는 같은 축에 대한 그 힘의 분력의 모멘트의 합과 같다. F의 모멘트는 분력 P와 Q의 모멘트의 합과 같다.

$$Fd = Pd_1 + Qd_2$$

$$Fd = F(AB)\cos\theta = (AB)F\cos\theta = (AB)F_x$$

같은 방법으로

$$Pd_1 + Qd_2 = (AB)P_x + (AB)Q_x = (AB)(P_x + Q_x)$$

이다.

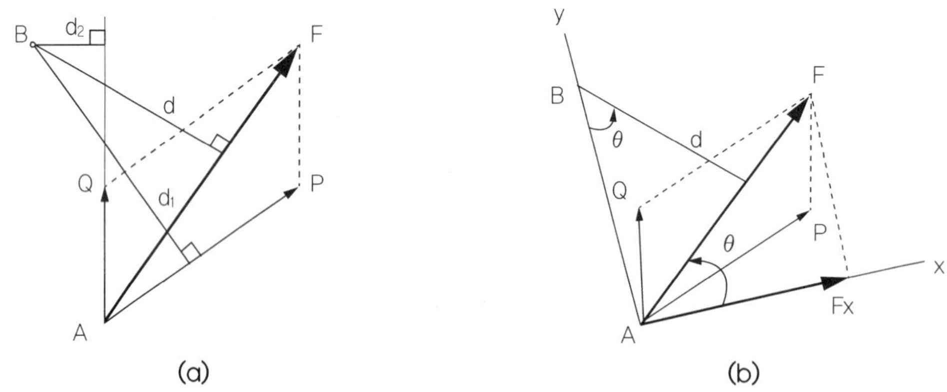

그림 8.

2.8. 우력모멘트

크기가 같고 작용선이 평행하고 방향이 반대인 두 힘은 우력(couple)을 이룬다고 한다. 두 힘 F와 F′의 x, y성분의 합은 0이다. 그러나 A점을 지나는 한 축에 대한 모멘트의 합은 0이 아니다. 이 두 힘은 강체를 이동시키지는 않지만 회전시키려고 한다. 즉, 우력의 유일한 효과는 특정 방향으로의 회전을 유발시키는 것이다.

A점에 대한 두 힘의 모멘트의 합 M은

$$M = r_A \times (-F) + r_B \times (F) = (r_B - r_A) \times F = r \times F$$

이다.

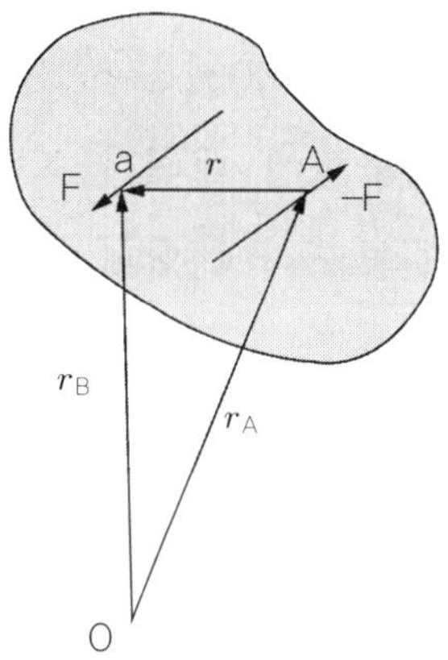

그림 9.

3. 평형

3.1. 강체의 평형

강체에 작용하는 외력들이 0의 힘의 시스템을 형성할 때, 그 강체는 평형상태에 있다고 한다. 즉 합력이 0이고 우력이 0인 시스템을 말한다.

$$\Sigma F_x = 0$$

$$\Sigma F_y = 0$$

$$\Sigma M_A = 0$$

위의 식은 강체에 작용하는 외력은 강체를 아무런 병진운동도, 임의의 점에 대해 아무런 회전운동도 일으키지 않는다는 것을 의미하고 있다.

3.2. 자유물체도

평형방정식을 올바르게 적용하기 위해서는 먼저 해석대상 물체를 이상화시켜, 물체에 작용하고 있는 기지의 힘과 미지의 힘 모두를 상세히 기술하여야 한다. 이들 힘을 기술하는 최상의 방법은 자유물체도(free-body diagram)를 그리는 것이다.

자유물체도란 ? 모든 해석 대상물체에 대해서 작용하는 힘과 물체의 일부를 분리된 선도로써 나타낸 그림을 자유물체도라고 한다.

3.2.1. 자유물체도의 특징

① 물체의 그림 또는 선도

② 물체의 기초 또는 지지대는 물론 모든 다른 물체로부터 완전히 분리되어야 한다.

③ 고립시키는 과정에서 제거된 각 물체가 선도에 나타난 물체에 미치는 작용은 힘들로 나타낸다.

알아두기

① 미지 힘의 방향은 가정을 하고 맞지 않는 것을 발견하면 고친다.

② 힘의 크기는 가정된 힘의 방향에 무관하고, 결과가 (+)이면 가정한 방향이 맞고, (-)이면 힘의 방향은 가정한 방향의 반대이다.

표 1. 2차원 힘계를 받는 강체의 지지형태

롤러지점

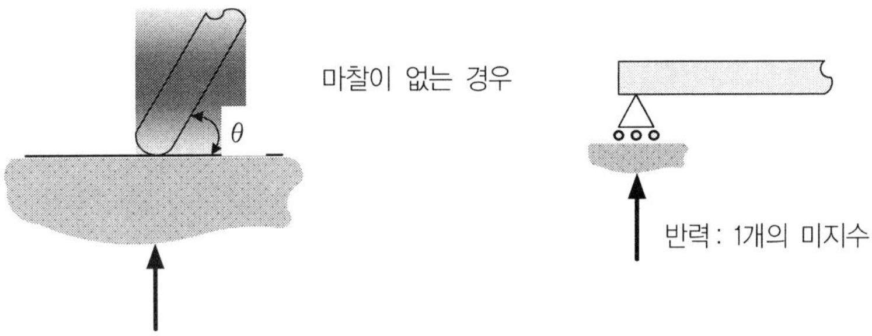

힌지지점

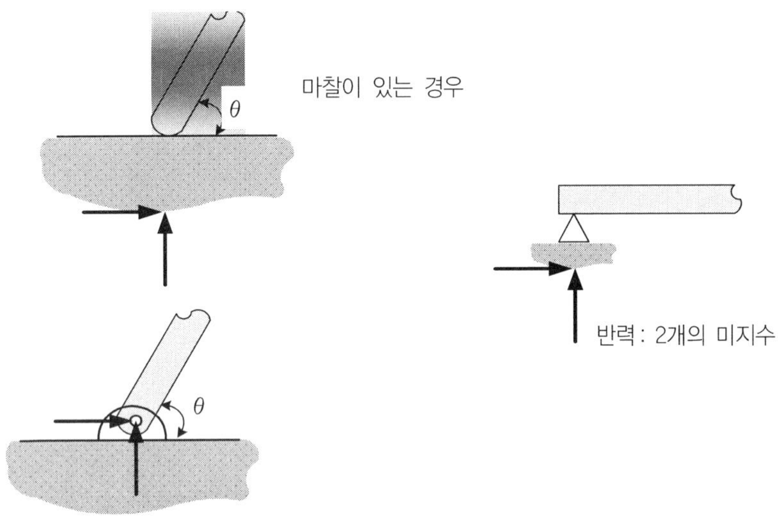

고정지점

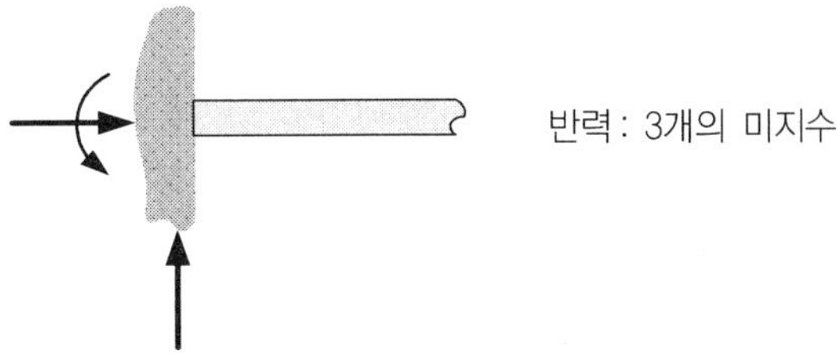

Mechanics of Materials

CHAPTER 02

응력과 변형률

stress & strain

1. 재료역학이란 ?

재료역학이란 무엇인가 ? 재료역학은 하중을 지지하고 있는 고체(기계재료)의 변형거동을 응력과 변형률, 변위의 형태로 표현하고 재료의 변형정도 및 파손 등을 예측하여 재료의 적절한 설계값을 얻는 것을 그 목적으로 한다. 우리들 주위에 있는 기계와 구조물 등은 사용 중에 파괴되지 않도록 설계, 제작되어야 한다. 그렇다고 무조건 튼튼하고 강하게만 만든다고 좋다고 할 수 있을까 ? 이렇게 되면 불필요한 재료를 많이 사용하게 되고, 경제적으로는 매우 불합리하다. 또한 그 외에 기계와 구조물에 허용되는 변형의 한도도 있다.

그래서 우리들은 우선 기계와 구조물에 어떠한 힘이 작용하고, 재료 내부에는 어떻게 발생하고, 어떻게 전달되는가? 그리고 어떤 변형이 일어나는가 ? 등을 조사하고, 거기에 알맞은 재료의 형상과 치수를 결정해야만 한다. 이와 같은 학문을 재료역학이라고 한다.

2. 하중과 응력

2.1. 하중(load)

외부로부터 물체에 작용하고 있는 힘을 외력(external force)이라 하고, 이 외력 중에서 각 부재에 능동적으로 작용하고 있는 힘을 하중이라고 한다. 하중에 대하여 피동적으로 작용하는 힘을 반력이라고 한다. 즉, 물체에 작용하는 외력을 하중이라고 한다. 하중의 종류와 분류는 다음과 같다.

2.1.1. 시간적인 변화상태에 의한 분류

[1] 정 하중(static load)

아주 짧은 시간에 평형에 도달하고, 순차적으로 작용하는 하중을 의미한다.

[2] 견지 하중(sustained load)

구조물의 무게처럼 가해진대로 변화하지 않는 일정 불변의 하중을 의미한다.

[3] 충격 하중(impact load)

순간적으로 작용하는 하중을 의미하며, 진동은 일반적으로 충격하중에서 발생한다.

[4] 반복 하중(repeated load)

수 천번 하중이 작용하거나 제거되는 하중. 자동차 엔진의 커넥팅로드(connecting-rod)나 엔진밸브의 헬리컬 스프링 등은 반복하중을 받는다.

2.1.2. 하중의 분포상태에 의한 분류

[1] 집중하중(concentrated load)

한 점에 작용하는 하중이나 힘을 의미하며, 부재의 크기에 비해 상당히 작은 면적에 작용하는 하중을 집중하중이라고 한다.

[2] 분포하중

길이 혹은 면적과 같은 넓은 범위에 걸쳐서 작용하는 하중을 의미한다. 분포하중에는 균일 분포하중과 비 균일 분포하중이 있다.

[3] 전단하중

절단하는 것처럼 작용하는 하중을 의미한다.

[4] 굽힘하중

굽히는 것처럼 작용하는 하중을 의미한다.

[5] 비틀림 하중

비트는 것처럼 작용하는 하중을 의미한다.

2.1.3. 하중의 공간적인 작용상태에 의한 분류

[1] 축 하중(axial load)

하중이 반력 단면의 도심을 통과하는 하중을 의미하며, 양쪽을 당기듯이 작용하는 인장 하중과 양쪽에서 누르는 듯이 작용하는 압축하중으로 분류된다.

[2] 전단 하중

절단하는 것처럼 작용하는 하중을 의미한다.

[3] 비틀림 하중

축의 주위에 접선방향으로 작용하여 축이나 다른 어떤 부재를 비트는 것처럼 작용하는 하중을 의미한다.

[4] 굽힘 하중

축선에 대해서 수직으로 작용하여 축을 굽히는 것처럼 작용하는 하중을 의미한다.

예제
Exercise

01. 그림과 같은 평판을 변형시키기 위하여 여러 가지 힘을 판에 작용시켜 보자. 힘을 작용시키는 방법에는 어떠한 방법들이 있을까 ?

풀이 그림의 재료를 잡아 늘이거나, 밀어붙이거나, 끊거나, 굽히거나, 비트는 것과 같은 힘을 작용시키는 방법이 있다.

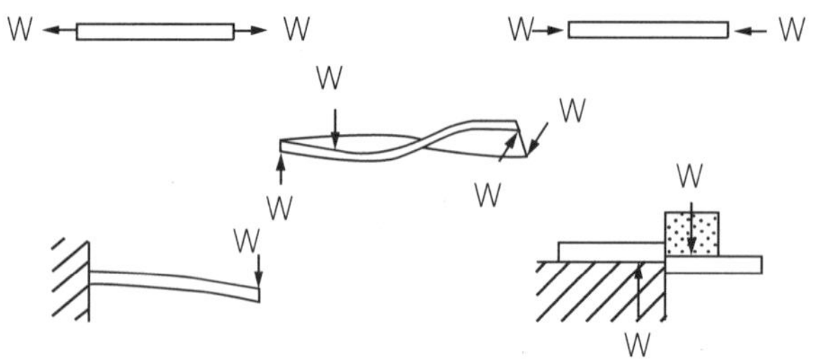

02. 예제 01의 그림의 판재에 인장 하중을 작용시키는 경우, 어떤 작용 방법이 있는지 생각해 보시오.

풀이 ① 극히 서서히 힘을 가하던지, 또는 가해진 상태를 지속시키는 경우
② 힘을 가하거나 제거하거나, 이것을 반복하여 가하는 방법
③ 인장 시키거나 압축시키거나, 이것을 상호 반복시켜 가하는 경우
④ 짧은 시간에 충격적으로 가하는 경우 등이 있다.

2.2. 응력(stress)

일반적으로 물체가 하중(외력)을 받으면 물체 내부에는 저항력이 발생한다. 즉, 물체는 하중에 저항하여 평형을 유지하려 한다.

이와 같이 물체가 하중을 받았을 때, 외부 하중에 대응하여 내부에 생기는 저항력을 응력이라고 한다.

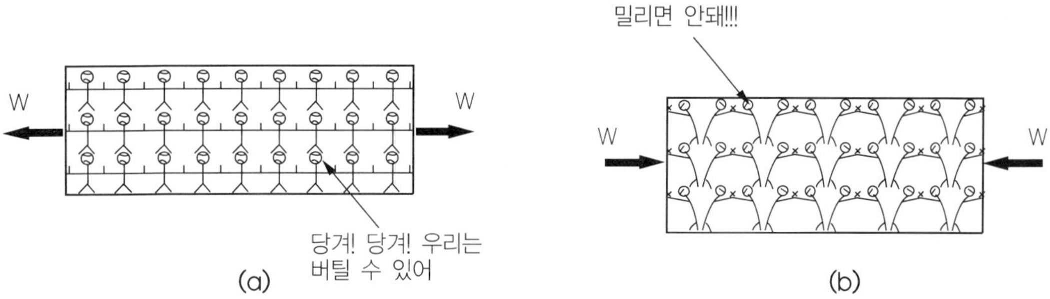

그림 1.

알아두기 ● **스프링의 힘과 응력**

스프링의 윗부분에 하중을 증가시키면 스프링은 줄어들면서 하중을 지지한다. 스프링은 스스로를 압축시키는 것에 의하여 하중을 지지하는데 필요한 만큼의 힘을 내고 있는 것이다. 이와 같은 현상이 다른 물체에서도 일어난다. 즉, 물체에 힘을 가하면 물체는 변형을 시작하고, 외력과 평형인 힘이 내부에 발생하면 변형이 중지된다. 이렇게 재료의 내부에 발생되는 단위면적당의 저항력을 응력이라고 한다.

예제 Exercise

03. 그림과 같이 환봉에 100[kgf]의 인장 하중을 가할 때 재료의 내부에 생기는 응력은 얼마인가? 또한 응력의 방향은 하중의 방향과 ( ) 이다.

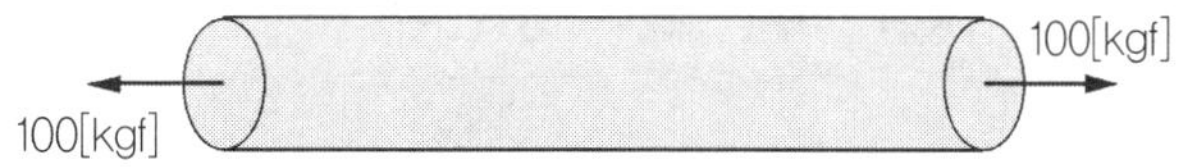

풀이 스프링의 힘과 응력을 다시 한번 생각해 보시오.
하중과 재료 내부에 생기는 저항력과는 크기가 같고 방향이 서로 반대이다.

2.2.1. 응력의 종류

하중을 작용시키는 방법에 의하여 재료 내부에는 그림 2와 같고, 인장응력, 압축응력, 전단응력 등이 발생한다. 그림 2(a)와 (b)는 단면에 수직으로 발생하므로 이것을 일컬어 수직응력이라고 한다. (c)는 단면의 접선방향으로 발생하므로 접선응력이라고도 한다.

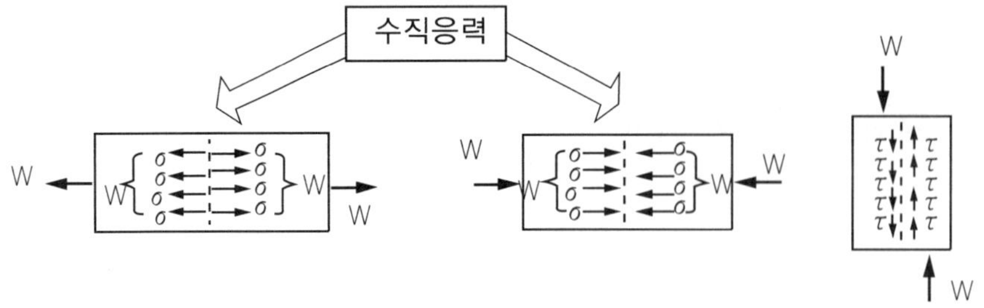

(a) 인장응력 (b) 압축응력 (c) 전단응력

그림 2. 응력의 종류

2.2.2. 응력의 계산

응력은 단위 면적 당의 저항력이므로

$$\text{응력} = \frac{\text{전응력}(=\text{전하중},\ [\text{kgf}])}{\text{단면적}[\text{mm}^2]}$$

$$= \frac{\text{하중}}{\text{단면적}}[\text{kgf/mm}^2])$$

단위는 [kgf/mm^2]과 [kgf/cm^2], [N/m^2], [lb/in^2] 등이 사용되지만, 여기서는 현장감을 살리기 위해서 [kgf/mm^2]을 사용한다.

•수직응력 $\sigma = \dfrac{W}{A}[\text{kgf/mm}^2]$ ………………………………………… (2-1)

•전단응력 $\tau = \dfrac{W}{A}[\text{kgf/mm}^2]$ ·· (2-2)

σ : 수직응력(인장응력과 압축응력을 구별하는 경우는 인장응력을 σ_t, 압축응력을 σ_c로 한다)

τ : 전단응력

W : 하중

A : 단면적

예제 Exercise

04. 3[kgf/mm^2]의 응력은 몇 [kgf/cm^2]인가 ? 또 [100kgf/cm^2]의 응력은 몇 [kgf/mm^2]인가 ?

풀이 1[mm^2]당 1[kgf]의 응력은 1[cm^2]당 100[kgf]의 응력에 상당한다. 이것의 환산은 다음과 같다.

$$\sigma = 1[\text{kgf/mm}^2] = \frac{1[\text{kgf}]}{1[\text{mm}]\times 1[\text{mm}]} = \frac{1[\text{kgf}]}{0.1[\text{cm}]\times 0.1[\text{cm}]}$$

$$= \frac{1[\text{kgf}]}{0.01[\text{cm}^2]} = \frac{1[\text{kgf}]}{\frac{1}{100}[\text{cm}^2]} = 100[\text{kgf/cm}^2]$$

$$3[\text{kgf/mm}^2] = \frac{3[\text{kgf}]}{1[\text{mm}]\times 1[\text{mm}]} = \frac{3[\text{kgf}]}{0.1[\text{cm}]\times 0.1[\text{cm}]}$$

$$= \frac{3[\text{kgf}]}{0.01[\text{cm}^2]} = \frac{3[\text{kgf}]}{\frac{1}{100}[\text{cm}^2]} = 300[\text{kgf/cm}^2]$$

$$100[\text{khg/cm}^2] = \frac{100[\text{kgf}]}{1[\text{cm}]\times 1[\text{cm}]} = \frac{100[\text{kgf}]}{10[\text{mm}]\times 10[\text{mm}]}$$

$$= \frac{100[\text{kgf}]}{100[\text{mm}^2]} = 1[\text{kgf/mm}^2]$$

05. 그림과 같은 직경 15[mm]의 연강 인장시험 편을 인장시험기에 장착하여 측정된 최대 하중은 7600[kgf]이었다. 이때 발생한 응력을 구하여라.

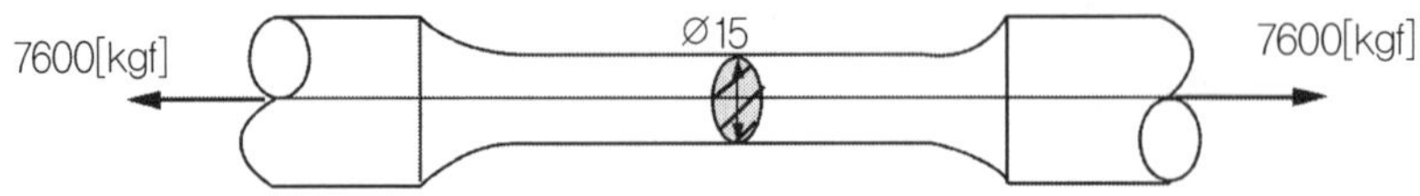

풀이 ① 전응력은 하중의 크기와 같다.

② 응력은 단위 면적당 저항력이다(하중을 단면적으로 나눈 것이다).

③ 원의 단면적 A = πr^2이지만 직경을 d로 하면 반경 r = d/2이므로

$$A = \pi(\frac{d}{2})^2 = \frac{\pi d^2}{4}$$ 으로 된다.

식 (2-1)로 부터

$$\sigma_t = \frac{W}{A} = \frac{W}{\frac{\pi d^2}{4}} = \frac{4W}{\pi d^2}$$

위의 식에 수치를 대입하면

$$\sigma_t = 4 \times \frac{7600}{\pi \times 15^2} = 43[\text{kgf/mm}^2]$$

06. 그림과 같이 1000[kgf]의 전단력이 직경 20[mm]의 볼트에 작용하고 있다. 이 때 볼트에 생기는 전단응력을 구하라.

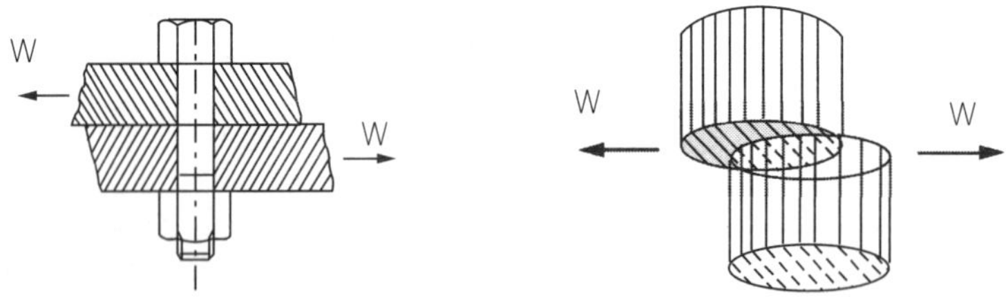

풀이 ① 전단응력은 전단 하중을 전단을 받는 단면적으로 나누면 된다.

② 전단을 받는 면은 상기 그림(볼트의 몸통부분)의 사선 부분이므로 식 (2-2)에 의하여

$$\tau = \frac{W}{A} = \frac{W}{\frac{\pi d^2}{4}} = \frac{4W}{\pi d^2}$$

이 식에 수치를 대입하면

$$\tau = 4 \times \frac{1000}{\pi \times 20^2} = 3.18[\text{kgf/mm}^2]$$

07. 그림과 같은 중공 원통을 양쪽판사이에 놓고, 10000[kgf]의 압축력을 가한다. 이 원통에 발생되는 응력이 7[kgf/mm^2]이라면, 직경 d_2를 얼마로 하면 되는가 ? 단, 내경 d_1은 20[mm]로 한다.

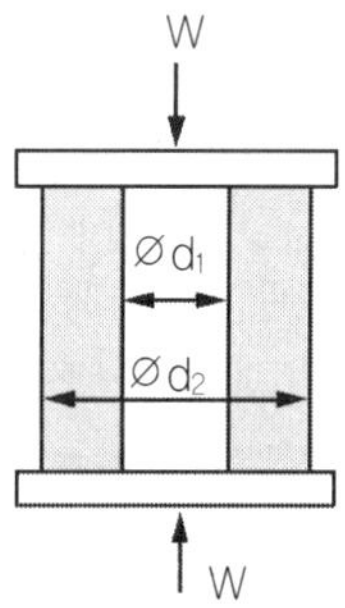

풀이 발생되는 압축응력이 7[kgf/mm^2]이다. 그러므로 압축응력 7[kgf/mm^2]가 발생되는 외경을 구하면 된다.
식 (2-1)에 의하여

$$\sigma_c = \frac{W}{A} \quad \cdots\cdots [1]$$

한편, 원통의 단면적은 직경 d_2인 원의 면적에 중공부분의 면적을 뺀 것이므로, 원통의 단면적 A는

$$A = \frac{\pi d_2^2}{4} - \frac{\pi d_1^2}{4} = \frac{\pi}{4}(d_2^2 - d_1^2) \quad \cdots\cdots [2]$$

식 [1]과 [2]로부터

$$\frac{\pi}{4}(d_2^2 - d_1^2) = \frac{W}{\sigma_c} \quad \cdots\cdots [3]$$

$$\therefore \quad d_2 = \sqrt{\frac{4W}{\pi\sigma_c} + d_1^2}$$

σ_c= 7[kgf/mm^2], W= [10000kgf], d_1= 20[mm]를 식 [3]에 대입하면

$$d_2 = \sqrt{4 \times \frac{10000}{\pi \times 7} + 20^2} = 47.1[\text{mm}]$$

※ 식 (2-1)에 의하여 단면적을 구하고, 그 단면적이 되도록 d_2를 결정한다.

08. 그림과 같은 핀 이음에 인장 하중 1400[kgf]가 작용하고 있다. 이 때 핀의 직경 d_1 및 봉의 직경 d_2를 구하라. 단, 핀에 발생하는 전단 응력은 4[kgf/mm^2], 봉에 발생하는 인장응력은 7[kgf/mm^2]로 한다.

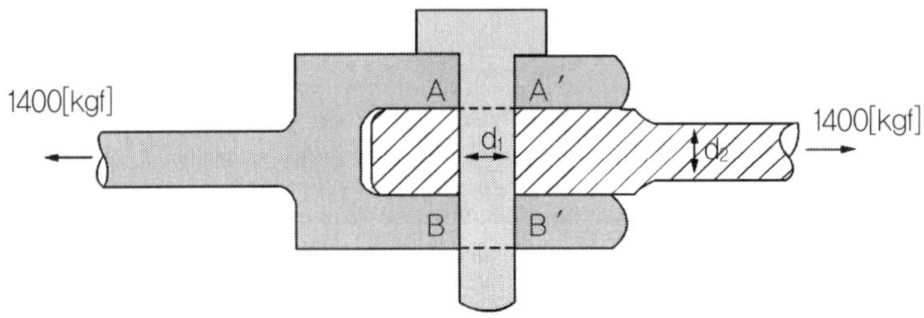

풀이 ① 핀에 전단 하중이 작용할 때, 직경을 구하는 공식은 $\tau = \frac{W}{A}$이다.

전단면적은 원의 면적이므로, 원의 면적을 구하는 공식 $\frac{\pi d^2}{4}$을 이용하여 직경을 구하면 된다. 단, 이 핀은 전단을 받는 면이 두 군데(AA′와 BB′) 있으므로 단면적을 두 배로 생각하여야 한다. 또는 하나의 전단면에 작용하는 하중을 1/2로 하여 계산하여도 된다.

② 봉의 직경은 $\sigma = \frac{W}{A}$에서 A= $\frac{W}{\sigma}$로서 단면적을 구하고 그 단면적이 $\frac{\pi d^2}{4}$ 이 되도록 직경 d를 결정하면 된다.

(1) 핀 직경의 계산

핀의 단면적을 A로 하면 전단 면적은 전단되는 면이 두 곳이므로 2A 이다. 식 (2-2)에 의하여

$$\tau = \frac{W}{2A} = \frac{W}{2 \times \frac{\pi d_1^2}{4}} = \frac{2W}{\pi d_1^2}$$

$$\therefore d_1 = \sqrt{\frac{2W}{\pi \tau}} = \sqrt{2 \times \frac{1400}{\pi \times 4}} = 14.9[\text{mm}]$$

(2) 봉 직경의 계산

$$\sigma = \frac{W}{A} = \frac{W}{\frac{\pi d_2^2}{4}}$$

$$\therefore\ d_2 = \sqrt{\frac{4W}{\pi \sigma}} = \sqrt{4 \times \frac{1400}{\pi \times 7}} = 15.96[\text{mm}]$$

09. 그림과 같이 200[kgf]의 힘을 전달하는 벨트 풀리의 축 직경이 50 [mm]이고, 이 축은 평행키(16×10×100)로 고정되어 있다. 이 때 축과 풀리를 고정시키고 있는 키에 발생하는 전단응력을 구하여라.

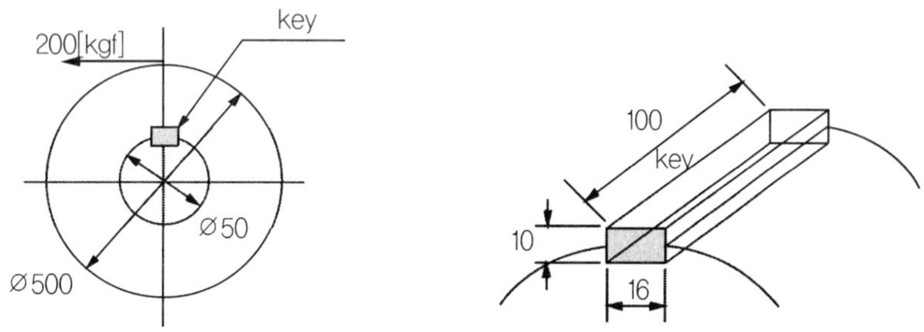

풀이 우선 키에 작용하는 전단 하중 W를 구하여야 한다. 벨트풀리에 의한 토크는 축에 의하여 전달하기 때문에 W×25는 200×250의 관계가 성립한다. 왜냐하면 축에 작용하는 외력에 의한 비틀림 모멘트(200×250 = T)와 반력에 의하여 발생되는 모멘트(W×25)가 같아야 한다. 이 식에서 W를 구할 수 있고, 다음에 이 전단 하중 W에 의하여 전단 응력은 키의 접선방향 단면(16×100)에 발생한다. 그러므로 식 (2-2)를 사용하여 전단응력을 구할 수 있다.

키에 작용하는 하중 W는

$$W \times 26 = 200 \times 250$$

$$\therefore \; W = 200 \times \frac{250}{25} = 2000[\text{kgf}]$$

전단응력 t는 식 (2-2)에 W = 2000[kgf], A = 16×100[mm^2]를 대입하여

$$\tau = \frac{W}{A} = \frac{2000}{16 \times 100} = 1.25[\text{kgf/mm}^2]$$

※ 이 책에서의 그림 및 도면의 모든 치수단위는 [mm]로 한다.

10. 그림 (a)와 같은 볼트로 4000[kgf]의 하중을 지지하려면 볼트의 직경과 볼트 머리의 높이를 얼마로 하면 되는가? 단, 이 볼트에 생기는 법선 응력의 한도를 6[kgf/mm^2], 전단응력을 5[kgf/mm^2]까지 한다.

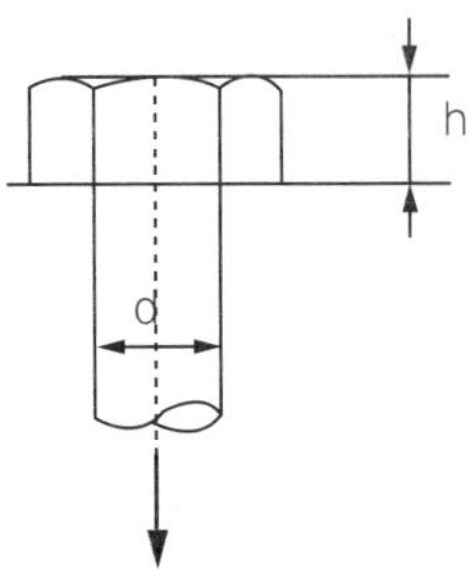

(a)

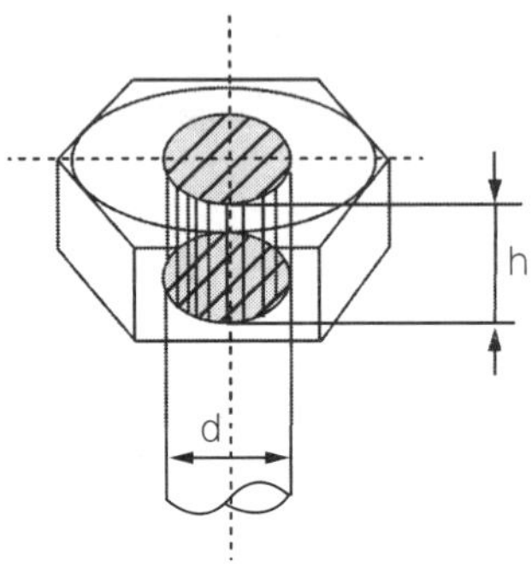

(b)

풀이 그림 (a)와 같이 하중이 작용할 때는 볼트 길이 부분이 파단되거나 볼트 머리부분이 전단 파단 될 수 있으므로 이 경우에서는 위와 같이 두 가지의 경우 즉, 볼트 부분이 파단되는 경우와 볼트 머리 부분이 전단 파단되는 경우로 구분하여 해석을 하여야 한다.

볼트의 직경에 대해서는 식 (2-1)에 의하여 $d = \sqrt{\frac{4W}{\pi\sigma}}$ 을 사용하여 구하고, 그리고 이 식에 수치를 대입하여 볼트의 직경을 구한다. 또한 볼트의 머리 부분(그림 (b)의 원통면πdh)에는 전단응력 τ가 발생하므로 이 원통 면을 A로 하여 식 (2-2)에 대입하여 머리 부분의 높이 h를 구한다.
볼트의 직경 d는 식 (2-1)에 의하여

$$\sigma = \frac{W}{A} = \frac{W}{\frac{\pi d^2}{4}}$$ 이므로

이 식에 W = 4000[kgf], σ = 6[kgf/mm^2]을 대입하여

$$\therefore \quad d = \sqrt{\frac{4W}{\pi\sigma}} = \sqrt{4 \times \frac{4000}{\pi \times 6}} = 29.1[\text{mm}]$$

볼트의 머리 높이 h는 식 (2-2)에 의하여 $\tau = \frac{W}{A}$에서 A= πdh이므로

$$\tau = \frac{W}{A} = \frac{W}{\pi dh}$$

$$\therefore \ h = \frac{W}{\pi d\tau}$$

이 식에 W= 4000[kgf], τ = 5[kgf/mm^2], d= 29.1[mm]를 대입하여

$$h = \frac{4000}{\pi \times 29.1 \times 5} = 8.75[\text{mm}]$$

2.3. 변형률

하중이 작용하여 길이 l 의 재료가 λ만큼 변형했다고 하면, 이때 원래의 길이에 대한 변형량의 비율을 변형률이라 한다.

예 제 Exercise

11. 길이 400[mm]의 재료가 인장하중을 받아 1[mm] 늘어났다. 변형률은 얼마인가?

풀이 변형률은 원래의 길이에 대한 변형량의 비율이기 때문에 변형량을 원래의 길이로 나누면 된다.

$$\text{변형률}=\frac{\text{변형량}}{\text{원래의 길이}}=\frac{1}{400}=0.0025$$

12. 직경 30[mm]의 재료를 인장시켰을 때, 직경이 0.0042[mm] 수축되었다. 이 재료의 원래 직경에 대하여 수축된 비율은 얼마인가?

풀이 원래의 직경에 대한 수축된 비율은 직경의 변형량의 비율이므로, 변형량을 원래의 직경으로 나누면 된다.

$$\text{변형률}=\frac{\text{직경의 변형량}}{\text{원래의 직경}}=\frac{0.0042}{30}=0.00014$$

2.3.1. 세로 변형률(종 변형률)

그림과 같이 재료에 축방향의 하중이 작용할 때, 생기는 축방향의 변형량(늘어나거나 줄어듬)을 원래의 길이로 나눈 수치를 세로 변형률이라 하고, 다음과 같은 식으로 표시한다.

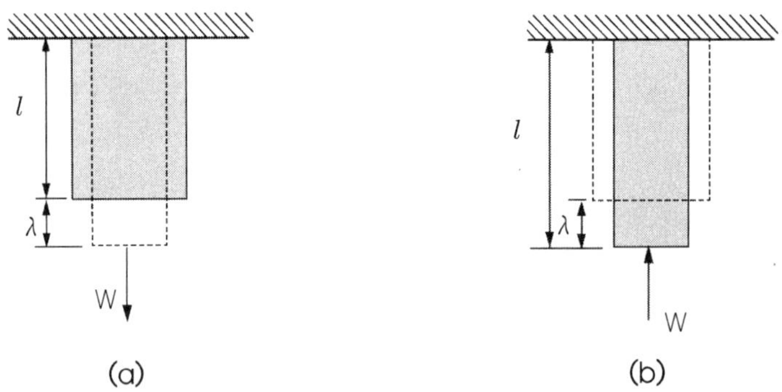

그림 3.

$$\varepsilon = \frac{\lambda}{l} \quad \cdots\cdots \quad (2-3)$$

ε : 세로 변형률
λ : 변형량
l : 원래의 길이

예 제 Exercise

13. 길이 2[m]의 환봉이 압축을 받아 0.0002의 변형률을 발생시켰다. 압축된 변형량은 얼마인가 ?

풀이 변형률은 변형량을 원래의 길이로써 나눈 것이기 때문에, 변형량은 원래의 길이에 변형률을 곱한 것이 된다.

식 (2-3)에 의하여, $\varepsilon = \frac{\lambda}{l}$이므로 $\lambda = \epsilon \cdot l$ 이다. 여기에 수치를 대입하면 $\lambda = 0.0002 \times 2000 = 0.4$[mm]가 된다.

14. 늘어난 길이가 0.6[mm] 변형률이 0.0003일 때, 원래의 길이는 얼마인가 ?

풀이 세로 변형률의 식 (2-3)을 이용한다.

식 (2-3)을 변형한 식($l = \frac{\lambda}{\varepsilon}$)에 $\lambda = 0.6$[mm], $\epsilon = 0.0003$을 대입하면

$$l = \frac{\lambda}{\varepsilon} = \frac{0.6}{0.0003}[\text{mm}] = 2000[\text{mm}]$$

15. 길이 l 인 환봉이 압축을 받아 200[mm]로 되었다. 이 때 환봉의 변형률을 0.005라고 하면 원래의 길이 l 은 얼마인가 ?

풀이 이것은 세로 변형률의 문제이다. 주어진 것은 ε= 0.005와 변형 후의 길이 200[mm]뿐이다. 따라서 변형 후의 길이를 l라 하면,

$\lambda = l - l' = l - 200$이 되고,

이것을 식 (2-3)에 대입하면, 미지수 l 만 남게 된다. 그러므로 다음과 같이 구하여진다.
변형된 후의 길이를 l 이라 하면

$$\lambda = l - l'$$

이것을 변형률의 식에 대입하면

$$\epsilon = \frac{\lambda}{l} = \frac{(l-l')}{l} = 1 - \frac{l'}{l}$$

$$\therefore \frac{l'}{l} = 1 - \varepsilon$$

$$\therefore l = \frac{l'}{(1-\varepsilon)}$$

여기에 l'= 200[mm], ϵ= 0.005를 대입하여

$$l = \frac{200}{1-0.005} = \frac{200}{0.995}[\text{mm}] = 201[\text{mm}]$$

2.3.2. 가로 변형률(횡 변형률)

그림과 같이, 직경의 변화량을 원래의 직경으로 나눈 값을 가로 변형률이라고 하고, 다음 식으로 표시한다.

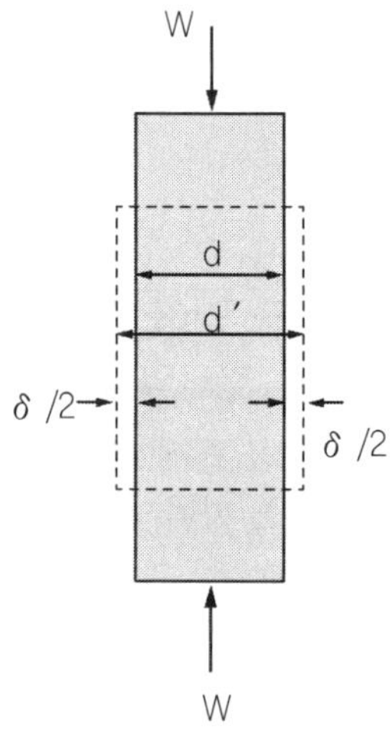

그림 4.

$$\varepsilon' = \frac{d - d'}{d} = \frac{\delta}{d} \quad \cdots\cdots (2-4)$$

ε ′ : 가로변형률, d : 원래의 직경
d ' : 변형 후의 직경, δ : 직경의 변형량

예제 Exercise

16. 직경 40[mm]의 환봉이 압축을 받아 직경이 0.005[mm] 증가하였다. 가로변형률을 구하여라.

풀이 가로 변형률은 직경의 변형량을 원래의 직경으로 나눈 값이다.
식 (2-4)에 의하여

$$\varepsilon' = \frac{\delta}{d} = \frac{0.005}{40} = 0.000125$$

2.3.3. 전단 변형률

예제 17과 같이 재료에 전단하중이 작용할 때 발생하는 변형률을 원래의 높이로 나눈 값을 전단 변형률이라 하고 다음 식으로 나타낸다.

전단 변형률 γ는 전단 변형량의 비율로 표시하므로

$$\gamma = \frac{\lambda_s}{l} = \tan\varphi \text{ (가로 변형률 그림참조)} \cdots\cdots [1]$$

예제 Exercise

17. 그림과 같이 높이 l 의 물체에 W인 전단하중을 작용시킨 경우, λ_s의 변형량이 발생하였다. 높이 l 에 대한 미끄름 변형 λ_s의 비율을 식으로 표시하시오.

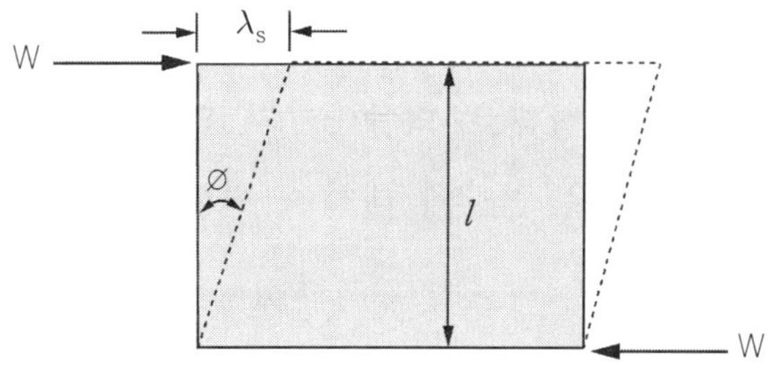

> **풀이** 전단 변형률은 원래 높이 l에 대한 접선 변형량의 비율이므로 λs를 l로 나누면 된다. 이것을 전단변형률이라 한다.
>
> $$\text{변형률} = \frac{\text{미끄름 변형량}}{\text{원래의 높이}} = \frac{\lambda_s}{l}$$

그런데 $\varnothing$는 극히 작기 때문에, λ_s는 l의 반경을 가진 원호의 길이로 생각할 수 있다.

따라서

$$\lambda_s = l\varnothing \quad \varnothing : [\text{rad}]$$

$$\therefore \frac{\lambda_s}{l} = \varnothing \quad \cdots\cdots [2]$$

이다. 식 [1]과 식 [2]로부터

$$\gamma = \frac{\lambda_s}{l} = \tan\varnothing \fallingdotseq \varnothing[\text{rad}] \quad \cdots\cdots (2-5)$$

이다.

2.4. 하중과 변형선도, 응력과 변형률선도와의 관계

2.4.1. 변형의 종류

변형에는 탄성변형과 소성변형이 있다.

물체에 하중을 가하여 변형된 후, 하중을 제거시키면 원래의 상태로 되돌아가는 변형을 탄성변형, 원래의 상태로 되돌아가지 않는 변형을 소성변형이라고 한다. 그림은 변형의 예이다. 다음은 연강에 대하여 변형의 상태를 조사해 보자.

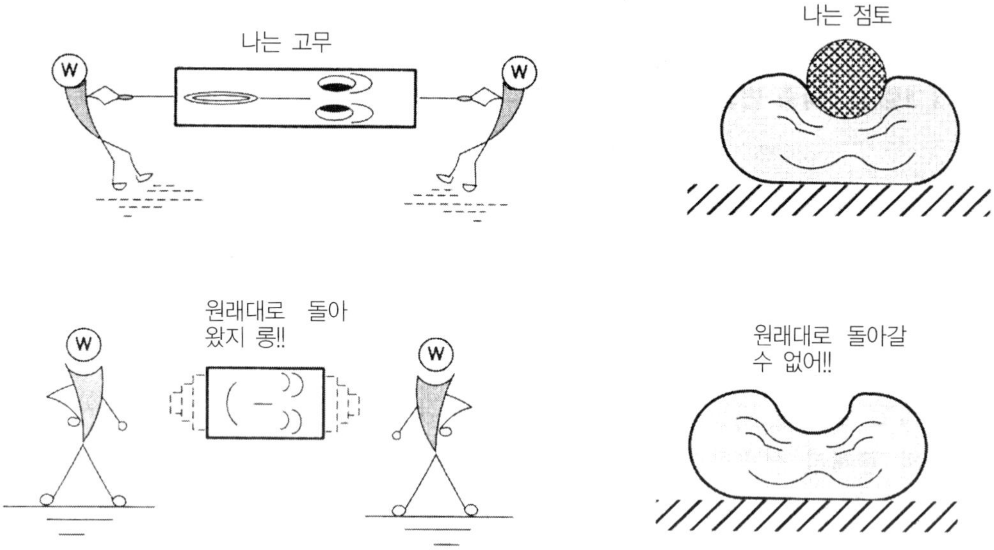

그림 5.

2.4.2. 하중 - 변형선도와 응력 - 변형률선도

연강의 인장시험편을 인장시험기에 장착하여, 하중을 서서히 가하여 시험편이 파단될 때까지의 하중과 변형과의 관계를, 가로축에는 변형량, 세로축에는 하중으로 표시한 그래프로 나타내면 그림 6과 같은 선도가 된다. 이것을 하중과 변형선도라고 한다. 또한 가로축 및 세로축의 척도를 바꾸어 식 (2-1)로부터 구해진 응력을 세로축에, 식 (2-3)에서 구한 변형률을 가로축에 취하여 그래프로 그린 것이 그림 7의 응력과 변형률선도이다.

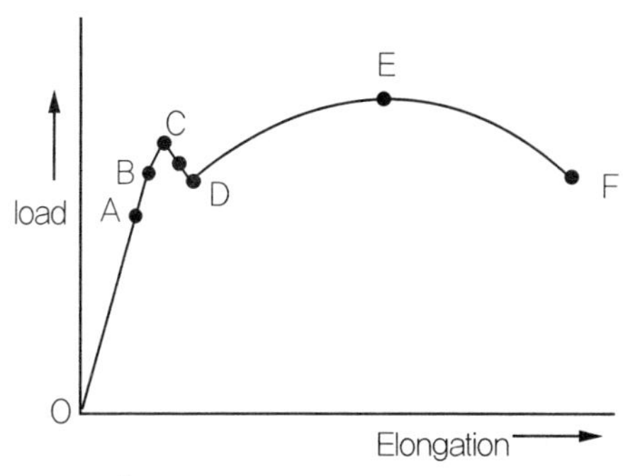

그림 6. 하중 변형선도

2.4.3. 응력과 변형률 선도의 관찰

연강에 대한 응력과 변형률 선도인 그림 7에서 보듯이, O점에서 A점까지의 응력과 변형률의 관계가 선형적인 비례 관계이다. A에서 B사이는 비례 관계는 아니지만, B점까지는 주어진 응력을 제거하면 변형은 없어진다. 따라서 B점까지의 변형을 탄성변형이라고 한다. B점을 넘는 곳에서는 응력을 제거하여도 변형이 남는다.

이러한 변형을 영구 변형이라고 한다. C점은 응력이 증가하지 않아도 변형이 증가하기 시작하는 점이다. D점부터는 응력의 증가에 따라서 변형률도 증가하여 E점에 도달한다. E점부터는 시험편의 일부가 목이 가늘게 되기 시작하고(그림 8), F점에서 파단된다. 이러한 응력과 변형률 선도에서 세로축의 응력은 하중을 시험 전의 시험편의 단면적으로 나눈 값이므로 실제의 응력은 아니다.

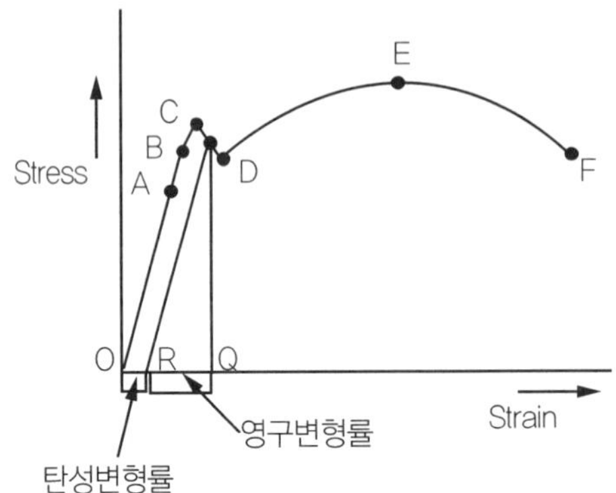

그림 7. 응력 변형률선도

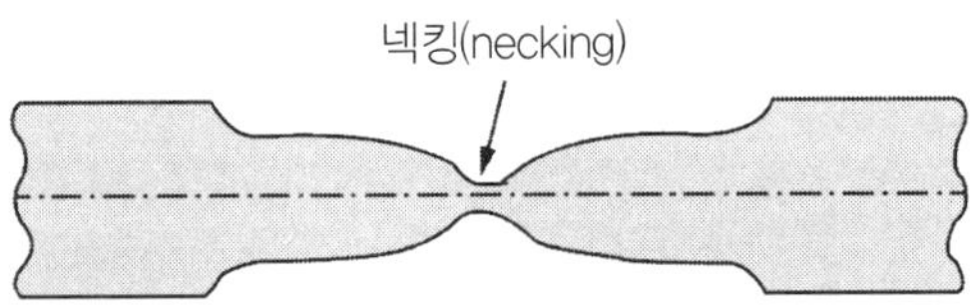

그림 8.

그러나 일반적으로 이러한 응력과 변형률선도(공칭응력-변형률선도)가 사용되어지고 있다.

① A점(비례 한도) : 응력과 변형률이 직선적으로 변화하는 범위에서의 최대 응력

② B점(탄성 한도) : 응력을 제거하여도 영구변형이 남지 않는 최대 응력

③ C점(항복점) : 응력이 증가하지 않고 변형률의 증가가 시작되기 직전의 응력

④ E점(인장강도 또는 극한강도) : 파단될 때까지 발생되는 최대 응력

⑤ F점(파단점) : 파단되기 직전의 응력

⑥ 기타, 내력 : 연강 이외의 재료에서는 그림 9와 같이 항복점이 나타나지 않기 때문에 항복점에 대응되는 응력을 의미하며, 보통 영구 변형률이 0.2%가 되는 응력을 의미한다. 이 응력을 내력이라고 한다.

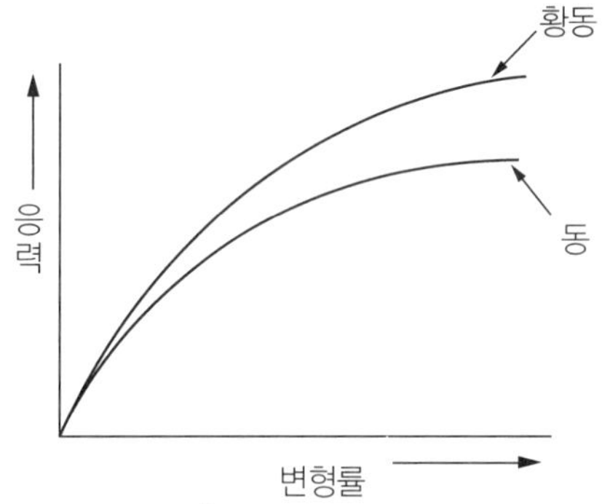

그림 9.

2.5. 후크의 법칙과 탄성계수(hook's law and elastic modulus)

2.5.1. 후크의 법칙

비례한도 내에서는 응력과 변형량(변형률)은 정비례한다.

예제 Exercise

18. 그림 7에 있어서 A점까지는 응력과 변형률은 어떠한 관계가 있는가?

풀이 OA는 좌표의 원점 O를 통과하는 직선이기 때문에 비례 관계로 된다.
또한, 이때의 변형은 탄성변형이다.
정비례의 관계이다.

2.5.2. 종 탄성계수

예제 Exercise

19. 그림 7에 있어서 선분 OA의 식을 구하여라. 단, 비례정수를 E로 한다.

풀이 선분 OA는 정비례하는 그래프이다.
정비례의 식이기 때문에

$$\sigma = E\varepsilon$$

예제 19로부터

$$E = \frac{\sigma}{\varepsilon}[\text{kgf/mm}^2] \cdots\cdots (2-6)$$

식 (2-6)에 $\sigma = \frac{W}{A}$, $\varepsilon = \frac{\lambda}{l}$를 대입하면 다음과 같은 식으로 변형하는 것이 가능하다.

$$E = \frac{\sigma}{\varepsilon} = \frac{\frac{W}{A}}{\frac{\lambda}{l}} = \frac{Wl}{A\lambda}[\text{kgf/mm}^2] \cdots\cdots (2-7)$$

또 늘어난 길이 λ 는

$$\lambda = \frac{Wl}{AE} = \frac{\sigma l}{E}[\text{mm}] \cdots\cdots (2-8)$$

위 식의 정비례 상수 E를 세로 탄성계수(종 탄성계수) 또는 영계수(young's modulus)라고 한다.

예 제 Exercise

20. 길이 500[mm], 단면적 500[mm²]인 연강봉에 6000[kgf]의 하중을 가했더니 0.286[mm]가 늘어났다. 이때의 응력, 세로변형 및 영계수 E를 구하여라.

풀이 하중과 단면적이 주어져 있으므로 이것으로부터 응력을 구한다. 길이와 변형량으로부터 세로 변형률을 구하고, 먼저 구한 응력과 세로 변형률로 부터 탄성계수를 구한다.

식 (2-1)로 부터

$$\sigma = \frac{W}{A} = \frac{6000}{500} = 12[\mathrm{kgf/mm^2}]$$

식 (2-3)에 의해서

$$\varepsilon = \frac{\lambda}{l} = \frac{0.286}{500} = 5.72\times10^{-4}$$

식 (2-6)에 의해서

$$E = \frac{\sigma}{\epsilon} = \frac{12}{5.72\times10^{-4}} = 2.1\times10^4[\mathrm{kgf/mm^2}]$$

21. 길이 4[m], 직경 32[mm]인 연강봉에 9600[kgf]의 하중을 준다면 늘어난 길이는 얼마인가 ? 단, E = 2×10⁴[kgf/mm²]으로 한다.

풀이 식 (2-8)로부터 알 수 있듯이 늘어남(또는 압축)은 하중과 길이에 비례하고, 단면적과 탄성계수에 반비례한다. 이러한 경우는 하중, 길이, 단면적, 탄성계수가 주어져있기 때문에 식 (2-8)의 $\lambda = \frac{Wl}{AE}$을 사용하면 된다.

식 (2-8)에 W = 9600[kgf], $A = \frac{\pi d^2}{4} = \pi\frac{32^2}{4} = 804[\mathrm{mm^2}]$, l = 4000[mm], E = 2×10^4[kgf/mm²]을 대입하여

$$\lambda = \frac{Wl}{AE} = \frac{9600\times4000}{804\times2\times10^4} = \frac{9.6\times4\times10^6}{8.04\times2\times10^6}$$

$$= \frac{9.6\times2}{8.04} = 2.39[\mathrm{mm}]$$

2.5.3. 가로 탄성계수(전단 탄성계수, 강성계수)

전단의 경우에도 전단응력과 전단변형은 탄성한도 내에서 정비례하고, 이 때 비례정수를 G라 하면

$$\tau = G\gamma = G\varnothing \text{ (참고 식 (2-5))}$$

$$G = \frac{\tau}{\gamma} = \frac{\tau}{\phi} \quad \cdots\cdots (2-9)$$

의 관계식이 성립하고, 이 비례정수 G를 가로 탄성계수 또는 강성계수라고 한다.

위의 식 (2-9)에 $\tau = \frac{W}{A}$, $\gamma = \frac{\lambda_s}{l} = \phi$를 대입하면, 다음과 같은 식이 성립된다.

$$G = \frac{\tau}{\gamma} = \frac{\frac{W}{A}}{\frac{\lambda_s}{l}} = \frac{Wl}{A\lambda_s} = \frac{W}{A\phi} \quad \cdots\cdots (2-10)$$

$$\lambda_s = \frac{Wl}{AG} = \frac{W}{A} \cdot \frac{l}{G} = \frac{\tau l}{G} \quad \cdots\cdots (2-11)$$

$$\gamma = \frac{W}{AG} \quad \cdots\cdots (2-12)$$

알아두기

이러한 식을 세로 탄성계수의 식과 비교해 보면 전부 동일한 형태를 이루고 있음을 알 수 있다.

예제 Exercise

22. 단면적 1000[mm^2]인 재료에, 5000[kgf]의 전단하중이 작용하고 있다. 이때 전단변형률 γ를 구하여라. 단, G = 0.81×10^4[kgf/ mm^2]으로 한다.

풀이 응력과 변형률은 정비례한다. 이때의 비례정수를 탄성계수라고 하므로 식 (2-9)를 변형하여 사용하면 된다.

식 (2-12)로부터

$$\gamma = \frac{\tau}{G} = \frac{W}{AG}$$

위 식에서 A = 1000[mm^2], W = 5000[kgf], G = 0.81 × 10^4 [kgf/mm^2]을 대입하여

$$\gamma = \frac{W}{AG} = \frac{5000}{1000 \times 0.81 \times 10^4} = 6.17 \times 10^{-4}$$

중요한 금속재료의 탄성계수, 항복점, 인장강도 등의 기계적 성질을 표 1에 나타내었다.

표 1. 공업재료의 기계적 성질(기계공학편람 참조)

재 료	E [kgf/mm^2]	G [kgf/mm^2]	1/m	항복점 [kgf/mm^2]	인장강도 [kgf/mm^2]
스테인레스강	2.0×10^4	0.77×10^4	0.28～0.3	18～26	33～40
연강	2.1	0.81		20～30	37～45
경강	2.1	0.81		30～	48～58
스프링강	2.1	0.85～0.88		-	170(열처리)
주강	2.15	0.83		21～	35～70
주철	0.85～1.40	0.29～0.44	0.2～0.29	없음	12～24(압축강도 60～80)
니켈강 (Ni 2～3%)	2.09	0.84	-	38	56～67
인청동	0.98	0.37	-	40	44
황동	0.63	0.24	-	-	45(압연)
알루미늄	0.72	0.27	0.34	11	11.6
두랄루민	0.722	0.275	0.34	28.1	43.6

23. 그림과 같이 전단면의 면적 (30×20)[mm^2]에 4000[kgf]의 전단력이 작용하여 0.001의 변형률이 발생하였다. 이 재료의 가로 탄성계수 G를 구하여라.

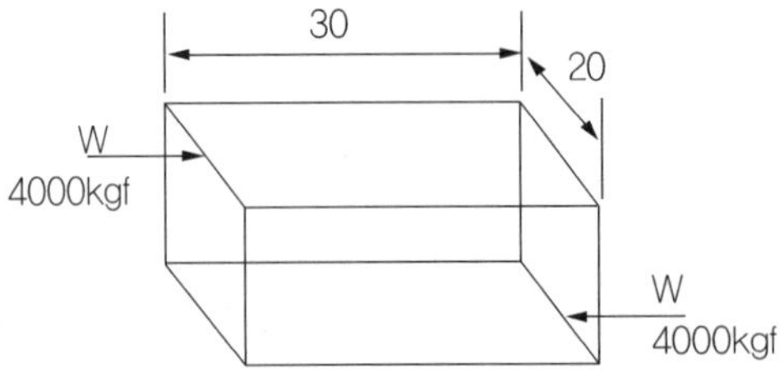

풀이 가로 탄성계수는 전단응력을 전단 변형률로 나눈 것이므로 $G = \frac{\tau}{\gamma}$이다. 또한 $\tau = \frac{W}{A}$이고, $G = \frac{\tau}{\gamma} = \frac{W}{A\gamma}$로 된다. 여기에 수치를 대입하면 된다.
위의 식에서

$$G = \frac{W}{A\gamma} = \frac{4000}{30 \times 20 \times 0.001} = \frac{4}{6} \times 10^4 = 0.67 \times 10^4 [kgf/mm^2]$$

24. 그림과 같이 단달림봉에 4200[kgf]의 인장 하중이 작용하고 있다. 이때 직경 30[mm]의 부분과 60[mm]의 부분에 발생하는 응력 및 전체의 변형량을 구하여라. 단, E = 2×10^4[kgf/mm^2]이다.

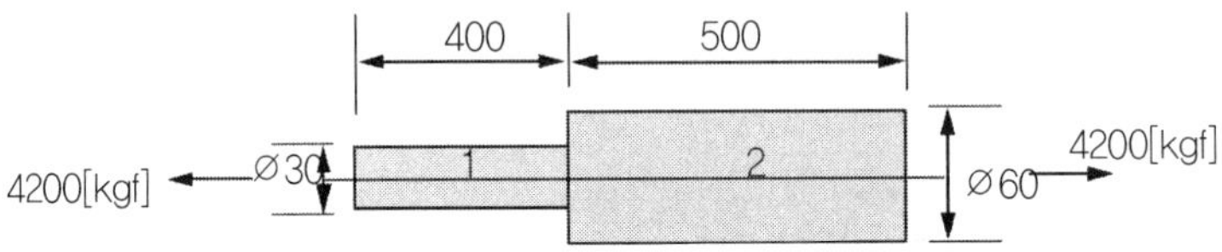

풀이 길이 400[mm] 및 500[mm]의 부분에 작용하는 인장하중은 둘 다 4200[kgf]이다. 즉 하중은 동일하게 작용한다. 따라서 응력은 $\sigma = \frac{W}{A} = \frac{W}{\frac{\pi d^2}{4}} = \frac{4W}{\pi d^2}$(원래의 단면적 $A = \frac{\pi d^2}{4}$)에 의하여 구하여 진다.

또한 전체의 변형량은 2부분(봉의 1, 2 부분)의 늘어난 길이를 더한 것이므로 전체 변형량 $\lambda = \lambda_1 + \lambda_2$이다. 여기에 식 (2-8)을 이용하면 된다.

좌측의 응력을 σ_1, 우측 응력을 σ_2,로 하면

$$\sigma_1 = \frac{W}{A_1} = \frac{4W}{\pi \cdot d_1^2} = \frac{4 \times 4200}{\pi \times 30^2} = 5.94[kgf/mm^2]$$

$$\sigma_2 = \frac{W}{A_2} = \frac{4W}{\pi \cdot d_2^2 = \frac{4 \times 4200}{\pi \times 60^2}} = 1.485[kgf/mm^2]$$

좌측의 변형량을 λ_1, 우측의 변형량을 λ_2로 하면, 전체봉의 변형량 λ는

$$\lambda = \lambda_1 + \lambda_2 = \frac{\sigma_1 l_1}{E} + \frac{\sigma_2 l_2}{E} = \frac{1}{E}(\sigma_1 l_1 + \sigma_2 l_2)$$

$$= \frac{1}{2 \times 10^4}(5.94 \times 400) + 1.485 \times 500) = 0.1559[mm]$$

25. 그림과 같이 길이가 ℓ 이고, 재질이 다른 환봉 M과 N을 동심원으로 하여 양단에 두꺼운 판을 대고, 여기에 압축하중 W를 작용시켰을 때 M, N 두 재료에 발생하는 응력 σ_m, σ_n 및 압축율 λ를 구하여라. 단, M, N 재료의 단면적 및 탄성계수는 각각 A_m, A_n, E_m, E_n이라 한다. 또한 양단의 판은 변형하지 않는 것으로 한다. 즉, 양단의 판은 강체로 가정한다.

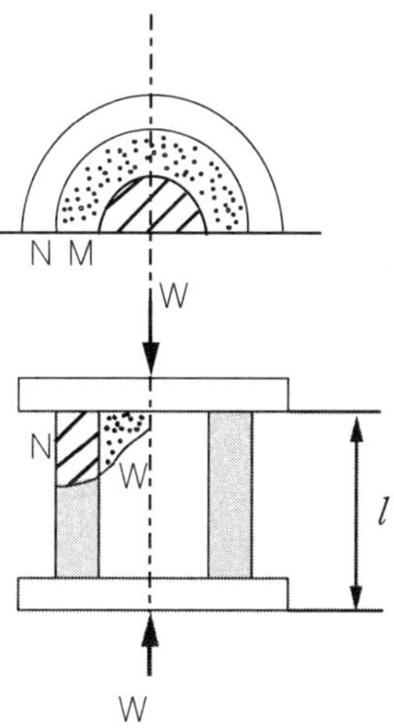

풀이

1. 응력을 구하는 것은

M과 N재료에 발생한 응력에 면적을 곱한 것의 합은 가해준 하중 W와 같으므로

$$\sigma_m A_m + \sigma_n A_n = W \quad \cdots\cdots [1]$$

그리고 양단의 강체판은 변형하지 않으므로, M과 N재료의 압축 변형률은 같다.

$$\varepsilon_m = \epsilon_n$$

$$\therefore \frac{\sigma_m}{E_m} = \frac{\sigma_n}{E_n} \quad \cdots\cdots [2]$$

여기서 미지수는 σ_m, σ_n이므로 식 [1]과 [2]를 연립방정식으로 생각하여 풀면 된다.

2. 압축율을 구하는 것은

M과 N재료의 양단을 누르고 있는 판은 변형하지 않으므로, M과 N재료의 변형은 같다.

$$\lambda = \lambda_m = \lambda_n = \varepsilon_m l = \frac{\sigma_m}{E_m} l = \frac{\sigma_n}{E_n} l$$

이 식에 먼저 구한 σ_m 또는σ_n을 대입하면 된다.

[해석방법]

1. 응력을 구하는 것

각 재료의 응력에 힘을 곱한 것의 합은 하중과 같고[조건 1], 또한 양단은 강체판에 고정되어 있기 때문에 M 및 N 재료의 변형률은 같게[조건 2] 된다.

이 2가지의 조건으로부터 아래와 같은 식이 얻어진다.

$$\sigma_m A_m + \sigma_n A_n = W \quad \cdots\cdots [3]$$

$$\frac{\sigma_m}{E_m} = \frac{\sigma_n}{E_n} \quad \cdots\cdots\cdots \quad [4]$$

식 [3]로부터

$$\sigma_n = \frac{E_n}{E_m}\sigma_m \quad \text{or} \quad \sigma_m = \frac{E_m}{E_n}\sigma_n$$

이것을 식 [3]에 대입하여

$$\sigma_m A_m + \frac{E_n}{E_m}\sigma_m A_n = \frac{\sigma_m}{E_m}(A_m E_m + A_n E_n) = W$$

$$\therefore \ \sigma_m = \frac{E_m W}{A_m E_m + A_n E_n}$$ 을 얻는다.

같은 방법으로 σ_n은 아래와 같이 얻어진다.

$$\sigma_n = \frac{E_n W}{A_m E_m + A_n E_n}$$

2. 압축변형을 구하는 것은

$$\lambda = \lambda_m = \lambda_n = \varepsilon_m l = \varepsilon_n l = \frac{\sigma_m}{E_m} l = \frac{\sigma_n}{E_n} l$$ 이고

여기에 식 [3]에서 구한 σ_m, σ_n 의 수치를 대입하면

$$\lambda = \frac{Wl}{A_m E_m + A_n E_n}$$ 를 구할 수 있다.

26. 예제 24 그림과 같이 두 가지의 금속을 조합시킨 기둥이 있다. 내측의 직경은 100[mm]의 연강 기둥이고, 외측은 내경 100[mm]이고, 외경이 200[mm]인 동관이 끼워 맞추어져 있다. 여기에 그림과 같이 변형이 없는 강체판으로 압축하중 5000[kgf]를 작용시켰을 때, 각 기둥에 발생하는 응력 및 변형률을 구하여라(단, 연강의 세로 탄성계수 E_s = 2.1 × 10^4[kgf/mm^2]이고, 동의 세로 탄성계수 E_c = 1.25 × 10^4[kgf/ mm^2]이다)

풀이 예제 25와 같은 방법이다.

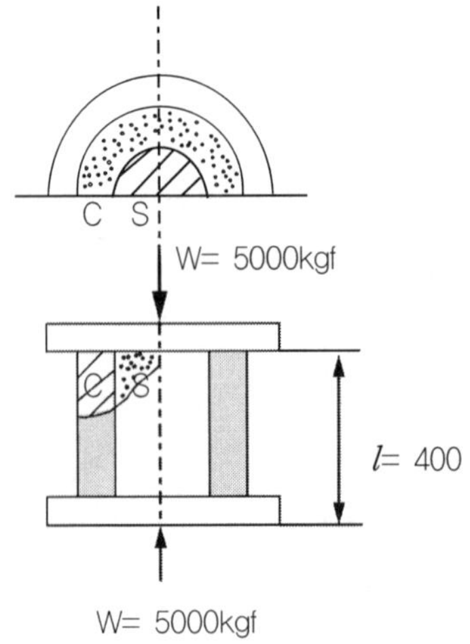

연강기둥 및 동관의 단면적, 응력, 변형률 등을 $A_s, A_c, \sigma_s, \sigma_c, \epsilon_s, \epsilon_c$라고 하면 각 재료에 발생한 응력과 면적의 곱은 하중과 같아지고, 각각의 변형률의 합은 같으므로

$$\sigma_s A_s + \sigma_c A_c = W \quad \cdots\cdots [1]$$

$$\epsilon = \frac{\sigma_s}{E_s} = \frac{\sigma_c}{E_c} \quad \cdots\cdots [2]$$

식 [2]로부터

$$\sigma_c = \frac{E_c}{E_s}\sigma_s$$

이것을 식 [1]에 대입하여,

$$\sigma_s A_s + \frac{E_c}{E_s}\sigma_s A_c = \frac{\sigma_s}{E_s}(A_s E_s + A_c E_c) = W$$ 를 얻는다.

그러므로

$$\sigma_s = \frac{E_s W}{A_s E_s + A_c E_c}$$

$$\sigma_c = \frac{E_c W}{A_s E_s + A_c E_c} \cdots\cdots\cdots\cdots\cdots\cdots\cdots\cdots\cdots [3]$$

식 [3]에 W = 5000[kgf], Es = 2.1 × 10^4[kgf/mm^2], Ec = 1.25 × 10^4[kgf/mm^2], $A_s = \frac{\pi}{4} \times 100^2 = 7850[mm^2]$, $A_c = \frac{\pi}{4} \times (200^2 - 100^2) = 23550[mm^2]$을 대입하여

$$\sigma_s = \frac{2.1 \times 10^4 \times 5000}{7850 \times 2.1 \times 10^4 + 23550 \times 1.25 \times 10^4} = 0.228[kgf/mm^2]$$

$$\sigma_c = \frac{1.25 \times 10^4 \times 5000}{7850 \times 2.1 \times 10^4 + 23550 \times 1.25 \times 10^4} = 0.1360[kgf/mm^2]$$

변형률 ε은

$$\varepsilon = \varepsilon_s = \varepsilon_c = \frac{\sigma_s}{E_s} = \frac{\sigma_c}{E_c} = \frac{W}{A_s E_s + A_c E_c}$$

여기에 수치를 대입하면

$$\varepsilon = \frac{5000}{7850 \times 2.1 \times 10^4 + 23550 \times 1.25 \times 10^4} = 1.089 \times 10^{-5}$$

27. 그림과 같이 알루미늄관 A에 연강볼트 B를 끼워서 너트가 돌지 않는 위치로부터 1/4회전 더 너트를 죄었을 때 각각의 재료에 발생하는 응력을 구하여라. 단, 관의 길이는 500[mm], 관의 단면적 A_a = 1000[mm^2], 볼트 단면적 A_b= 500[mm^2], 볼트의 피치 p = 3[mm], 관 및 볼트의 탄성계수 E_a= 0.7 × 10^4[kgf/mm^2], E_b = 2.1 × 10^4[kgf/ mm^2]이다. 그리고 볼트와 너트의 나사는 한줄 나사이다.

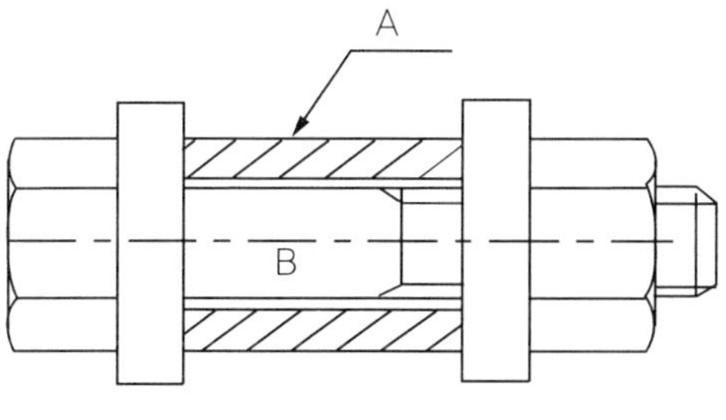

풀이 너트를 체결하면 관과 볼트는 어떻게 되는가 ?

볼트는 관에 의하여 인장하중을 받아서 늘어나고, 관은 역으로 볼트로부터 압축하중을 받아서 압축된다. 볼트와 관의 변형량을 λ_b, λ_a로 하면 λ_b와 λ_a를 더한 것은 $\frac{1}{4}p$ 와 같다. 왜냐하면 1줄 나사에서 볼트나 너트가 1회전하면 1피치만큼 전진한다.

$$\lambda_b + \lambda_a = \frac{1}{4}p \quad \cdots\cdots [1]$$

또한 볼트와 관은 서로 힘을 상반되게 미치므로 여기서 하중은 크기가 같고 방향이 반대이다.

변형량의 식 (2-8)에 의하여

$$\lambda_b = \frac{Wl}{A_bE_b}, \quad \lambda_a = \frac{Wl}{A_aE_a}$$

$$\therefore \frac{\lambda_b}{\lambda_a} = \frac{A_aE_a}{A_bE_b} \quad \cdots\cdots [2]$$

식 [1]과 식 [2]로부터 λ_a, λ_b를 구하고 $\sigma_a = \epsilon_a E_a = \frac{\lambda_a}{l}E_a$ 및 $\sigma_b = \frac{\lambda_b}{l}E_b$ 에 대입하면 된다.

관의 압축과 볼트의 변형량의 합은 $\frac{1}{4}p$와 같아지므로

$$\lambda_a + \lambda_b = \frac{1}{4}p \quad \cdots\cdots [3]$$

변형량은,

$$\lambda_b = \frac{Wl}{A_bE_b}, \quad \lambda_a = \frac{Wl}{A_aE_a}$$

$$\therefore \frac{\lambda_b}{\lambda_a} = \frac{A_aE_a}{A_bE_b} \quad \cdots\cdots [4]$$

이다.

식 [4]에 의하여, $\lambda_b = \dfrac{A_aE_a}{A_bE_b}\lambda_a$을 식 [1]에 대입하면

$$\lambda_a + \frac{A_aE_a}{A_bE_b}\lambda_a = \frac{\lambda_a}{A_bE_b}(A_aE_a + A_bE_b) = \frac{p}{4}$$

$$\therefore\ \lambda_a = \frac{pA_bE_b}{4(A_aE_a + A_bE_b)} = \frac{pA_b}{4(A_a\dfrac{E_a}{E_b} + A_b)} \cdots\cdots\cdots\cdots\cdots\cdots [5]$$

$$\therefore\ \lambda_b = \frac{pA_aE_a}{4(A_aE_a + A_bE_b)} = \frac{pA_a\dfrac{E_a}{E_b}}{4(A_a\dfrac{E_a}{E_b} + A_b)} \cdots\cdots\cdots\cdots\cdots\cdots [6]$$

이다.
각각의 응력은

$$\sigma_a = \epsilon_aE_a = \frac{\lambda_a}{l}E_a = \frac{pA_bE_a}{4l\,(A_a\dfrac{E_a}{E_b} + A_b)} \cdots\cdots\cdots\cdots\cdots\cdots [7]]$$

$$\sigma_b = \epsilon_bE_b = \frac{\lambda_b}{l}E_b = \frac{pA_aE_a}{4l\,(A_a\dfrac{E_a}{E_b} + A_b)} \cdots\cdots\cdots\cdots\cdots\cdots [8]$$

식 [7]과 [8]에 p = 3[mm], l = 500[mm], A_a = 1000[mm^2], A_b = 500 [mm^2], E_a = 0.7 × 10^4[kgf/mm^2], E_b = 2.0 × 10^4[kgf/mm^2]를 대입하여

$$\sigma_a = \frac{3 \times 500 \times 0.7 \times 10^4}{4 \times 500(1000 \times \dfrac{0.7}{2} + 500)} = 6.18[\text{kgf/mm}^2]$$

$$\sigma_b = \frac{3 \times 1000 \times 0.7 \times 10^4}{4 \times 500(1000 \times \dfrac{0.7}{2} + 500)} = 12.35[\text{kgf/mm}^2]$$

2.5.4. 포와송 비(poisson's ratio)

환봉에 인장하중 또는 압축하중을 가하면, 하중의 방향으로 늘어나거나, 줄어든다. 또한 이와 동시에 하중과 직각인 방향으로도 줄어들거나 늘어난다. 즉, 환봉을 인장하면 가늘어지고 압축하면 굵어진다. 이때 가로 변형률(또는 횡 변형률 ; 하중과 직각방향의 변형률)과 세로 변형률(또는 종 변형률 ; 하중방향의 변형률)은 상호 비례하는 성질이 있고 가로 변형률과 세로 변형률과의 비는 탄성한도 내에서는 일정하다. 이것을 포와송의 비라고 한다.

$$\frac{\epsilon'}{\varepsilon} = \frac{1}{m} = \nu\,(\text{포와송비}) \quad \cdots\cdots (2-13)$$

포와송의 비는 $\frac{1}{m}$로 표시하고, 특히 m을 포와송의 수라고 한다.

식 (2-13), 식 (2-6) 및 식 (2-4)로 부터

$$\epsilon' = -\nu\epsilon = -\nu\cdot\frac{\sigma}{E} = \frac{d'-d}{d} = -\frac{\delta}{d} \quad (\therefore\ d'-d = -\delta)$$

$$\therefore\ \delta = \frac{\sigma}{E}\cdot\nu d \quad \cdots\cdots (2-14)$$

예제 Exercise

28. 직경 30[mm], 길이 1[m]인 연강봉에 인장하중을 가했을 때 늘어난 길이가 0.5[mm]이고, 동시에 직경이 0.005[mm]줄어들었다. 이 때 포와송의 비 및 포와송의 수를 구하여라.

풀이 종 변형률 및 횡 변형률을 생각해 볼 것.

포와송의 비는 ϵ'와 ϵ과의 비이고, 포와송 수는 포와송 비의 역수이다.

포와송 비는 $\nu = \frac{1}{m} = \frac{\epsilon'}{\epsilon} = \frac{\frac{\delta}{d}}{\frac{\lambda}{l}} = \frac{\delta l}{d\lambda}$

수치를 대입하면

$$\frac{1}{m} = \frac{0.005 \times 1000}{30 \times 0.5} = \frac{1}{3}$$

포와송의 수 $m = 3$

29. 직경 30[mm], 길이 1000[mm]인 황동봉에 6000[kg]f의 인장하중을 가하였다. 이때 세로변형률, 가로변형률, 축방향의 늘어난 길이 및 직경의 변화를 구하시오. 단, E = 0.63×10^4[kgf/mm^2], $\frac{1}{m} = \frac{1}{3}$이다.

풀이 세로 변형률은 $\varepsilon = \frac{\sigma}{E}$이고, 가로 변형률은 $\varepsilon' = \frac{1}{m}\varepsilon$로 구할 수가 있다. 또한 변형량은 $\lambda = \epsilon l$ 로 부터, 직경의 변화 $\delta = \epsilon' d$ 로부터 구하여진다.

$$\varepsilon = \frac{\sigma}{E} = \frac{W}{AE} = \frac{W}{\frac{\pi}{4}d^2 E} = \frac{4W}{\pi d^2 E}$$

수치를 대입하면

$$\varepsilon = 4 \times \frac{6000}{\pi \times 40^2 \times 0.63 \times 10^4} = 7.85 \times 10^{-4}$$

$$\varepsilon' = \frac{1}{m}\varepsilon = \frac{1}{3} \times 7.85 \times 10^{-4} = 2.53 \times 10^{-4}$$

$$\lambda = \varepsilon l = 7.58 \times 10^{-4} = 0.758[\text{mm}]$$

$$\delta = \varepsilon' d = 2.53 \times 10^{-4} \times 40 = 0.01012[\text{mm}]$$

이다.

2.5.5. 탄성계수간의 관계

종 탄성계수 E, 횡 탄성계수 G, 포와송의 비 $\nu = \frac{1}{m}$의 사이에는 다음과 같은 관계가 있다.

$$E = 2G(1 + \nu) \quad \cdots\cdots (2-15)$$

예제 Exercise

30. 연강의 탄성계수 E = 2.1×10^4[kgf/mm²]이고, 포와송의 비가 0.31일 때 횡 탄성계수 G를 구하여라.

풀이 식 (2-15)에 의하여

$$G = \frac{E}{2(1+\nu)}$$

여기에 수치를 대입하면,

$$G = \frac{2.1 \times 10^4}{2(1+0.31)} = 0.802 \times 10^4 [\text{kgf/mm}^2]$$

3. 재료의 사용범위

3.1. 허용응력과 사용응력

예제 Exercise

31. 어떤 단면적을 가진 기계의 부재에 하중을 가했을 때 부재에 탄성한도를 넘는 응력이 발생했다. 이 부재는 이 하중 하에서 사용하는 것이 가능한가 ?

풀이 본문 2.4의 2.4.2, 2.4.3 "응력-변형률 선도의 관찰"을 참고한다. 재료에 발생하는 응력이 탄성한도를 넘는 경우에는 재료에 영구변형이 남는다.
이와 같은 하중의 상태 하에서는 재료에 영구변형이 발생하고, 이 하중 하에서 이 부재를 사용하는 것은 불가능하다. 재료에 탄성한도를 넘는 응력이 발생하면 영구 변형이 남고 사용 중에 견딜 수 없다. 또한 탄성한도 내에 있어도 재료에 상처가 있거나, 오랜 시간 반복 하중이 주어지거나, 갑자기 큰 하중이 주어지거나 하여 사용할 수 없게 될 수 있다.
재료가 절대 안전하기 위해서는 재질, 하중을 작용시키는 방법, 온도, 사용 목적 등과 같이 재료 사용상의 모든 조건을 고려하여 그 재료에 발생하는 허용 최대 응력을 보정해야 한다. 이 응력을 허용 응력이라고 하며, 설계의 기초가 된다.

3.1.1. 허용응력

허용응력이란 사용상 절대 안전으로 보증되어야 하는 최대 응력으로서 σ_a로 표시한다.

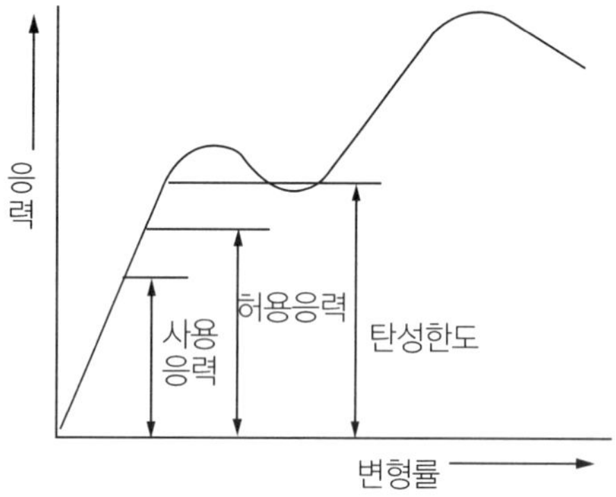

그림 10. 허용응력

3.1.2. 사용응력

사용응력이란 것은 사용 중에 실제로 발생하는 응력으로서 σ_w로 표시한다.

표 2. 철강의 허용응력[kgf/mm^2]

응력과 하중의 종류		스테인레스강	연 강	중경강	주 강	주 철
인 장	Ⅰ	9	5~9	12~18	6~12	3
	Ⅱ	6	6~10	8~12	4~8	2
	Ⅲ	3	3~5	4~6	2~4	1
압 축	Ⅰ	9	5~9	12~18	9~15	9
	Ⅱ	6	6~10	8~12	6~10	6
굽 힘	Ⅰ	9	5~9	12~18	7.5~12	-
	Ⅱ	6	6~10	8~12	5~8	-
	Ⅲ	3	3~5	4~6	2.5~4	-

응력과 하중의 종류		스테인레스강	연 강	중경강	주 강	주 철
전 단	Ⅰ	7.2	7.2~12	9.6~14.4	4.8~9.6	3
	Ⅱ	4.8	4.8~8	6.4~9.6	3.2~6.4	2
	Ⅲ	2.4	2.4~4	3.2~4.8	1.6~3.2	1
비틀림	Ⅰ	3.6	6~12	9~14	4.8~9.6	-
	Ⅱ	2.4	4~8	6~9.6	3.2~6.4	-
	Ⅲ	1.2	2~4	3~4.8	1.6~3.2	-

※ 하중의 종류 Ⅰ은 정하중, Ⅱ는 동하중, Ⅲ은 반복하중 또는 진동하중을 나타낸다.

3.2. 안전율

재료의 안전도를 나타내는 것으로써, 일반적으로 설계의 기준강도와 허용응력의 비, 또는 인장강도(극한강도)와 허용응력의 비이며, 이를 안전율이라 하여 다음과 같은 식으로 표시한다.

$$S = \frac{\text{기준강도}}{\text{허용응력}} = \frac{\sigma_s}{\sigma_a} \quad \cdots\cdots (2\text{-}16)$$

S : 안전율. σ_s : 기준강도. σ_a : 허용응력

일반적으로 사용되어지는 안전율은 표 3과 같다. 설계의 기준강도는 구조물을 설계하는 목적에 따라 ① 항복강도, ② 극한강도, ③ 피로강도, ④ 크리프강도 중에서 선택되는 값이며, 설계자는 그 목적에 따라 이들 중에서 하나의 값을 선택하여 사용하게 된다.

표 3. 안전율(기계공학 편람)

재 료	정하중	반복하중	교번하중	충격하중
주철	4	6	10	15
강	3	5	8	12
목재	7	10	15	20
벽돌, 석재	20	30	-	-

32. 어떤 재료의 인장강도가 36[kgf/mm^2]일 때, 이 재료를 안전율 4로 설계한다면 허용응력을 얼마로 제한해야 하는가 ?

풀이 식 (2-16)에 의하여

$$S = \frac{\sigma_s}{\sigma_a},\ \sigma_a = \frac{\sigma_s}{S}$$

여기에 수치를 대입하여

$$\sigma_a = \frac{\sigma_s}{S} = \frac{36}{4} = 9[\text{kgf/mm}^2]$$

33. 그림과 같이 내경 500[mm]의 용기에 20[kgf/cm^2]의 압력가스가 봉입되어 있다. 용기의 뚜껑을 8개의 볼트로 체결한다면 볼트의 직경은 얼마 이상이면 되는가 ? 단, 볼트의 허용 응력은 6[kgf/mm^2]이다.

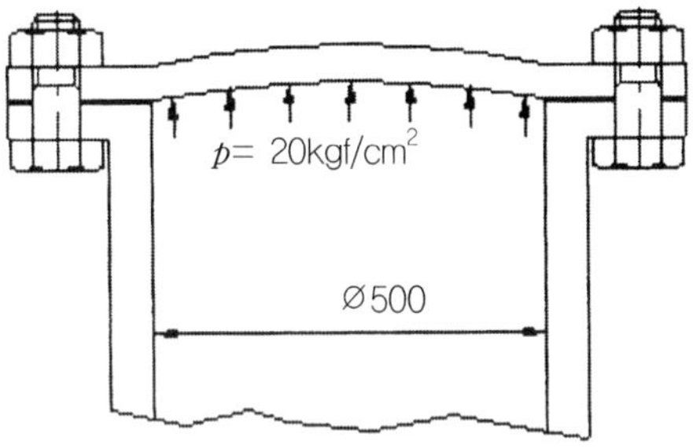

풀이 우선 뚜껑에 가해지는 전 하중 W를 구하고, 다음에 8개의 볼트가 W를 지지하고 있으므로 볼트 1개당 가해지는 하중을 계산한다. 이로부터 허용응력 6[kgf/mm^2]이 발생하도록 직경을 산출하면 된다.

단위를 정리하기 위해 p[kgf/cm^2]= $\frac{p}{100}$[kgf/mm^2]으로 환산하여 사용한다.

뚜껑에 작용하는 전 하중 W는 (압력×면적)이므로

$$W = \frac{p}{100} \times \frac{\pi \times D^2}{4} = \frac{20}{100} \times \frac{\pi \times 500^2}{4} = 12500\pi[\text{kgf}]$$

볼트 1개에 작용하는 힘은

$$W' = 12500\frac{\pi}{8} = 1563\pi \quad \cdots\cdots \quad [1]$$

볼트 1개에 허용되는 힘은

$$W' = \sigma_a A = \sigma_a \frac{\pi}{4} d^2 \quad \cdots\cdots \quad [2]$$

식 [1]과 [2]에 의하여

$$\therefore d = \sqrt{\frac{4W'}{\pi\sigma_a}} = \sqrt{4 \times \frac{1563\pi}{\pi 6}} = 32.3[\text{mm}]$$

3.3. 고온에 있어서의 재료의 강도

고온, 일정 응력하에서 재료의 변형이 시간의 경과와 함께 증가하는 현상이 나타날 수가 있다. 이것을 크리프라고 한다.

3.3.1. 크리프

재료에 발생하는 응력이 탄성한도 이내에 있더라도, 고온의 경우에는 시간의 경과에 따라서 변형이 증가하고 이어서 파괴되는 경우가 있다. 이러한 현상을 크리프라고 한다. 사용응력이 훨씬 낮아도 고온에서 재료를 사용하는 경우는 크리프를 고려하여야만 한다.

3.3.2. 크리프 한도

일정 시간경과 후 변형이 정지하는 상태에 대응하는 최대응력을 크리프 한도라고 한다.

표 4. 크롬강 및 크롬 철의 크리프 한도[kgf/mm^2]

철강명	482℃	538℃	593℃	649℃	704℃	760℃
9Cr-1.5Mo강	23.40	8.19	4.89	1.62	--	--
18Cr-8Ni 강	16.90	12.9	8.12	3.87	--	--
13Cr-0.2Al철	--	5.80	2.37	1.05	0.69	--
16Cr-철	--	5.98	3.52	1.55	0.84	0.56

※ 10000시간에 1%의 크리프 변형을 발생시키는 응력

3.4. 반복에 의한 피로

3.4.1. 인간의 피로와 금속의 피로

우리가 중노동을 하였다면 곧바로 아주 지치게 된다. 또한 한층 가벼운 일에서도 오랜 시간 반복하면 피로하여 지쳐 버린다. 그러나 가벼운 작업을 하면 지쳐 버리기까지의 시간이 길게 된다. 그리고 매우 가벼운 작업의 경우에는 얼마든지 반복하여도 피로가 되지 않는다.

금속재료도 인간과 마찬가지로 반복 하중을 받는 경우는 재료에 발생하는 응력이 정하중의 경우보다 훨씬 낮은 응력에서도 비명을 질러 버린다. 즉 파손되게 된다. 그러므로 하중을 조금씩 적게 하여 발생하는 응력을 감소해 가면 어떤 응력에서는 무한 반복하여도 파괴되지 않는다. 이때의 응력을 피로한도라고 한다.

3.4.2. 피로한도

아무리 반복하중을 가하여도 파괴되지 않는 응력의 최대치를 "피로한도" 라고 한다.

4. 응력집중

4.1. 응력집중

지금까지 응력을 $\sigma = \frac{W}{A}$로 계산하여 왔다. 이것은 단면이 같은 재료에 하중을 작용시킨 경우로써 단면에 발생하는 응력은 같기 때문이다. 그렇지만 그림 11과 같이 봉과 판에 홈과 노치, 구멍이 뚫려 있는 경우의 응력은 홈, 노치, 구멍 주위에서 국부적으로 증대한다. 이 현상을 응력 집중이라고 한다.

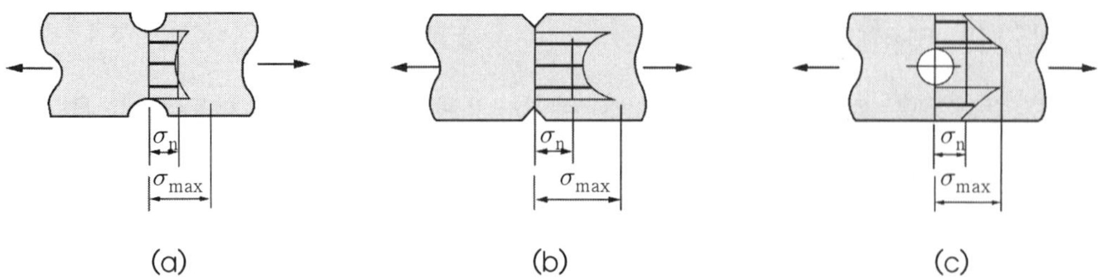

그림 11. 응력 집중상태

4.1.1. 형상계수

최대 응력을 평균 응력으로 나눈 값을 형상계수(응력 집중계수)라고 한다.

$$\text{형상계수 } \alpha_k = \frac{\text{최대응력}}{\text{평균응력}} = \frac{\sigma_{max}}{\sigma_n} \quad \cdots\cdots (2-17)$$

재료에 작용하는 최대응력 σ_{max}가 그 재료의 극한강도를 넘으면 파손되므로 홈, 노치, 구멍이 있는 재료의 치수를 결정하는 것에는 σ_{max}가 허용응력의 범위로 되도록 계산하지 않으면 안된다.

그림 12는 판재에 구멍을 뚫은 경우의 형상 계수의 실험치로서 이러한 데이터를 이용하여 σ_{max}을 구할 수 있다.

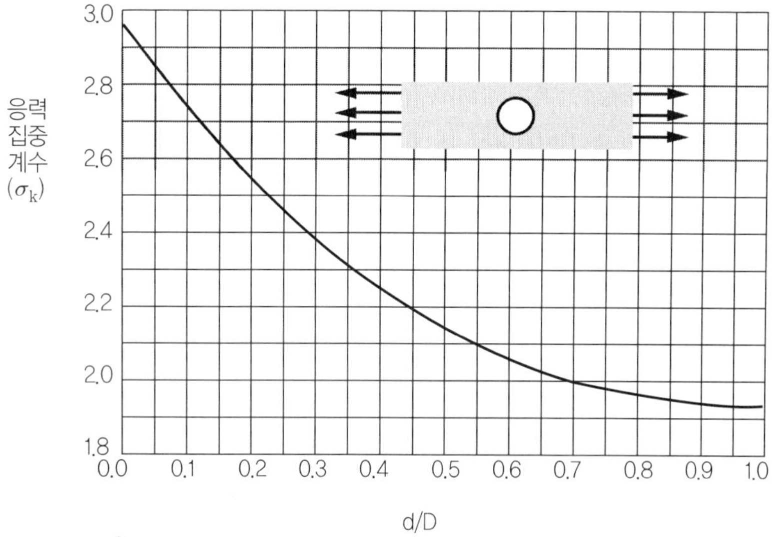

그림 12. 형상계수 실험치(원공의 직경 d, 판의 폭 D)

알아두기

그 외에 단달림 판재, 단 달림 환봉, 홈 붙이 판재 및 홈붙이 환봉 등의 형상 계수의 실험치는 부록과 기계공학 편람을 참조할 것.

예제 Exercise

34. 50[mm], 두께 10[mm]의 판의에 중앙에 직경 20[mm]의 구멍이 있다. 이 판에 1000[kgf]의 인장하중을 가했을 때 응력집중에 의한 최대응력 σ_{max}를 구하여라.

풀이 그림 12에 의하여 형상 계수 α_k를 찾는다.
식 (2-17)에 의하여

$$\sigma_{max} = \alpha_k \sigma_n$$

$$\frac{d}{D} = \frac{20}{50} = 0.4$$

따라서 그림 12로부터 α_k= 2.25를 얻는다.

평균응력 $\sigma_n = \dfrac{W}{A} = \dfrac{1000}{10(50-20)} = 3.33[\text{kgf/mm}^2]$

$\therefore\ \sigma_{max} = \alpha_k \sigma_n = 2.25 \times 3.33 = 7.49[\text{kgf/mm}^2]$

5. 열 응력

5.1. 열 응력

열응력은 온도변화에 따라서 자유팽창 및 자유수축에 대항하여 발생하는 응력이다.

예제 Exercise

35. 금속 환봉에 열을 가하거나 또는 냉각시키면 길이는 어떻게 되는가?

풀이 일반적으로 금속 재료는 온도가 상승하면 팽창하고 온도를 내리면 수축한다. 따라서 가열하면 길어지고, 냉각하면 짧아진다.

36. 봉의 양단을 팽창과 수축을 하지 않도록 다른 물체로 고정하고 봉에 열을 가하거나 냉각하거나 하면 봉은 어떻게 되는가 ?

풀이 양단이 구속되어 있지 않다면, 자유팽창 및 자유수축을 한다. 그러나 양단이 고정되어 있기 때문에 이러한 수축, 팽창이 방해되어 재료는 방해되어진 변형량에 상당하는 압축 또는 인장을 받게 되고 재료 내부에는 압축응력 및 인장응력이 발생한다.

5.2. 선 팽창계수

1[℃]의 온도변화에 대하여 늘어남과 수축의 비율을 선 팽창계수(열팽창계수)라고 한다. 일반적으로 α로 표시한다.

예제 Exercise

37. 길이 1[m]의 봉에 열을 가하여 온도를 1[℃] 올렸더니 0.011[mm]의 늘어남이 발생했다. 원래 길이에 대하여 늘어난 비를 구하여라.

풀이 비율(이 비율을 선 팽창계수라고 한다)

$$\text{비율(선팽창계수)} = \frac{\text{늘어난 길이}}{\text{처음 길이}} = \frac{0.011}{1000} = 1.1\times10^{-5}$$

표 5. 금속재료의 선 팽창계수

재　료	선 팽창계수($\times 10^{-6}$)	재　료	선 팽창계수($\times 10^{-6}$)
알루미늄	23.9	7/3황동	19
동	16.5	6/4황동	18.3
두랄류민	22.6	Cr14% 스텐레스강	11.0
연강	11.16~11.28	Cr18. Ni8스텐레스강	17.1
경강	10.72~10.73	규소강	12~15
회주철	9.2~11.80	화이트메탈	약 20

예제 Exercise

38. 길이 1000[mm], 선 팽창계수 11.5×10^{-6}인 봉을 가열하여 온도를 80[℃] 상승시켰다. 이때의 변형량을 구하여라.

풀이 예제 37에서도 알 수 있듯이
1[℃]당 변형량 = 선 팽창계수 × 처음의 길이

t[℃]의 온도변화에 의한 변형량= 선팽창계수×처음 길이×온도변화[t]

온도에 의한 변형량 = 선 팽창계수 × 처음 길이 × 상승온도

$$= 11.5 \times 10^{-6} \times 1000 \times 80 = 0.92[mm]$$

39. 길이[l], 선 팽창계수 α의 봉을 t[℃]에서 t'[℃]로 가열하였다. 이때의 변형량 λ를 구하여라.

풀이 예제 38과 같이
변형량 = 선 팽창계수 × 처음 길이 × 온도 변화

$$\lambda = \alpha l (t' - t)$$

5.3. 열응력과 열 변형률

예제 Exercise

40. 그림과 같이 양단을 고정한 길이 [l]인 봉을 온도 t[℃]에서 t'[℃]로 낮추었다. 다음의 각 물음에 답하시오.

[1] 봉은 인장을 받을 것인가 ? 압축을 받을 것인가?

[2] 양단 고정이 아니라면 압축량은 어느 정도인가?

[3] 이때 발생하는 변형률은 얼마인가?

[4] 이때 발생하는 응력은 얼마인가?

단, 선 팽창계수는 α, 종 탄성계수를 E로 한다.

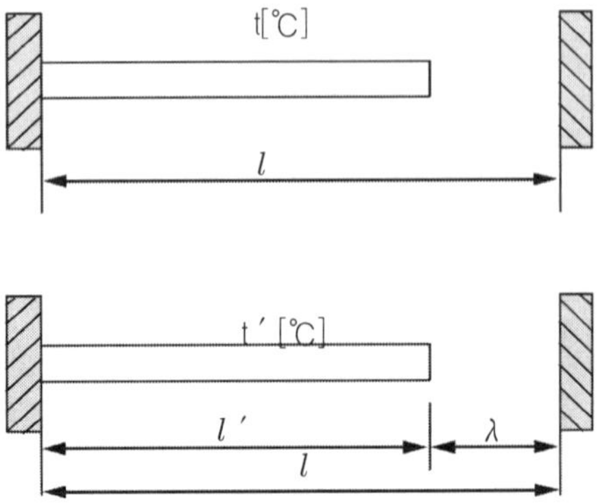

풀이 [1], [2]는 예제 36, 39를 [3], [4]는 $\varepsilon = \frac{\lambda}{l}$, $\sigma = \epsilon E$를 참고하시오.

[1] 양단이 고정되어 있으므로 압축은 일어나지 않는다. 즉 생각을 거꾸로 하면 길이 l'의 봉을 λ만큼 인장하여 l로 된 것과 같다. 따라서 인장 하중을 받는다.

[2] 예제 39로부터

$$\lambda = l - l' = \alpha(t - t')l = \alpha \cdot \Delta t \cdot l \quad \cdots\cdots [1]$$

[3] 변형률 ε은

$$\epsilon = \frac{\lambda}{l} = \frac{\alpha(t-t')l}{l}$$

$$\epsilon = \frac{\lambda}{l} = \alpha(t-t') \quad \cdots\cdots [2]$$

[4] 응력 $\sigma = \epsilon E$에 의하여

$$\sigma = \alpha(t-t')E \cdots\cdots [3]$$

만큼의 열응력이 발생한다.

※ 계산 결과가 (+)이면 재료는 인장하중을 받고, (-)이면 압축하중을 받는다. 식 [1], [2], [3] 중에서 $(t-t')$에 대하여 생각해 보시오.

41. -2[℃]에서 고정된 직경 30[mm]인 강봉이 32[℃]의 날씨로 더워 졌을 때 발생하는 응력 및 강봉이 고정된 벽면을 미는 힘은 얼마인가? 단, $E = 2.1\times10^4$[kgf/mm^2], $\alpha = 1.15\times10^{-5}$으로 한다.

풀이 응력은 예제 40 식 [3]에 의하여 간단하게 구하여 진다. 또한 벽을 미는 힘은 구해진 응력에 강봉의 단면적을 곱하면 된다.
응력 σ는

$$\sigma = \alpha(t-t')E = 1.15\times10^{-5}\times(-2-32)\times2.1\times10^4$$

$$= -1.15\times34\times2.1\times10^{-1} = -8.21[\text{kgf/mm}^2]$$

벽면을 미는 힘 W는

$$W = \sigma A = \sigma\frac{\pi d^2}{4} = (-8.21)\times\pi\times\frac{30^2}{4} = -5800[\text{kgf}](\text{압축응력})$$

42. 기온이 0[℃]일 때, 길이 1[m]의 재료를 그림과 같이 선단과 벽의 사이에 1[mm]의 틈새를 두고 설치하였다. 온도가 100[℃]로 되었을 때 이 재료에 발생하는 압축응력은 얼마인가 ?

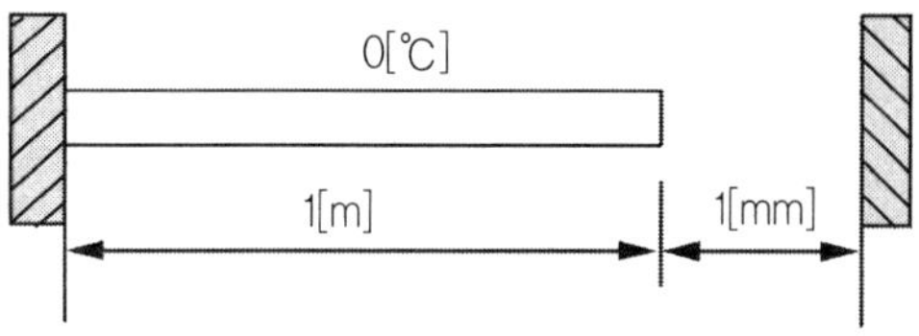

풀이 자유팽창 1[mm]에 상당하는 온도를 구한 다음, 이 온도로부터 100[℃]까지의 온도차로써 열 응력이 발생한다.
1[mm]의 변형량에 필요한 온도는 $\lambda = \alpha(t'-t)l$ 로부터

$$t' - t = \frac{\lambda}{\alpha l} = \frac{1}{1.15 \times 10^{-5} \times 1000}[℃] = 87[℃]$$

이 온도로부터 100[℃]까지 13[℃]에 상당하는 열 응력이 발생하므로

$$\sigma = \alpha E(t - t') = 2.1\times10^{4}\times1.15\times10^{-5}\times(87-100)$$

$$= -2.1 \times 1.15 \times 10^{-1}\times13 = -3.14[kgf/mm^{2}]$$

43. 2매의 두꺼운 동판을 강재 볼트로써 10[℃]에서 체결하고 30[℃]까지 온도를 올릴 때 볼트에 발생하는 열 응력을 구하여라. 단, 동판에는 볼트로부터의 압축력에 의한 변형이 발생하지 않는 것으로 가정한다. 그리고 강 및 동의 선 팽창계수는 각각 $\alpha_s = 1.15 \times 10^{-5}$ [kgf/mm²], $\alpha_c = 1.7\times10^{-5}$으로 하고 종 탄성계수를 $E_s = 2.1\times10^{4}$ [kgf/mm²], $E_c = 1.2 \times 10^{4}$[kgf/mm²]이다.

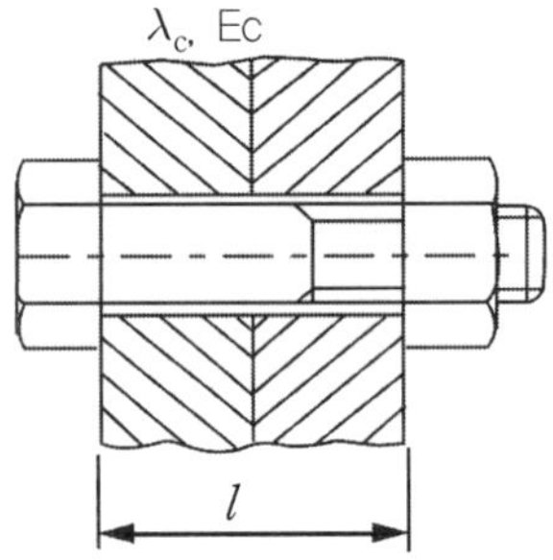

풀이 ① 동(銅)의 선 팽창계수가 크고, 또 동판은 볼트에 의하여 발생되는 힘에 의한 변형이 발생하지 않는다고 가정하고 있으므로 볼트는 동판에 의하여 늘어나고 변형이 발생된다고 생각한다.

② 볼트에 발생하는 변형률 ε은 동판의 열에 의한 변형과 볼트의 열에 의한 변형의 차에 상당하는 변형률이라고 생각하는 것이 가능하다.

동의 늘어남은 $\lambda_c = \alpha_c(t' - t)l$

강의 늘어남은 $\lambda_s = \alpha_s(t' - t)l$

따라서 늘어남의 차이는 $\alpha_c(t' - t)l - \alpha_s(t' - t)l$로 된다.

그러므로 볼트에 생기는 변형률 ε은

$$\varepsilon = \frac{\alpha_c(t'-t)l - \alpha_s(t'-t)l}{l} = (\alpha_c - \alpha_s)(t'-t)$$

이다.

또한 볼트에 발생하는 응력 σ는

$$\sigma = \epsilon E = (\alpha_c - \alpha_s)\cdot(t'-t)\times E_s$$

$$= (1.17-1.15)\times10^{-5}\times(30-10)\times2.1\times10^4$$

$$= 2.31[kgf/mm^2]$$

이다

44. 그림과 같이 단면적 A_S의 연강재 볼트를 단면적 A_C의 동으로 된 관에 넣고 온도 t℃에서 너트가 관에 가볍게 접촉하는 정도로 체결한 후, 온도 t'℃로 열을 가하였다. 볼트 및 동관에 발생하는 열응력(σ_s 및 σ_c)을 구하여라. 선 팽창계수를 강은 α_s, 동은 α_c, 종 탄성계수를 강은 E_s, 동은 E_c로 한다. 또한 $E_s > E_c$, $\alpha_c > \alpha_s$이다.

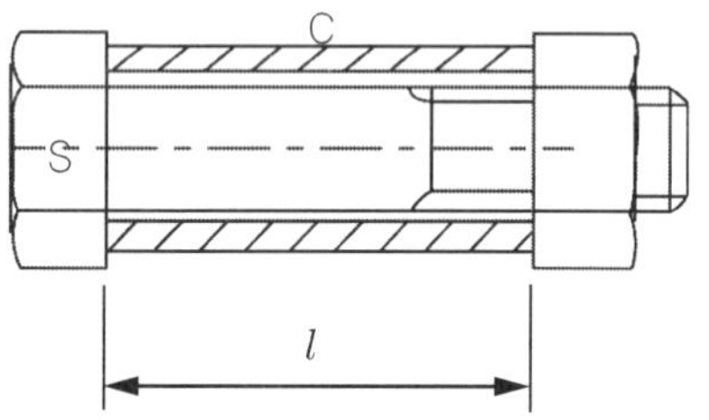

풀이 ① 볼트의 변형량과 관의 변형량이 같다는 것을 기억할 것. 또한 늘어남의 내용에 대하여 조사해 볼 것.

볼트의 늘어남 = (볼트의 자유 팽창량 λs) + (관에 의한 인장량 λs')

관의 늘어남 = (관의 자유 팽창량 λc) - (볼트에 의한 압축량 λc')의 관계이다.

② 볼트에 가하는 인장력과 관에 가하는 압축력의 크기는 서로 같다.

①, ②로부터 여러 가지 관계식을 만들어 풀면 된다.

볼트의 늘어남 = 관의 늘어남의 관계에서

$$\lambda_s + \lambda_{s'} = \lambda_c - \lambda_{c'} \quad \cdots\cdots [1]$$

각각의 자유 팽창량은

$$\lambda_s = \alpha_s(t' - t)l$$

$$\lambda_c = \alpha_c(t' - t)l \quad \cdots\cdots [2]$$

강재의 인장량 및 압축량은 식 (2-8)의 $\lambda = \frac{\sigma}{E}l$ 로부터

$$\lambda_s' = \frac{\sigma_s}{E_s}l$$

$$\lambda_c' = \frac{\sigma_c}{E_c}l \quad \cdots\cdots [3]$$

식 [1]에 식 [2], [3]을 대입하여

$$\alpha_s(t' - t)l + \frac{\sigma_s}{E_s}l = \alpha_c(t' - t)l - \frac{\sigma_c}{E_c}l$$

양변을 l 로 나누면

$$\alpha_s(t' - t) + \frac{\sigma_s}{E_s} = \alpha_c(t' - t) - \frac{\sigma_c}{E_c} \quad \cdots\cdots [4]$$

볼트에 가한 인장하중과 관에 가한 압축하중은 상호 영향을 미치므로

$$\sigma_s A_s = \sigma_c A_c \quad \cdots\cdots [5]$$

식 [5]로부터

$$\sigma_c = \frac{\sigma_s A_s}{A_c}$$

이것을 식 [4]에 대입하여

$$\alpha_s(t' - t) + \frac{\sigma_s}{E_s} = \alpha_c(t' - t) - \frac{1}{E_c} \cdot \frac{\sigma_s A_s}{A_c}$$

이항하여 정리하면

$$\frac{\sigma_s}{E_s} + \frac{\sigma_s A_s}{E_c A_c} = (\alpha_c - \alpha_s)(t' - t)$$

$$\sigma_s \cdot \frac{E_c A_c + E_s A_s}{E_s E_c A_c} = (\alpha_c - \alpha_s)(t' - t)$$

$$\therefore \quad \sigma_s = \frac{E_c A_c E_s(\alpha_c - \alpha_s)(t' - t)}{E_c A_c + E_s A_s}$$

또한, $\sigma_c = \frac{\sigma_s A_s}{A_c}$에 σ_s의 결과를 대입하면

$$\sigma_c = \frac{E_c E_s A_s(\alpha_c - \alpha_s)(t' - t)}{E_c A_c + E_s A_s}$$

이다.

6. 내압을 받는 원통과 구

6.1. 두께가 얇은 원통

두께가 얇은 원통이란 두께와 직경의 비(t/D)가 1/10 이하인 원통을 말한다. t와 D는 각각 두께가 얇은 원통의 두께와 직경을 나타낸다.

예제 Exercise

45. 그림 (a)와 같이, 내경 D, 내측길이[l]의 압력용기에 압력 p[kgf/cm^2]의 가스가 봉입되어 있다. 이때 용기를 그림 (b)와 같이 축과 직각 방향으로 파괴하려고 하는 힘 W를 구하여라. 단, 길이의 단위는 [mm]이다.

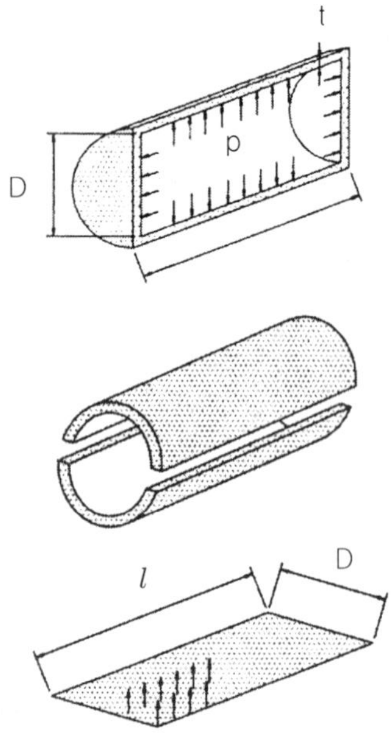

풀이 이 힘은 그림(c)와 같은 장방형의 면적 Dl 에 압력 p가 수직으로 작용한 경우와 같다.
힘은 (압력)×(수압면적) 이므로

$$W = pDl = \frac{p}{100}Dl \ (\text{단위환산})$$

46. 예제 45 그림 (b)의 가상 파단면에 발생하는 응력을 구하여라.

풀이 전압력을 받는 단면의 면적은 $2tl$ 이다. 그리고 압력의 단위는 [kgf/cm^2], 길이의 단위는 [mm]인 것에 주의할 것.

$$\sigma = \frac{W}{A} = \frac{\frac{pDl}{100}}{2tl} = \frac{pD}{200t}\,[\text{kgf/mm}^2]$$

이 응력을 후프 응력이라고 하며 σ_h로 표시한다.

47. 그림과 같은 원통에 있어서 축방향으로 파괴를 일으키는 힘 [W] 및 축방향의 응력 σ_t를 구하여라. 단, 압력은 p[kgf/cm^2]으로 한다.

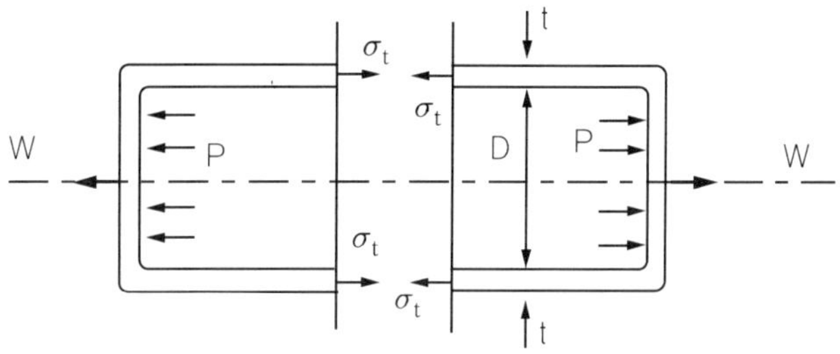

풀이 축방향으로 파괴되려고 하는 힘은 양측 면판에 작용하는 전 압력에 의한 힘과 같다. 이 힘을 받는 단면의 면적은 πDt이다.

$$W = \frac{p}{100} \times \frac{\pi D^2}{4} \text{[kgf]}$$

$$\text{응력 } \sigma = \frac{W}{A} = \frac{\dfrac{p}{100}\dfrac{\pi D^2}{4}}{\pi Dt} = \frac{pD}{400t} \text{[kgf/mm}^2\text{]}$$

두께가 얇은 원통의 응력을 정리하면 다음과 같이 된다.

원통에 작용하는 후프응력 σ_h는 $\sigma_h = \dfrac{pD}{200t}$[kgf/mm^2]

세로방향의 응력 σ_t는 $\sigma_t = \dfrac{pD}{400t} = \dfrac{1}{2}\sigma_h$[kgf/mm^2](후프응력의 절반)

따라서 원통의 강도와 판 두께의 계산은 후프응력에 대한 식을 사용하면 된다.

48. 내경 1000[mm]인 두께가 얇은 원통에 20[kgf/cm^2]의 가스를 봉입하기 위해서는 판 두께를 얼마로 하면 좋을까? 단, 허용응력을 8[kgf/mm^2]로 한다.

풀이 후프응력은 가로방향 응력의 두 배이므로 후프응력의 식으로 계산한 판 두께는 세로방향에 대해서도 염려 할 필요가 없다.

$$\sigma = \frac{pD}{2t} = \frac{pD}{200t} \text{ (단위환산)}$$

$$t = \frac{pD}{200\sigma} = \frac{20 \times 1000}{200 \times 8} = 12.5\text{[mm]}$$

49. 내경 600[mm], 판두께 10[mm]의 원통의 허용응력을 4[kgf/mm^2]로 하면 이 원통에 가할 수 있는 압력은 얼마인가 ?

풀이 후프응력의 식을 사용한다.
후프응력 σ는

$$\sigma = \frac{pD}{200t}[\text{kgf/mm}^2] \text{ (단, p의 단위는 [kgf/cm}^2\text{]으로 한다)}$$

$$\therefore\ p = \frac{\sigma \times 200t}{D} = \frac{4 \times 200 \times 10}{600} = 13.33[\text{kgf/cm}^2]$$

50. 내경 500[mm]로 내압 20[kgf/cm^2]을 받는 원통의 판두께는 얼마로 하면 좋을까 ? 단, 허용응력은 8[kgf/mm^2], 이음새의 효율을 70[%]로 한다.

풀이 후프응력의 식으로부터 $t = \frac{pD}{200\sigma}$이다. 그러나 이음새의 효율이 70% 임을 고려해야 한다.

$$0.7t = \frac{pD}{200\sigma}$$

$$\therefore\ t = \frac{pD}{200\sigma \times 0.7} = \frac{20 \times 500}{200 \times 8 \times 0.7} = 8.93[\text{mm}]$$

51. 그림과 같이 직경을 포함한 면으로 구를 나누려는 힘 W 및 재료에 발생하는 인장응력 σ를 구하여라. 단, 내압을 p[kgf/cm^2]로 한다.

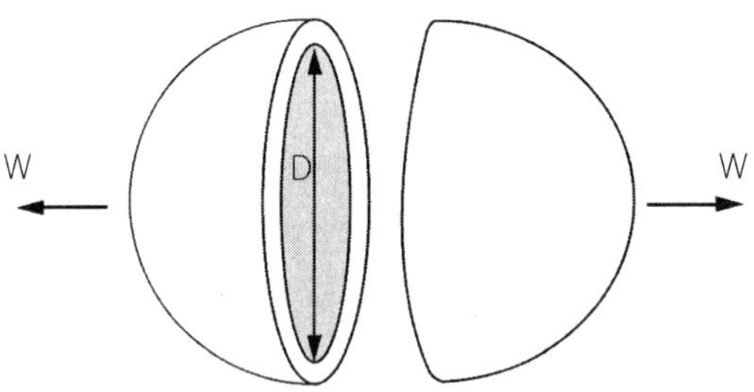

풀이 구를 그림과 같이 파괴하려고 하는 힘은 직경 D인 원의 면적에 작용하는 전 압력에 의한 힘과 같다.

$W = \frac{p}{100}\frac{\pi}{4}D^2$ 이 힘을 받는 구의 단면적 $A = \pi Dt$ 이므로(t는 구의 두께)

$$\sigma = \frac{W}{A} = \frac{\frac{p}{100}\frac{\pi}{4}D^2}{\pi Dt} = \frac{pD}{400t}[\mathrm{kgf/mm^2}]$$

52. 내압 20[kgf/cm²]을 받는 내경 400[mm]의 두께가 얇은 구의 두께를 구하여라. 단, 허용응력은 6[kgf/mm²]이다.

풀이 문제 51번 풀이 식으로 부터 간단하게 구하여진다.

$$t = \frac{pD}{400\sigma} = \frac{20 \times 400}{400 \times 6} = 3.33[\mathrm{mm}]$$

6.2. 내압을 받는 두께가 두꺼운 원통(thick cylinder)

여기서는 식의 설명이 어려우므로 사용만을 고려하고자 한다. 관심 있는 독자들은 탄성론의 서적을 참고하기 바란다. 일반적으로 후프응력을 구하는 식은 다음과 같다.

$$\sigma_t = \frac{pr_1^2(r_2^2 + r^2)}{100r^2(r_2^2 - r_1^2)}$$

$$= \frac{pr_1^2}{r_2^2 - r_1^2}\left(\left(\frac{r_2}{r}\right)^2 + 1\right) \times \frac{1}{100}(\text{단위환산})[\mathrm{kgf/mm^2}] \quad \cdots\cdots\cdots\cdots (2\text{-}18)$$

p : 내압[kgf/cm²]
r_1 : 내경 반지름
r_2 : 외경 반지름
r : 임의의 점의 반지름
σ_t : 중심에서 r의 거리에 있는 임의의 점의 후프응력[kgf/mm²]
σ_1 : 내벽의 후프응력

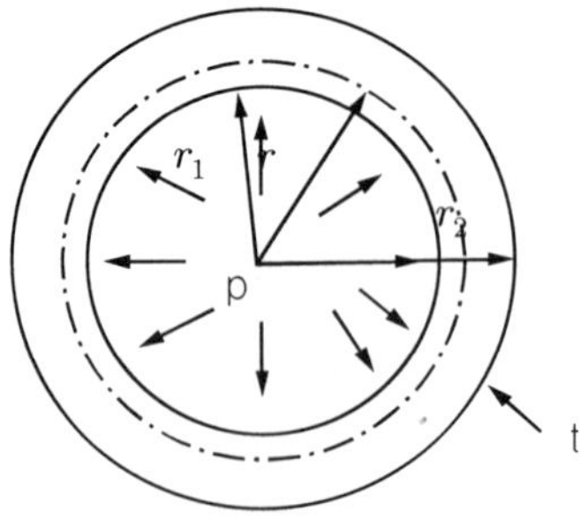

그림 13.

이 식에서 알 수 있듯이 $r = r_1$(r이 최소일 때), 즉 내벽에서 후프 응력은 최대로 된다.

$$\sigma_1 = \frac{p(r_2^2 + r_1^2)}{100(r_2^2 - r_1^2)}[\mathrm{kgf/mm^2}] \quad \cdots\cdots (2-19)$$

식 (2−19)을 변형하여

$$\frac{r_2}{r_1} = \frac{\sqrt{(100\sigma_1 + p)}}{\sqrt{(100\sigma_1 - p)}} \quad \cdots\cdots (2-20)$$

예제 Exercise

53. 내경 600[mm], 외경 800[mm]인 원통에 50[kgf/cm^2]의 가스를 봉입하면 최대 후프응력은 얼마인가 ?

풀이 최대 후프응력은 내벽에 발생하므로 식 (2-19)을 이용한다.

$$\sigma_1 = \frac{p(r_2^2 + r_1^2)}{100(r_2^2 - r_1^2)} = \frac{50 \times (400^2 + 300^2)}{100 \times (400^2 - 300^2)}$$

$$= 1.786[\mathrm{kgf/mm^2}]$$

54. 내경 120[mm]의 원통에 100[kgf/cm^2]의 가스를 봉입하고 싶다. 두께가 두꺼운 원통의 두께를 얼마로 하면 좋은가? 단, 허용응력을 2 [kgf/mm^2]로 한다.

풀이 최대 후프응력이 허용응력을 넘지 않도록 외경을 구하면 되므로, σ_1= 2[kgf/mm^2]으로 식 (2-20)을 이용한다.

$$\frac{r_2}{r_1} = \frac{\sqrt{(100\sigma_1 + p)}}{\sqrt{(100\sigma_1 - p)}} = \frac{\sqrt{(200+100)}}{\sqrt{(200-100)}} = \sqrt{3}$$

$$\therefore\ r_2 = \sqrt{3}\,r_1 = 60\sqrt{3}$$

판 두께 $t = r_2 - r_1 = 60\sqrt{3} - 60 = 60(\sqrt{3} - 1) = 43.9$[mm]

55. 내경 100[mm], 외경 120[mm]인 관은 얼마 정도의 내압에 견딜 수 있는가? 단, 허용응력은 8[kgf/mm^2]으로 한다.

풀이 최대 후프응력이 허용응력을 넘어서는 안되므로 σ_1= 8[kgf/mm^2]로서 식 (2-19)을 사용한다.

식 (2-19)을 변형하여

$$p = \frac{100\sigma_1(r_2^2 - r_1^2)}{r_2^2 + r_1^2} = \frac{100 \times 8 \times (60^2 - 50^2)}{60^2 + 50^2}$$

= 144.3[kgf/mm^2]

연습문제 Exercises

01. 직경 25[mm]의 환봉에 인장 하중을 가했을 때, 환봉에 발생되는 인장응력을 6[kgf/mm^2]으로 할 때 부가할 수 있는 최대하중은 얼마인가 ?

풀이 $A = \frac{\pi}{4}d^2$

$$W = \sigma \cdot A = \sigma \cdot \frac{\pi}{4}d^2 = 6 \times \frac{\pi}{4} \times 25^2 = 2950[\text{kgf}]$$

02. 외경 300[mm], 내경 250[mm]의 주철제 중공 원기둥에 25000[kgf]의 압축하중이 작용하고 있다. 이 때 발생하는 압축응력을 구하라.

풀이 $\sigma = \frac{W}{A} = \frac{W}{\frac{\pi}{4}\left(d_2^2 - d_1^2\right)} = \frac{4W}{\pi\left(d_2^2 - d_1^2\right)}$

$$= \frac{4 \times 25000}{\pi\left(300^2 - 250^2\right)} = 1.16[\text{kgf/mm}^2]$$

03. 그림과 같이 두께 3.2[mm]의 연강판을 직경 30[mm]의 펀치로 따내는데 필요한 힘은 얼마인가 ? 단, 판을 따내는데 필요한 전단응력은 35[kgf/mm^2]이다.

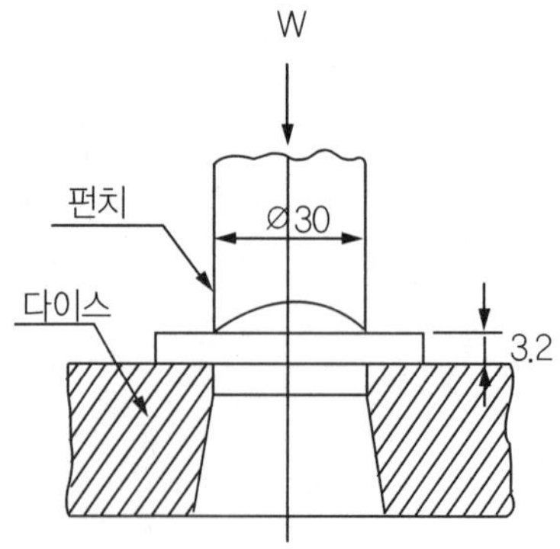

풀이 $W = \tau A = \tau \pi d t = 35 \times \pi \times 30 \times 3.2 = 1.06 \times 10^4$[kgf]

04. 직경 30[mm], 길이 1[m]인 연강봉을 6000[kgf]의 힘으로 인장할 때 봉의 축방향의 변형률 λ, 세로 변형률 ε, 직경의 변형량 δ, 가로 변형률 ε'을 구하여라. 단, 세로 탄성계수를 E = 2.1×10^4[kgf/mm^2], 포와송의 비 $\nu = \frac{1}{m} = \frac{1}{3}$이다.

풀이 (1) $\lambda = \frac{Wl}{AE} = \frac{6000 \times 1000}{\frac{\pi}{4} \times 30^2 \times 2.1 \times 10^4} = 0.404$[mm]

(2) $\epsilon = \frac{\lambda}{l} = \frac{0.404}{1000} = 4.04 \times 10^{-4}$

(3) $\frac{\epsilon'}{\epsilon} = \frac{1}{m}$이므로,

$\epsilon' = \epsilon \times \frac{1}{m} = 4.04 \times 10^{-4} \times \frac{1}{3} = 1.35 \times 10^{-4}$

(4) $\epsilon' = \frac{\delta}{d}$이므로

$\delta = d \cdot \epsilon' = 30 \times 1.35 \times 10^{-4} = 4.04 \times 10^{-3}$mm

05. 그림과 같은 강과 동으로 조합된 봉에 4ton의 인장 하중을 가했을 때의 변형량을 구하여라. 단, 강과 동의 탄성계수를 각각 Es = 2.1×10^4[kgf/mm^2], Ec = 1.05×10^4[kgf/mm^2]이고, 강의 직경은 40[mm], 동의 직경은 50[mm]이다.

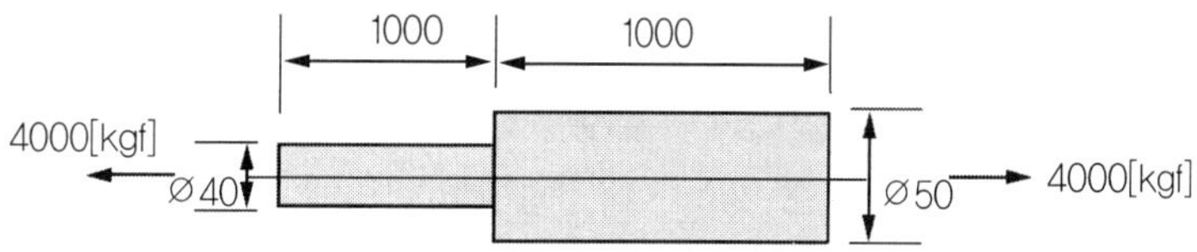

풀이 $\lambda_s = \dfrac{Wl}{A_s E_s} = \dfrac{4000 \times 1000}{\dfrac{\pi}{4} \times 40^2 \times 2.1 \times 10^4} = 0.1516[\text{mm}]$

$$\lambda_c = \frac{Wl}{A_c E_c} = \frac{4000 \times 1000}{\dfrac{\pi}{4} \times 50^2 \times 1.05 \times 10^4} = 0.1940[\text{mm}]$$

$$\lambda = \lambda_s + \lambda_c = 0.346[\text{mm}]$$

06. 그림과 같은 전단면(55×12)에 2000[kgf]의 전단력이 작용하고 있다. 횡 탄성계수 $G = 0.8 \times 10^4[\text{kgf/mm}^2]$로 할 때, 전단변형률 γ를 구하여라.

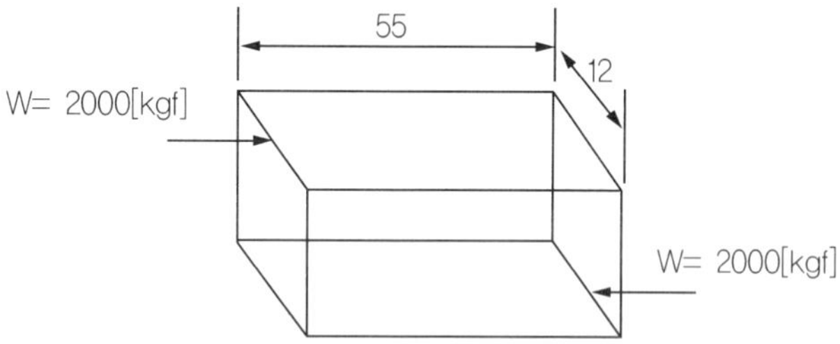

풀이 $G = \dfrac{\tau}{\gamma}$ 이므로

$$\gamma = \frac{\tau}{G} = \frac{W}{AG} = \frac{2000}{55 \times 12 \times 0.8 \times 10^4} = 3.79 \times 10^{-4}$$

07. 알루미늄의 종 탄성계수 $E = 0.72 \times 10^4[\text{kgf/mm}^2]$이고, 포와송 비는 0.34이다. 알루미늄의 횡 탄성계수 G를 구하여라.

풀이 $E = 2G\left(1 + \dfrac{1}{m}\right)$ 이므로

$$G = \frac{E}{2\left(1 + \dfrac{1}{m}\right)} = \frac{0.72 \times 10^4}{2(1 + 0.34)} = 0.27 \times 10^4[\text{kgf/mm}^2]$$

08. 그림과 같이 내측에 연강봉을 외측에 황동 원통관을 끼운 기둥이 있다. 여기에 6000[kgf]의 압축하중을 주었을 때 각 기둥에 발생하는 응력, 변형률, 압축량을 구하여라. 단, 연강과 황동의 종 탄성계수는 각각 E_s= 2.1×10^4[kgf/mm^2], E_b= 0.63×10^4[kgf/mm^2]이다.

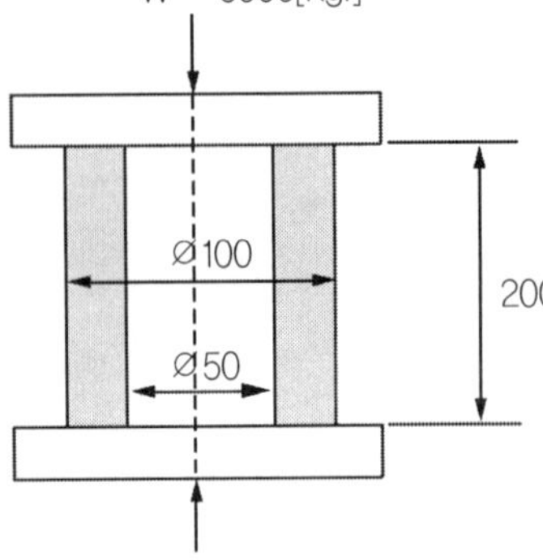

풀이 $\sigma_s \cdot A_s + \sigma_b \cdot A_b = W$ ········· [1]

$$\frac{\sigma_s}{E_s} = \frac{\sigma_b}{E_b} \quad \cdots\cdots [2]$$

$$\sigma_b = \frac{E_b}{E_s} \cdot \sigma_s$$

$$\sigma_s \cdot A_s + \frac{E_b}{E_s}\sigma_s \cdot A_b = W$$

$$\sigma_s\left(A_s + \frac{E_b}{E_s}A_b\right) = W$$

$$\sigma_s = \frac{W}{A_s + \frac{E_b}{E_s}A_b} = \frac{W}{\frac{\pi}{4}d_1^2 + \frac{E_b}{E_s}\cdot\frac{\pi}{4}\left(d_2^2 - d_1^2\right)} = \frac{4W}{\pi\left\{d_1^2 + \frac{E_b}{E_s}\left(d_2^2 - d_1^2\right)\right\}}$$

$$= \frac{4 \times 6000}{\pi\left\{50^2 + \frac{0.63 \times 10^4}{2.1 \times 10^4}\left(100^2 - 50^2\right)\right\}} = 1.61[\text{kgf/mm}^2]$$

$$\sigma_b = \frac{E_b}{E_s}\sigma_s = \frac{0.63 \times 10^4}{2.1 \times 10^4} \times 1.61 = 0.483[\text{kgf/mm}^2]$$

$$\epsilon_s = \frac{\sigma_s}{E_s} = \frac{1.61}{2.1 \times 10^4} = 7.67 \times 10^{-5}$$

$$\epsilon_s = \epsilon_b = 7.67 \times 10^{-5}$$

$$\lambda_s = \lambda_b = \epsilon_s l = 7.67 \times 10^{-5} \times 200 = 1.53 \times 10^{-2}[\text{mm}]$$

09. 2000[kgf]의 인장하중을 지지하는 연강 환봉을 설계하고자 한다. 허용응력 $\sigma_a = 6[\text{kgf/mm}^2]$일 때, 봉의 직경은 얼마로 해야 하는가 ?

풀이 $W = \sigma_a A = \sigma_a \cdot \frac{\pi}{4} d^2$

$$\therefore\ d = \sqrt{\frac{4W}{\pi \sigma_a}} = \sqrt{\frac{4 \times 2000}{\pi \times 6}} = 20.6[\text{mm}]$$

10. 직경이 25[mm]이고, 인장강도가 42[kgf/mm²]인 연강봉에 3440[kgf]의 인장하중이 작용하고 있다. 이 때 안전율 S는 얼마인가 ?

풀이 $\sigma = \frac{W}{A} = \frac{W}{\frac{\pi}{4}d^2} = \frac{4W}{\pi d^2} = \frac{4 \times 3440}{\pi \times 25^2} = 7[\text{kgf/mm}^2]$

안전율 $S = \frac{\sigma_s}{\sigma} = \frac{42}{7} = 6$

11. 그림과 같이 폭 100[mm], 두께 6.4[mm]의 판 중앙에 직경 25[mm]의 구멍이 뚫려 있다. 이 판에 1200[kgf]의 인장 하중을 가했을 때 응력집중에 의한 최대응력 σ_{max}를 구하여라.

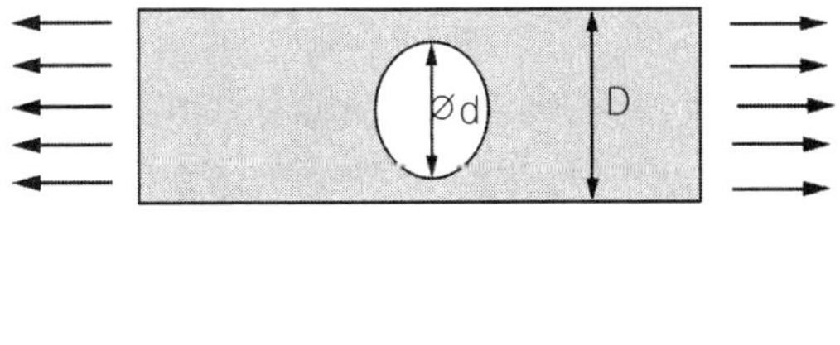

풀이 평균응력 σ_n은

$$\sigma_n = \frac{W}{A} = \frac{W}{t(D-d)} = \frac{1200}{6.4(100-25)} = 2.5[\text{kgf/mm}^2]$$

최대응력 $\sigma_{\max}$는

$$\sigma_{\max} = \alpha_k \cdot \sigma_n = 2.4 \times 2.5 = 6[\text{kgf/mm}^2]$$

12. 철도용 긴 레일을 온도 25[℃]일 때에 부설했다. 기온이 -10[℃]로 내려갔을 때 발생하는 열 응력은 얼마인가 ? 단, 레일의 선 팽창계수 α = 11.2 × 10^{-6}, 종 탄성계수 E = 2.1 × 10^4[kgf/mm²]이다. 또한 레일은 기온 변화에 의하여 신축되지 않는 상태로 설치했다고 생각한다.

풀이 $\sigma = \alpha(t-t')E = 11.2 \times 10^{-6} \times (25-(-10)) \times 2.1 \times 10^{-4}$

$= 8.23[\text{kgf/mm}^2]$

13. 외경 165.2[mm], 두께 5[mm], 길이 27.5[m]의 배관용 탄소강 강관을 온도 15[℃]일 때 관 공사를 했다. 이것에 300[℃]의 증기를 보내기 위해서는 얼마 정도의 변형량을 흡수하도록 설계해야 하는가? 또한 만약 관의 양단을 완전하게 고정한 경우 발생하는 열응력과 관이 고정부를 누르는 힘을 구하시오. 단, 종 탄성계수 E = 2.1 × 10^4[kgf/ mm²], 선 팽창계수 α = 11.2 × 10^{-6}이다.

풀이 $\lambda = \alpha(t'-t)l = 11.2 \times 10^{-6} \times (300-15) \times 27.5 \times 10^3 = 87.8[\text{mm}]$

$\sigma = \alpha(t-t')E = 11.2 \times 10^{-6} \times (15-300) \times 2.1 \times 10^4 = -67[\text{kgf/mm}^2]$(압축)

$W = \sigma A = \sigma \cdot \frac{\pi}{4}(d_2^2 - d_1^2) = -67 \times \frac{\pi}{4}(165.2^2 - 155.2^2)$

$= -1.69 \times 10^5[\text{kgf}]$(압축)

14. 직경 1.2[m]의 보일러 원통의 내부에 16[kgf/cm²]의 증기압이 작용할 때, 판 두께를 어느 정도로 하면 좋은가 ? 단, 재료의 허용응력은 8[kgf/mm²], 용접이음매 효율을 90[%]라고 한다.

풀이 $\sigma = \dfrac{pD}{200t}$

$\eta\sigma = \dfrac{pD}{200t}$

$\therefore\ t = \dfrac{pD}{200\eta\sigma} = \dfrac{16 \times 1200}{200 \times 0.9 \times 8} = 13.3$[mm]

15. 그림과 같이 직경 100[mm]인 축에 두께 10[mm]인 주강재 링을 열 박음하고 싶다. 링에 발생하는 인장응력 σ = 3[kgf/mm^2]으로 할 때, 링의 내경을 축경보다 얼마나 작게 가공하면 되는가 ? 단, 링의 종 탄성계수 E = 2.1 × 10^4[kgf/mm^2]이고, 축 자체는 열 박음에 의한 변형이 없는 것으로 가정한다. 또한 열박음 후에 링의 내면이 받는 압력 p를 계산하시오.

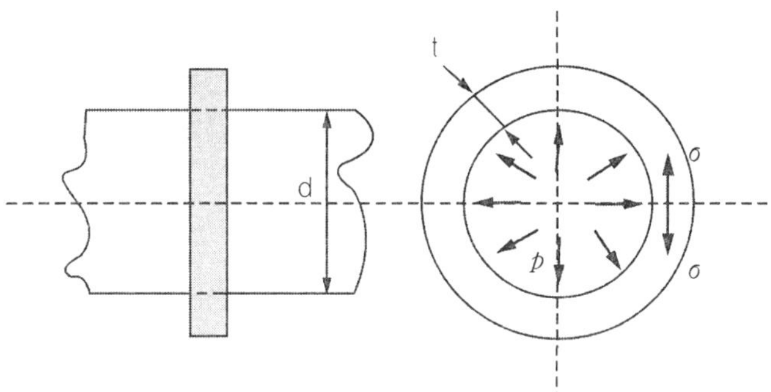

풀이 $\epsilon = \dfrac{\delta}{d} = \dfrac{\sigma}{E}$

$\delta = d \cdot \dfrac{\sigma}{E} = 100 \times \dfrac{3}{2.1 \times 10^4} = 0.0142$[mm]

$\sigma = \dfrac{pd}{200t}$

$\therefore\ p = \dfrac{200t\sigma}{d} = \dfrac{200 \times 10 \times 3}{100} = 60$[kgf/mm^2]

Mechanics of Materials

CHAPTER 03

탄성에너지

elastic energy

1. 탄성에너지(elastic energy)

1.1. 탄성에너지란 ?

재료에 외력을 가하여 탄성 변형시키면 외력도 재료의 변형에 따라서 이동하게 되므로 외력은 재료에 대하여 일을 한 것이 된다. 이 외력에 의한 일은 재료의 변형에 따라서 재료에 에너지로써 축적된다. 그리고 외력을 제거하면 흡수한 에너지를 전부 방출한다. 이와 같은 에너지를 탄성에너지라고 한다.

1.2. 탄성에너지의 계산

예제 Exercise

01. 길이 l[mm], 단면적 A[mm^2]인 재료에 W[kgf]의 인장하중을 가한 경우 λ[mm]의 변형량이 발생하였다. 이때 외력이 한 일량 Q를 구하여라. 단, W는 탄성한도 이내의 하중이다.

풀이 ① 일량은 힘과 변형량의 곱이다.

② 힘을 가하는 방법에 주의할 것. 힘은 변형량에 비례하여 증가하고 최종적으로 W의 힘이 가하여져 λ의 변형량이 발생한다.

①, ②로부터 일량 Q는 그림의 △AOλ의 면적으로 표시하는 것이 가능하다.

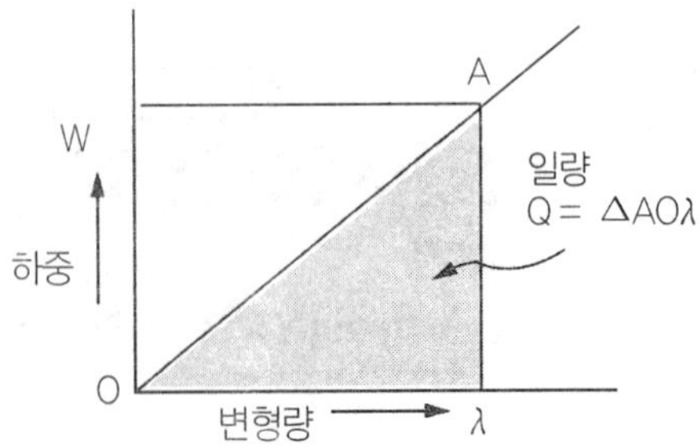

일량 = △AOλ의 면적

$$\therefore\ Q = \frac{1}{2} W\lambda [\text{kgf} \cdot \text{mm}]$$

02. 예제 1에서 재료에 축적되어진 탄성에너지는 얼마인가 ?

풀이 본문 1.1. 탄성에너지란을 참조할 것. 외력에 의하여 행하여진 일은 전부 재료에 축적된다.

탄성에너지를 U로 하면 U = Q이므로

$$U = \frac{1}{2} W\lambda [\text{kgf} \cdot \text{mm}]$$

03. 단면적 A, 길이 l, 종탄성계수 E의 재료에 W의 하중이 작용하여 λ의 변형량과 재료 내부에 σ의 응력을 발생시켰을 때, 예제 2의 풀이 식을 σ, A, l, E를 사용하여 나타내시오.

풀이 $W = \sigma A$, $\lambda = \dfrac{Wl}{AE} = \dfrac{\sigma l}{E}$ 이다. 이것을 예제 2의 풀이 식에 대입하면 된다.

예제 2의 풀이 식에 $\lambda = \dfrac{\sigma l}{E}$, $W = \sigma A$을 대입하여

$$U = \frac{1}{2} W\lambda = \frac{1}{2}\sigma A \cdot \frac{\sigma l}{E} = \frac{\sigma^2}{2E} Al\ [\text{kgf} \cdot \text{mm}]$$

이것이 재료에 흡수된 전(全) 탄성에너지이다.

04. 예제 3의 식은 재료 전체에 흡수되어진 전 탄성에너지이다. 단위 체적(1[mm^3])당 흡수되는 에너지는 얼마인가 ?

풀이 전 탄성에너지 U를 재료의 체적 $A \cdot l$ 로써 나누면 된다.
단위 체적 당의 에너지를 u라고 하면

$$u = \frac{U}{V} = \frac{U}{Al} = \frac{\sigma^2}{2E}[\text{kgf} \cdot \text{mm/mm}^3]$$

05. 1[mm^3]당의 탄성에너지가 최대로 되는 것은 재료 내에 발생하는 응력이 다음의 어떤 것일 때인가 ?

① 비례 한도일 때 ② 탄성한도일 때
③ 극한 강도일 때 ④ 파단점의 응력일 때

풀이 탄성에너지에 대하여 다시한번 생각해 볼 것. 탄성에너지는 탄성 변형 시켰을 때 그 재료에 축적되어지는 에너지이다.
탄성변형 한도에서의 응력, 즉, σ가 탄성한도일 때 u는 최대치로 된다. 이때 u는 $u = \frac{\sigma^2}{2E}$ (σ : 탄성한도)를 최대 탄성에너지라고 한다.

06. 직경 10[mm], 길이 1000[mm]의 연강봉에 500[kgf]의 인장하중이 작용했을 때 이 봉에 축적되어지는 에너지는 얼마인가 ? 단, E = 2.1 × 10^4[kgf/mm^2]으로 한다.

풀이 예제 1, 2, 3을 참고할 것.
예제 3의 식으로부터

$$U = \frac{1}{2}W\lambda = \frac{\sigma^2}{2E}Al \cdots\cdots\cdots\cdots \text{[1]}$$

여기서

$$A = \frac{\pi d^2}{4} = \pi \times \frac{10^2}{4} = 78.5[\text{mm}^2]$$

$$\sigma = \frac{W}{A} = \frac{500}{78.5} = 6.37[\text{kgf/mm}^2] \cdots\cdots\cdots\cdots \text{[2]}$$

식 [2]를 식 [1]에 대입하여

$$U = \frac{6.37^2}{2 \times 2.1 \times 10^4} \times 78.5 \times 1000 = 78.5[\text{kgf} \cdot \text{mm}]$$

07. 연강의 탄성한도를 20[kgf/mm^2], 종 탄성계수 E = 2.1 × 10^4[kgf/mm^2]으로 할 때 최대 탄성에너지 u를 구하여라.

풀이 예제 4의 식 및 예제 5를 참고할 것
예제 4의 식으로 부터

$$u = \frac{\sigma^2}{2E}$$

위 식에 σ = 20[kgf/mm^2], E = 2.1 × 10^4[kgf/mm^2]을 대입하여

$$u = \frac{20^2}{2 \times 2.1 \times 10^4} = 0.00952[\text{kgf} \cdot \text{mm/mm}^3]$$

08. 탄성한도 20[kgf/mm^2], 종 탄성계수 E = 2.1 × 10^4[kgf/mm^2]인 연강 봉에 압축하중을 가하여 3000[kgf · mm]의 탄성에너지를 흡수시키기 위해서는 어느 정도의 체적이 필요한가 ?

풀이 예제 3의 식 $U = \frac{\sigma^2}{2E}Al$ 로 부터 Al 을 구하면 된다.
예제 3의 식을 변형하여,

$$Al = \frac{U}{\frac{\sigma^2}{2E}} = 2 \times 2.1 \times 10^4 \times \frac{3000}{20^2} = 315000[\text{mm}^3]$$

09. 단면적 500[mm^2] 길이 1000[mm], E = 2.1 × 10^4[kgf/mm^2]인 강봉이 인장하중을 받아 0.4[mm]늘어났다. 축적되어진 탄성에너지는 얼마인가 ?

풀이 2장의 식 (2-8)의 $\lambda = \frac{Wl}{AE}$로 부터 W를 구하고 예제 3의 식의 $U = \frac{1}{2}W\lambda$ 에 대입한다.

예제 3의 식으로부터

$$U = \frac{1}{2}W\lambda \quad \cdots\cdots [1]$$

chapter 02의 식 (2-8)로부터

$$\lambda = \frac{Wl}{AE}$$

$$W = \frac{AE\lambda}{l} \cdots\cdots [2]$$

식 [2]를 식 [1]에 대입하여

$$U = \frac{1}{2}\frac{AE\lambda^2}{l} = \frac{500 \times 2.1 \times 10^4 \times 0.4^2}{2 \times 1000} = 840[\text{kgf}\cdot\text{mm}]$$

2. 충격응력과 변형량

2.1. 충격응력이란 ?

충격응력이란 재료에 충격하중을 가했을 때 발생되는 최대 순간응력을 말한다.

2.2. 충격응력의 계산

충격응력과 충격하중에 의하여 발생하는 최대 변형량의 계산은 탄성에너지로부터 해석할 수 있다.

예제 Exercise

10. 그림과 같이 단면적 A[mm^2], 길이 l[mm]인 봉 하단에 강성이 있는 플랜지(flange)를 설치하고, W[kgf]의 물체를 h[mm] 높이에서 봉을 따라서 낙하시켰다. 이 때 봉은 순간적으로 최대 λ[mm]만큼 늘어났다. 이 때 W의 물체가 잃어버린 위치에너지는 얼마인가 ?

풀이 잃어버린 높이에 상당하는 위치에너지를 구하면 된다.
잃어버린 높이는 $h+\lambda$이므로, 이 때의 위치에너지 U는

$$U = mgH = WH = W(h+\lambda)[\text{kgf}\cdot\text{mm}]$$

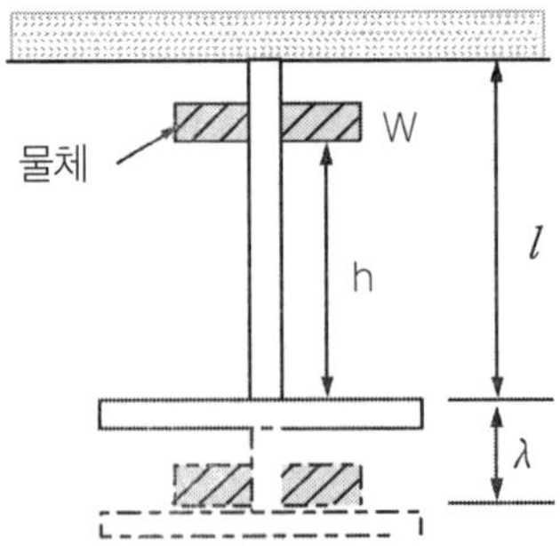

11. 예제 10의 그림에서 W[kgf]의 물체가 낙하하여 봉이 λ[mm] 늘어진 순간 봉에 발생하는 최대 응력(단, 탄성한도 내)을 σ라고 하면 이 때 이 봉에 흡수되어진 탄성에너지 U를 구하여라.

풀이 예제 3의 식을 사용한다.

$$U = \frac{\sigma^2}{2E}Al[\text{kgf} \cdot \text{mm}]$$

12. 예제 10 및 11로부터 충격응력 σ를 구하여라.

풀이 W가 잃어버린 에너지이지만 전부 탄성에너지로써 축적되어졌다고 생각한다.

$$U = \frac{\sigma^2}{2E}Al = W(h+\lambda) \quad \cdots\cdots [1]$$

식 [1]에 $\lambda = \varepsilon l = \frac{\sigma}{E}l$ 을 대입하면

$$U = \frac{\sigma^2}{2E}Al = W\left(h + \frac{\sigma}{E}l\right)$$

이것을 정리하여

$$Al\sigma^2 - 2Wl\sigma - 2EWh = 0 \quad \cdots\cdots [2]$$

식 [2]는 σ에 대하여 2차식이므로 σ에 대하여 풀면

$$\sigma = \frac{Wl \pm \sqrt{((Wl)^2 + 2AlEWh)}}{Al}$$

$$= \frac{W}{A}\left(1 \pm \sqrt{1 + \frac{2AEh}{Wl}}\right) \quad \cdots\cdots [3]$$

여기서,

$\frac{W}{A}$ = σ_o(정하중에 있어서의 응력) ·································· [4]

$\frac{Wl}{AE}$ = λ_o(정하중에 있어서의 변형량)

식 [4]을 식 [3]에 대입하면

$$\sigma = \frac{W}{A}\left(1 \pm \sqrt{1 + \frac{2AEh}{Wl}}\right) = \frac{W}{A}\left(1 \pm \sqrt{1 + \frac{2h}{\frac{Wl}{AE}}}\right)$$

$$= \sigma_o\left(1 \pm \sqrt{1 + \frac{2h}{\lambda_o}}\right) \cdots\cdots [5]$$

(±)에서 (-)는 부적합하므로 충격응력 σ는

$$\sigma = \sigma_o\left(1 + \sqrt{1 + \frac{2h}{\lambda_o}}\right)[\text{kgf/mm}^2] \cdots\cdots [6]$$

13. 예제 12의 식 [6]에서, h = 0일 때, 즉 W의 물체를 아래의 플랜지에 접촉하지 않을 정도로 근접시켜 갑자기 이것을 놓았을 때 봉에 발생하는 최대응력 σ는 얼마인가 ?

풀이 문제 12의 식 [6]의 h에 0을 대입하면 된다.

$$\sigma = \sigma_o\left(1 + \sqrt{1 + \frac{2h}{\lambda_o}}\right)$$

h = 0를 대입하여

$$\sigma = \sigma_o\left(1 + \sqrt{1 + \frac{0}{\lambda_o}}\right) = 2\sigma_0$$

$$\sigma = 2\sigma_0\text{kgf/mm}^2$$

이와 같은 응력을 급속하중에 의한 응력이라 한다. 급속하중에 의한 응력은 정하중 응력의 2배이다.

2.3. 충격하중에 의한 변형량

충격 하중에 의한 변형량 λ 는

$$\lambda = \sigma\frac{l}{E} = \frac{l}{E}\sigma_0\left(1+\sqrt{1+\frac{2h}{\lambda_0}}\right)$$

이다. 여기서, $\lambda_0 = \frac{l}{E}\sigma_0$(정하중일 경우의 변형량)이므로

$$\lambda = \lambda_o\left(1+\sqrt{1+\frac{2h}{\lambda_0}}\right)[\mathrm{mm}] \quad \cdots\cdots (3-1)$$

급속하중에 의한 변형량은, 식 (3-1)에 h = 0을 대입하면

$$\lambda = \lambda_o\left(1+\sqrt{1+\frac{0}{\lambda_0}}\right) = 2\lambda_0[\mathrm{mm}] \quad \cdots\cdots (3-2)$$

이다. 충격하중에 의한 변형량은 정하중에 의한 경우보다 2배의 변형량을 발생시킨다.

예제 Exercise

14. 예제 10의 그림에 있어서 단면적 A = 1000[mm^2], l = 5000[mm], E = 2 × 10^4[kgf/mm^2]인 연강봉에 W = 60[kgf]의 물체를 h = 80 [mm]의 높이에서 자유 낙하시켰을 때 충격응력 및 최대 변형량을 구하여라.

풀이 문제 12의 식 [6]과 식 (3-1)을 사용한다.
문제 12의 식 [6]으로부터

$$\sigma = \sigma_o\left(1+\sqrt{1+\frac{2h}{\lambda_o}}\right) \quad \cdots\cdots [1]$$

여기서

$$\sigma_o = \frac{W}{A} = \frac{60}{1000} = 0.06[\mathrm{kgf/mm^2}]$$

$$\lambda_0 = \frac{Wl}{AE} = \sigma_0 \frac{l}{E} = 0.06 \times \frac{5000}{2 \times 10^4} = 1.5\times10^{-2}[mm]$$

h = 80[mm]

이것을 위 식 [1]에 대입하면

$$\sigma = 0.06\left(1 + \sqrt{1 + 2 \times \frac{80}{1.5 \times 10^{-2}}}\right) = 6.26[kgf/mm^2]$$

다음에 식 (3-1)에 의하여

$$\lambda = \lambda_o\left(1 + \sqrt{1 + \frac{2h}{\lambda_0}}\right) \cdots\cdots\cdots\cdots\cdots\cdots [2]$$

여기에 수식을 대입하면

$$\lambda = 1.5\times10^{-2}\left(1 + \sqrt{1 + 2 \times \frac{80}{1.5 \times 10^{-2}}}\right) = 1.56[mm]$$

이다.

15. 5[ton]의 정하중을 가할 때, 4[mm] 늘어나는 재료가 있다. 이 재료에 4[ton]의 물체를 100[mm]의 높이에서 떨어뜨린다면 어느 정도 늘어나는가?

풀이 정하중 4[ton]에 대한 변형량 λ_o는 얼마인가 ? 이것을 먼저 구하여 식 (3-1)에 대입하면 된다.

4[ton]의 정하중에 대한 변형량을 λo라 하면

$$\lambda_o = 4 \times \frac{4}{5} = 3.2[mm]$$

$$\lambda = \lambda_o\left(1 + \sqrt{1 + \frac{2h}{\lambda_o}}\right) = 3.2\left(1 + \sqrt{1 + 2 \times \frac{100}{3.2}}\right)$$

$$= 28.7[mm]$$

연습문제 Exercises

01. 스프링에 60[kgf]의 하중을 가하여 30[mm]가 수축되었다. 이때 스프링에 축적되어진 에너지는 얼마인가 ?

풀이 $W=$ 60[kgf], $\lambda=$ 30[mm]

$$\therefore\ U=\frac{1}{2}W\lambda=\frac{1}{2}\times 60\times 30=900[\text{kgf}\cdot\text{mm}]$$

02. 직경 50[mm], 길이 1[m]인 황동봉이 300[kgf]의 인장하중을 받을 때 탄성 에너지는 얼마인가 ? 단, 종 탄성계수 E = 0.63×10^4 [kgf/mm^2]이다.

풀이 $$U=\frac{1}{2}W\lambda=\frac{1}{2}W\cdot\frac{Wl}{AE}=\frac{1}{2}\cdot\frac{W^2\cdot l}{\frac{\pi}{4}\times d^2E}=\frac{2W^2l}{\pi d^2E}$$

$$=\frac{2\times 300^2\times 1000}{\pi\times 50^2\times 0.63\times 10^4}=3.64[\text{kgf}\cdot\text{mm}]$$

03. 직경 100[mm], 길이 800[mm]의 피스톤이 20000[kgf]의 압축하중을 받고 있다. 이 때 피스톤에 축적된 에너지는 얼마인가 ? 단, 종 탄성계수 E = 2.1×10^4[kgf/mm^2]로 한다.

풀이 $$U=\frac{\sigma^2}{2E}Al \cdots\cdots [1]$$

$$A=\frac{\pi}{4}d^2=\frac{\pi}{4}\times 100^2=7850[\text{mm}^2]$$

$$\sigma = \frac{W}{A} = \frac{20000}{7850} = 2.55[\text{kgf/mm}^2] \cdots\cdots [2]$$

식 [2]를 식 [1]에 대입하면

$$U = \frac{2.55^2}{2 \times 2.1 \times 10^4} \times 7850 \times 800 = 972[\text{kgf} \cdot \text{mm}]$$

04. 고무의 최대 탄성에너지는 연강의 몇 배인가? 단, 고무의 탄성한도 σ_g = 0.8[kgf/mm^2], 종 탄성계수 Eg = 0.01[kgf/mm^2], 연강의 탄성한도 σ_s = 20[kgf/mm^2], 종 탄성계수는 Es = 2.1 × 10^4[kgf/mm^2]로 한다.

◉풀이 $u_g = \frac{\sigma_g^2}{2E_g} = \frac{0.8^2}{2 \times 0.01} = 32[\text{kgf} \cdot \text{mm/mm}^3]$

$$u_s = \frac{\sigma_s^2}{2E_s} = \frac{20^2}{2 \times 2.1 \times 10^4} = 9.52 \times 10^{-3}[\text{kgf} \cdot \text{mm/mm}^3]$$

$$\frac{u_g}{u_s} = \frac{32}{9.52 \times 10^{-3}} = 3360[\text{배}]$$

05. 예제 10의 그림에 있어서 단면적 A = 1000[mm^2], 길이 l = 5000[mm], E = 2 × 10^4[kgf/mm^2]인 연강봉에 W = 60[kgf]의 인장하중을 급속으로 가하였다. 이때 응력 σ 및 변형량 λ를 구하여라.

◉풀이 $\sigma = \sigma_0\left(1 + \sqrt{1 + \frac{2h}{\lambda_0}}\right)$, $\lambda = \lambda_0\left(1 + \sqrt{1 + \frac{2h}{\lambda_0}}\right)$ 이고

충돌하중 지점 $h = 0$을 위 식에 대입하면

$$\sigma = 2\sigma_0, \quad \lambda = 2\lambda_0$$

한편,

$$\sigma_0 = \frac{W}{A} = \frac{60}{1000} = 0.06[\text{kgf/mm}^2]$$

$$\lambda_0 = \sigma_0 \frac{l}{E} = 0.06 \times \frac{5000}{2 \times 10^4} = 0.015[\text{mm}]$$

$$\therefore \sigma = 2\sigma_0 = 2 \times 0.06 = 0.12$$

$$\lambda = 2\lambda_0 = 2 \times 0.015 = 0.03$$

06. 그림과 같이 봉의 머리부분과 고정판과의 사이에 코일 스프링을 넣고 높이 h[mm]로부터 무게 W[kgf]인 추를 낙하시켰을 때 코일 스프링 및 봉에 가하여진 힘 F를 구하여라. 단, 스프링의 압축을 δ[mm], 스프링 상수를 k[kgf/mm], 봉의 길이를 l [mm], 단면적을 A[mm^2], 종 탄성계수를 E [kgf/mm^2], 충격 시의 봉의 변형량을 λ[mm]으로 한다.

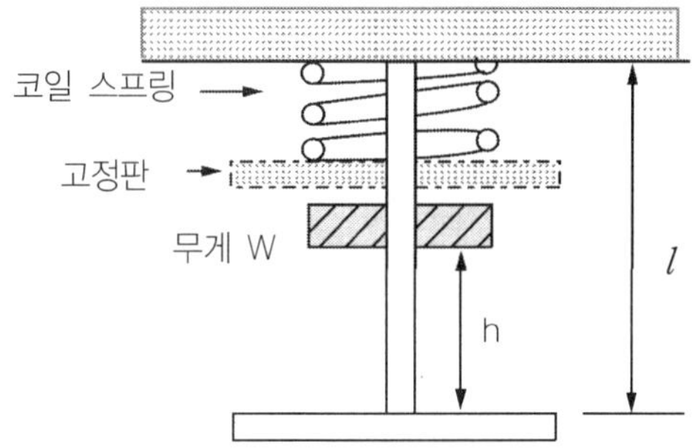

풀이 $W(h+\delta+\lambda)$ ··· [1]

$$\left(F = k\delta, \quad \therefore \delta = \frac{F}{k}\right)$$

$$U_1 = \frac{1}{2}F\cdot\delta = \frac{1}{2}F\cdot\frac{F}{k} = \frac{F^2}{2k} \quad \cdots\cdots\cdots\cdots\cdots \quad [2]$$

$$\left(\lambda = \frac{Fl}{AE} = \frac{l}{AE}F\right)$$

$$U_2 = \frac{1}{2}F\cdot\lambda = \frac{1}{2}F\cdot\frac{l}{AE}\cdot F = \frac{l}{2AE}F^2 \quad \cdots\cdots\cdots \quad [3]$$

식 [1] = 식 [2] + 식 [3]이므로,

$$Wh + W\delta + W\lambda = \frac{1}{2k}F^2 + \frac{l}{2AE}F^2$$

$$\therefore\ Wh + W \cdot \frac{F}{k} + W \cdot \frac{l}{AE}F = \frac{AE + kl}{2AEk}F^2$$

$$\therefore\ 2WAEhk + 2WAEF + 2Wkl\,F = (AE + kl)F^2$$

이항하면

$$(AE + kl)F^2 - 2W(AE + kl)F + 2WAEhk = 0$$

$$\therefore\ F = \frac{W(AE + kl) + \sqrt{W^2(AE + kl)^2 - (AE + kl) \times 2WAEhk}}{AE + kl}$$

$$= W + \sqrt{W^2 + \frac{2WAEhk}{AE + kl}} = W + \sqrt{W^2 + \frac{2W^2AEhk}{W(AE + kl)}}$$

$$= W\left(1 + \sqrt{1 + \frac{2AEhk}{W(AE + kl)}}\right)$$

$$F = W\left(1 + \sqrt{1 + \frac{2AEhk}{W(AE + kl)}}\right)$$

Mechanics of Materials

CHAPTER 04 굽 힘

■ bending

1. 보의 종류와 보에 작용하는 하중의 종류

1.1. 보란?

그림 1과 같이 하중을 가하여 굽힘 작용(bending)을 받고 있는 수평 부재를 보라고 한다. 그리고 보의 단면적은 보의 길이에 비하여 매우 적다. 또 보를 지지하는 점을 지점, 지점간의 거리를 스팬(span)이라고 한다.

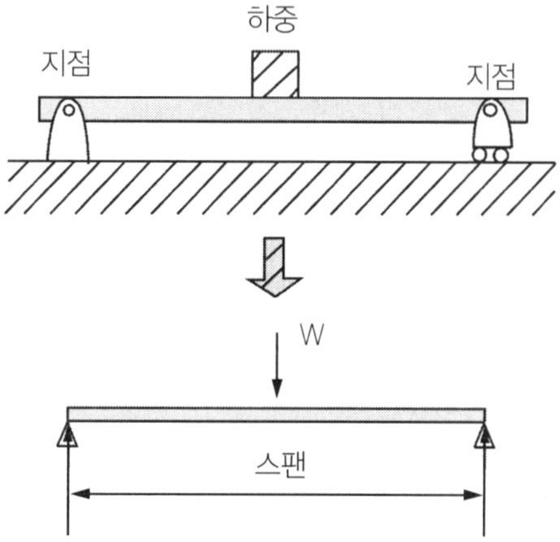

그림 1

1.2. 보의 종류

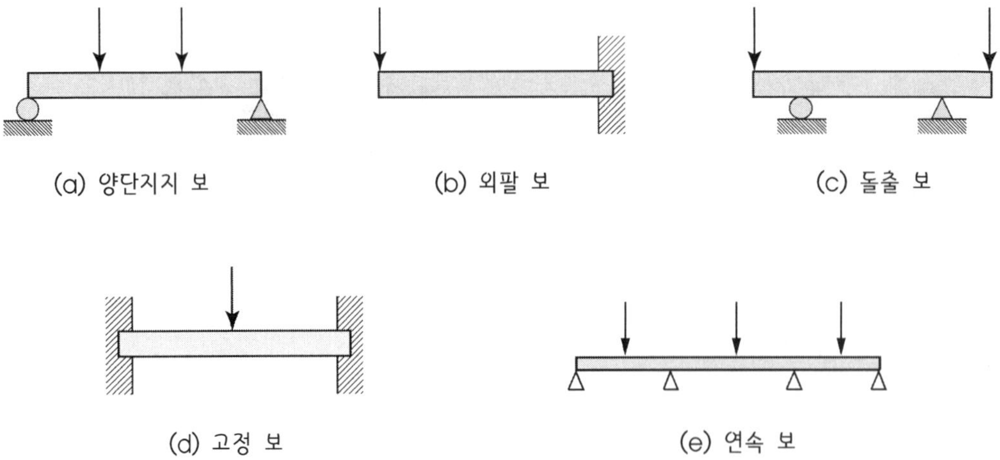

그림 2. 보의 종류

1.3. 보에 가해지는 하중의 종류

1.3.1. 집중하중

그림 2의 화살표로써 표시한 하중과 같이 한 점에 집중하여 작용하는 하중을 집중하중이라고 한다.

1.3.2. 분포하중

그림과 같이 보의 전 길이 또는 일부에 분포되어 있는 하중을 분포하중이라고 한다. 특히 단위 길이당 하중이 일정한 것을 등 분포하중이라고 한다.

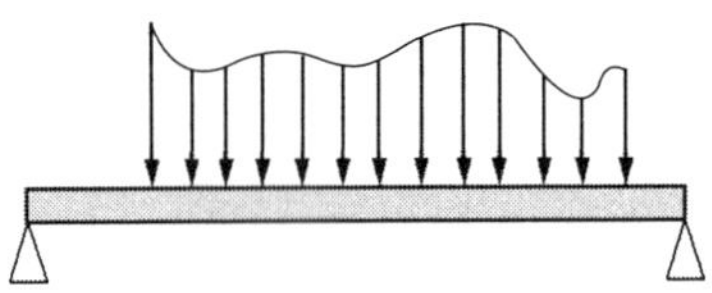

그림 3. 분포하중

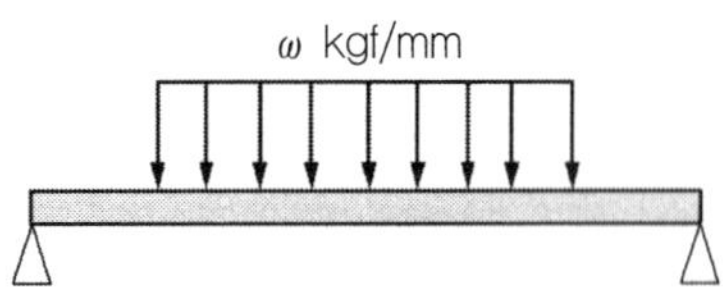

그림 4. 등 분포하중

1.3.3. 하중의 기호

집중하중의 기호는 W, 단위는 [kgf] 또는 [ton]으로 표시한다.

등 분포하중의 기호는 ω , 단위는 [kgf/mm], [kgf/cm] 또는 [kgf/m]로 표시한다.

2. 보의 평형조건

2.1. 힘의 평형과 모멘트의 평형

예제 Exercise

01. 그림의 O점에 대한 모멘트를 계산하시오.

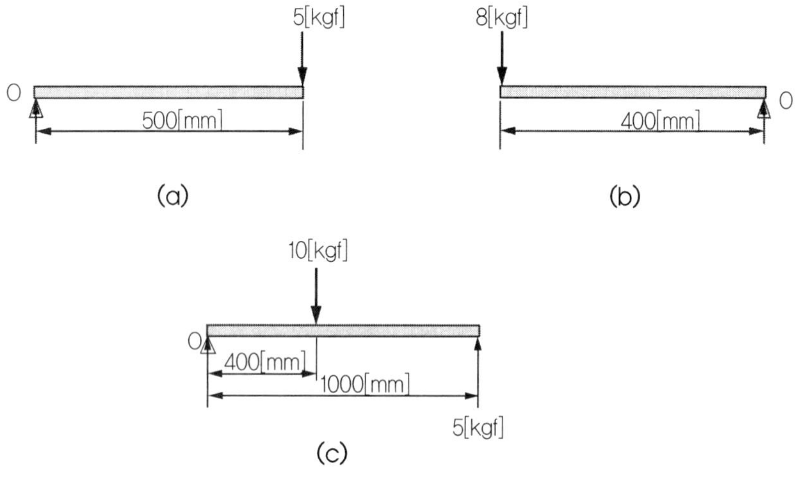

풀이 힘의 모멘트는 거리×힘이고, 힘의 모멘트의 (+), (-)에 주의 할 것(이 책에서는 반 시계방향 : (+), 시계방향을 : (-)로 약속한다).

(a) $M = -5 \times 500 = -2500$[kgf · mm]

(b) $M = 8 \times 400 = 3600$[kgf · mm]

(c) $M = 5 \times 1000 - 10 \times 400 = 1000$[kgf · mm]

02. 그림과 같이 힘을 가하였을 때 평형상태(정지 상태)로 있는 것은 (1), (2) 중에 어느 것인가 ? 그리고 힘의 상태, 힘의 모멘트의 상태를 계산하여 확인하고, 그 이유를 설명하시오.

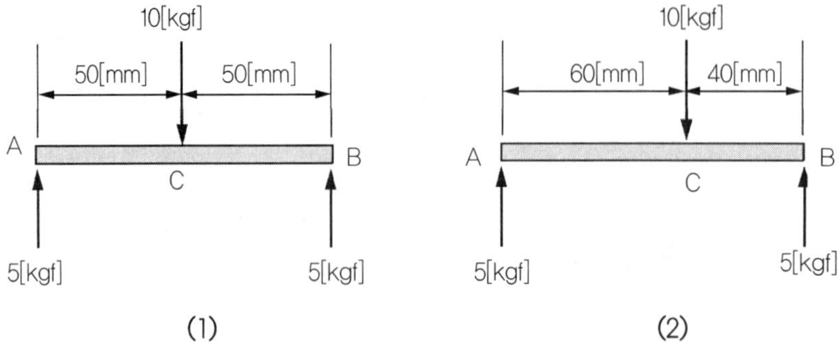

풀이 물체가 평형 상태로 되기 위해서는 첫 번째, 물체에 작용하는 힘의 대수합이 0이다. 두 번째, 임의의 점에서도 힘의 모멘트 합이 0이 되어야 한다.

(1)에 대하여

힘의 대수합 = 5 + 5 + (-10) = 0

A점의 힘의 모멘트의 대수합 = 5 × 100 - 10 × 50 = 0

(2)에 대하여

힘의 대수합 = 5 + 5 + (-10) = 0

A점의 모멘트의 대수합 = 5 × 100 - 10 × 60 = -100[kgf · mm]

그러므로 평형상태로 있는 것은 (1)이다.

[평형조건]

(1) 외력의 대수합이 0이다.

(2) 임의의 점에서 힘의 모멘트의 대수합이 0이다.

3. 양단 지지보의 계산

3.1. 양단 지지보에 집중하중이 작용하는 경우

3.1.1. 반력의 계산

예제 Exercise

03. 그림과 같이 C점에서 50[kgf]의 하중이 작용하고 있을 때, B단이 지지되어 있는 봉을 지지하기 위해서는 A에 얼마만한 힘 F를 가하여야 하는가?

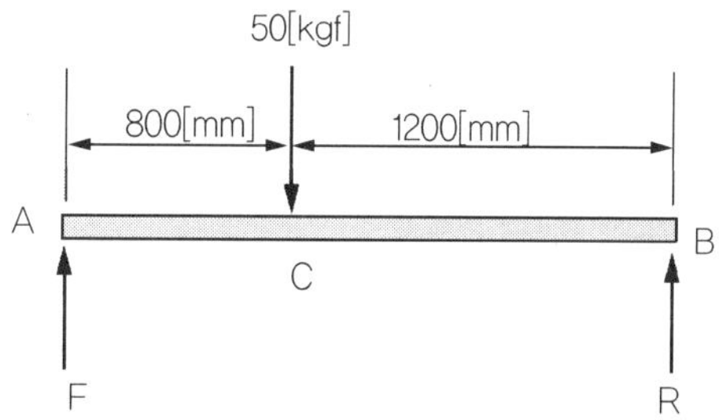

풀이 B지점에서의 힘의 모멘트 평형을 고려하면 된다.
B점에서의 힘의 모멘트 평형에 의하여

$$50 \times 1200 - F \times 2000 = 0$$

$$\therefore F = \frac{50 \times 1200}{2000} = 30[\text{kgf}]$$

04. 예제 3의 그림에 B점에 발생하는 힘(반력) R을 구하시오.

풀이 보의 평형 조건을 이용한다.
힘의 평형에 의하여

$$F + R - 50 = 0$$

$$\therefore R = 50 - F \cdots\cdots [1]$$

예제 3에서 $F = 30$을 식 [1]에 대입하면

$$R = 50 - 30 = 20[\text{kgf}]$$

[별해] A점을 지지점으로 한 힘의 모멘트의 평형을 고려하여 해석하는 것도 가능하다.

05. 그림에서 반력 R_A와 R_B를 구하시오

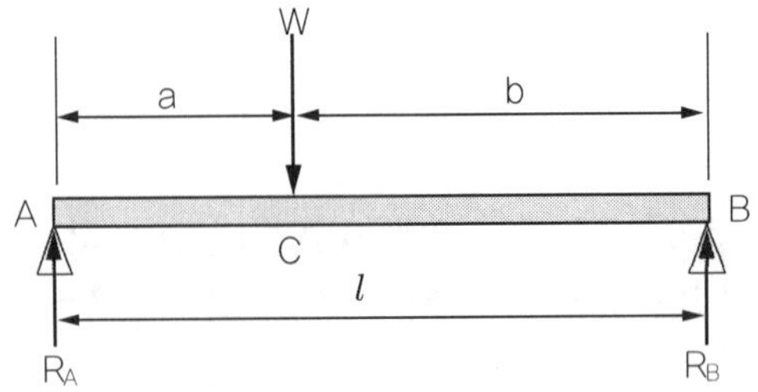

풀이 보의 평형 조건에 의하여 구할 수 있다.
힘의 평형에 의하여

$$R_A + R_B - W = 0 \quad \cdots\cdots [1]$$

B점의 힘의 모멘트의 평형에 의하여

$$R_A \cdot l + W \cdot b = 0 \quad \cdots\cdots [2]$$

$$\therefore \ R_A = \frac{Wb}{l}$$

이것은 식 [1]에 대입하고 정리하면

$$R_B = W - R_A = \frac{Wa}{l}$$

06. 그림에서 반력 R_A와 R_B를 구하시오.

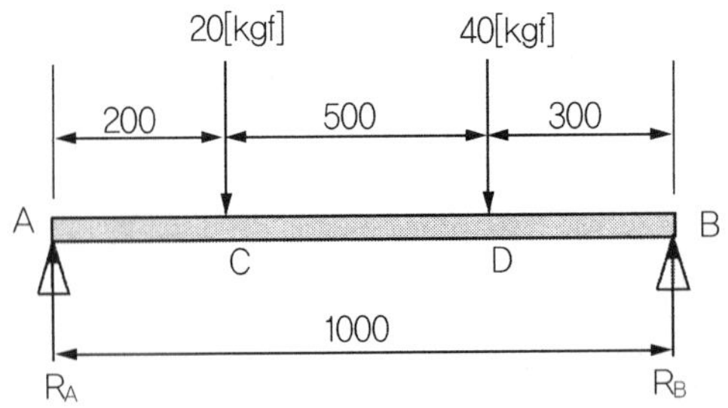

풀이 힘의 평형에 의하여

$R_A + R_B$ - 20 - 40= 0 ·· [1]

B점에서의 모멘트의 평형에 의하여

$-R_A \times 1000 + 20 \times 800 + 40 \times 300 = 0$ ·································· [2]

식 [2]에서

$$R_A = \frac{20 \times 800 + 40 \times 300}{1000} = 28[\text{kgf}]$$

R_A = 28[kgf]을 식 [1]에 대입하여 정리하면

R_B= 20 + 40 - 28= 32[kgf]

07. 그림에서 반력 R_A와 R_B를 구하시오.

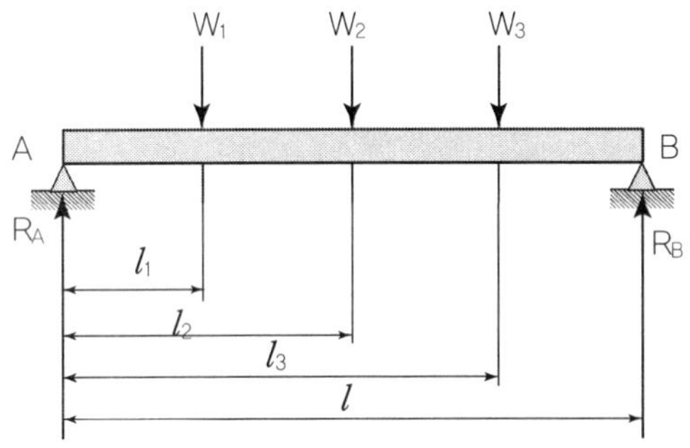

풀이 힘의 평형에 의하여

$R_A + R_B - W_1 - W_2 - W_3 = 0$ ································ [1]

B점의 힘의 모멘트 평형에 의하여

$-R_A l + W_1(l - l_1) + W_2(l - l_2) + W_3(l - l_3) = 0$ ······ [2]

식 [2]에서

$$R_A = \frac{W_1(l-l_1) + W_2(l-l_2) + W_3(l-l_3)}{l} \cdots\cdots\cdots\cdots \text{[3]}$$

식 [1]과 식 [3]에서

$$R_B = W_1 + W_2 + W_3 - R_A = \frac{W_1 l_1 + W_2 l_2 + W_3 l_3}{l} \cdots\cdots \text{[4]}$$

반력의 계산은 위 식들과 같이 집중하중이 몇 개 있어도 보의 평형 조건을 사용하여 해석하는 것이 가능하다.

3.1.2. 전단력의 계산

예제 Exercise

08. 그림에 있어서 X - X의 단면으로 절단하였다고 가정하면(이후 가상단면이라고 한다) 가상단면의 좌측에 있는 힘은 무엇인가? 그리고 그 힘의 방향은 위 방향인가? 아래 방향인가?

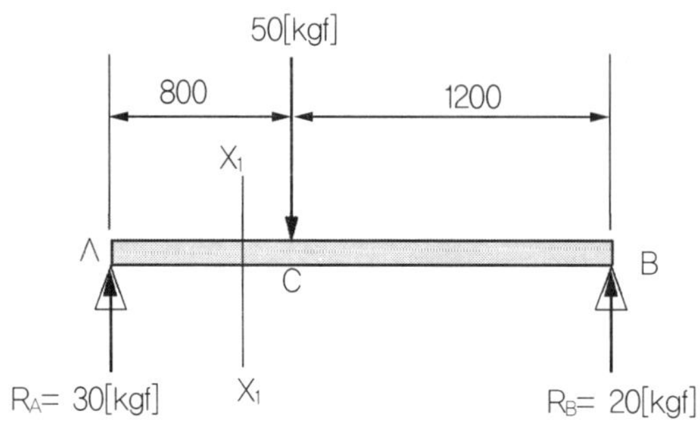

풀이 반력도 외력의 한가지로서 취급할 것.
가상단면의 좌측을 보면 R_A= 30[kgf]만이 위 방향으로 작용하고 있다.

09. 예제 8의 그림에서 가상단면 우측에 있는 힘은 무엇인가 ? 또한 그 방향을 생각해 보시오.

풀이 가상 단면 우측에서는 50[kgf]의 힘이 아래방향으로 향하고 R_B = 20[kgf]이 위 방향으로 작용하고 있다.

10. 예제 8의 그림에 있어서 아래로 향한 힘을 (-), 위로 향한 힘을 (+)로 하여 가상단면 좌우의 힘을 합하여 보시오.

(1) 가상단면 좌측의 힘의 합은 얼마인가 ?

(2) 가상단면 우측의 힘의 합은 얼마인가 ?

풀이 (1) 좌측 힘의 합은 +30[kgf]

(2) 우측 힘의 합은 -50 + 20 = -30[kgf]

11. 그림은 예제 10의 결과를 표시한 것이다. (a)과 (b) 중에서 어느 쪽이 바른 표현인가 ?

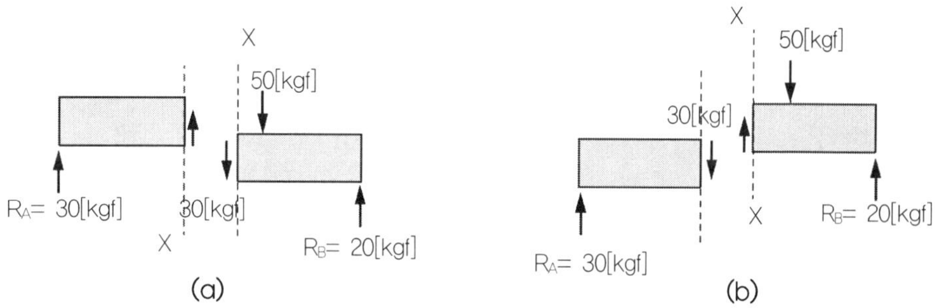

풀이 아래로 향한 것을 (-), 위로 향한 것을 (+)로 한 것에 주의 할 것. 좌측에서는 -30[kgf]가 아래로 향하고, 우측에서는 +30[kgf]가 위로 향한다. 따라서 (b)가 바른 표현이다.

12. 예제 10, 11을 참고로 하여 다음 괄호 안에 적당한 단어를 넣으시오. 가상 단면의 좌우 여러 가지 힘의 대수 합은 크기가 (①)고, 방향이 (②)이다.

풀이 예제 10, 11의 결과를 비교하면 ①은 같고, ②는 반대이다.

[1] 전단력

예제 10의 그림에서 X－X단면에 대한 자유 물체도는 아래의 그림 5와 같다. 그림에서 가상단면 X－X에서 발생하는 내력을 전단력이라 하고, 기호는 V로써 표시하며, 우력 M을 굽힘 모멘트(bending moment)라 한다.

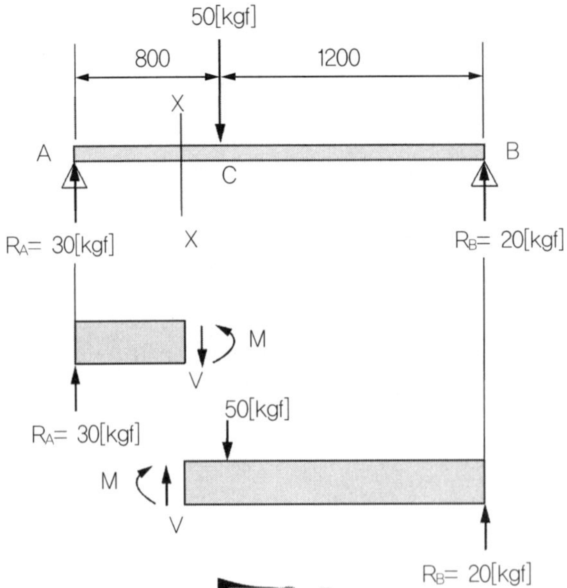

그림 5.

전단력 V는 임의 단면의 왼쪽에 있는 모든 힘의 대수합 또는 오른쪽에 있는 모든 힘의 대수합의 (−)(반대방향의 힘)와 같다.

[2] 전단력과 굽힘 모멘트의 부호 약속

전단력은 전단 방향에 의하여 다음 그림 6과 같이 (+), (−)를 약속한다. 즉, 보의 한 단면의 왼쪽에 작용하는 외력의 합력이 왼쪽 부분을 오른쪽 부분에 대하여 위로 밀어 올리려는 전단력을 (+)의 전단력, 그와 반대방향을 (−)의 전단력으로 정한다.

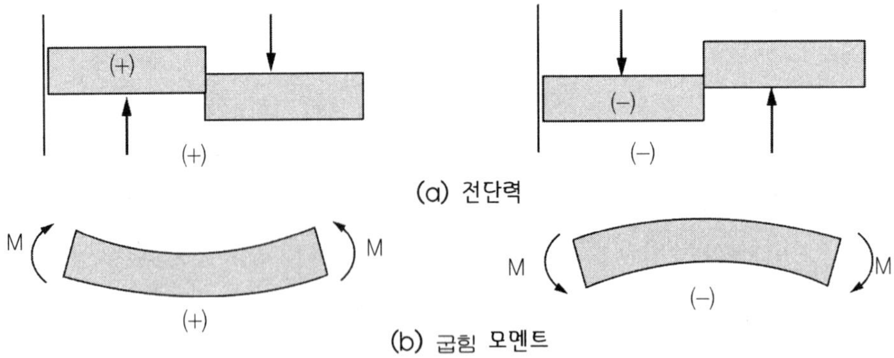

그림 6.

굽힘 모멘트는 한 단면 왼쪽에 작용하는 합성모멘트가 위쪽으로 오목하고 아래쪽으로 볼록하게 굽히려는 모멘트를 (+)로 하고, 그와 반대를 (−)의 굽힘 모멘트로 정한다.

예제 Exercise

13. 그림의 가상 단면에 있어서 전단력은 얼마인가 ?

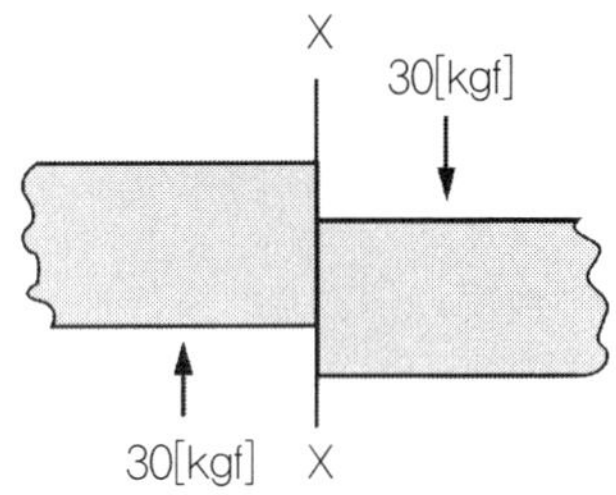

풀이 가상 단면에서 보가 어떻게 전단되는지에 주의하고 (+), (-)를 기입한다.

F = 30[kgf]

[3] 전단력의 계산

① 가상 단면의 좌우에 발생하는 힘의 합은 크기가 같고 방향은 반대이므로 전단력의 계산은 전단면의 좌우 어느 쪽이든지 한쪽에 대하여 계산하면 충분하다.

② 계산에 있어서는 가상 단면의 한쪽에 있는 각각의 힘이 보를 어떻게 전단하는가에 주목하여 거기에 (+), (−)를 붙여 계산하면 된다.

예 제 Exercise

14. 그림에 있어서

(1) AC사이(AC사이에 있는 가상단면 $X_1 - X_1$)의 전단력을 구하여라.

(2) CB사이($X_2 - X_2$단면)의 전단력을 구하여라.

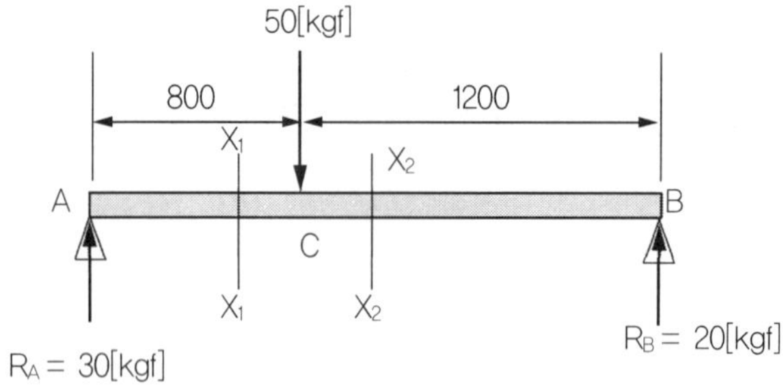

풀이 가상 단면의 좌측에 대하여 계산하면

전단력 V = 좌측 외력의 합

가상 단면의 우측에 대하여 계산하면

전단력 V = 우측 외력의 합

단, 하나하나의 힘이 보를 어떻게 전단하는가를 생각하고, (+), (-)를 붙여 계산할 것. 또한 반력도 외력의 한가지인 것에 주의할 것.

(1) X_1단면 좌측에 대하여 계산하면 R_A는 X_1단면 좌측부분을 위로 절단하는 것과 같으므로 (+)전단력이다.
그러므로

$$\Sigma F = 0 \;;\quad R_A - V = 0$$
$$V = R_A = 30[kgf]$$

이다.

(2) X_2단면 좌측에 대하여 계산하면 R_A는 30[kgf], 50[kgf]의 외력은 X_2단면의 좌측을 아래로 절단하는 것과 같으므로 (-)의 전단력이다.
그러므로

$$\Sigma F = 0 \;;\; R_A - 50 - V = 0$$
$$V = -20[kgf]$$

이다.

[(2)의 별해]

X_2단면의 우측에서 계산하면 R_B는 X_2단면 우측부분을 위로 절단하므로 (-)의 전단력이다.

그러므로

$$\Sigma F = 0 \;;\; R_B + V = 0$$

$$V = -R_B = -20[\text{kgf}]$$

이다.

15. 다음의 ( )안에 적당한 단어와 식 및 답을 쓰시오. 그림에 있어서 AC사이, CD사이, DB사이의 전단력을 다음 순서에 따라서 구하여라.

(1) 해법의 순서를 붙인다.

이 보는 (①)하중이 작용한다. (②)보이다. 따라서 (③)의 조건을 사용하여 반력을 구할 수 있다.

(2) 반력의 계산

힘의 평형에 의하여,	(④)
B점의 모멘트의 평형에 의하여,	(⑤)
⑤에 의하여	(R_A= ⑥)
R_A값을 ④에 대입하여,	(R_B= ⑦)

(3) 전단력의 계산

AC사이의 전단력	(V = ⑧)
CD사이의 전단력	(V = ⑨)
DB사이의 전단력	(V = ⑩)

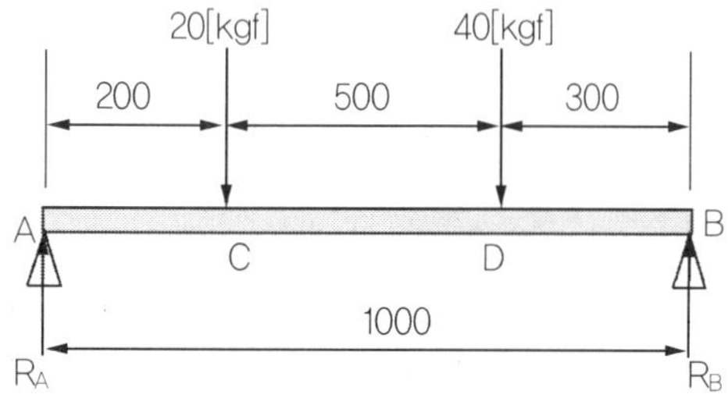

풀이 지금까지의 예제 1에서 14를 정리한 것이다.

① 집중

② 양단지지

③ 보의 평형

④ $R_A + R_B - 20 - 40 = 0$

⑤ $-RA \times 1000 + 20(300 + 500) + 40 \times 300 = 0$

⑥ $R_A = \dfrac{20(300+500)+40\times 300}{1000} = 28[kgf]$

⑦ $R_B = 20 + 40 - R_A = 60 - 28 = 32[kgf]$

⑧ $V = R_A = 28[kgf]$

⑨ $V = R_A - 20 = 28 - 20 = 8[kgf]$

⑩ $V = R_A - 20 - 40 = -32[kgf]$

3.1.3. 전단력 선도의 작성법

계산치를 근거로 하여 그림을 작성하면 보의 어느 부분에 얼마만한 전단력이 작용하는 가를 한 눈에 볼 수 있다. 이 그림을 전단력 선도라 한다(줄여서 SFD라고 한다).

알아두기

SFD : shearing force diagram

예제 Exercise

16. 그림에 대하여 예제 15의 결과를 SFD로 작성하시오.

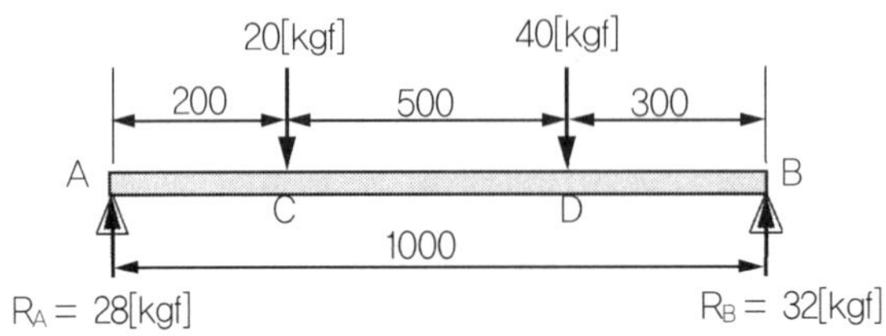

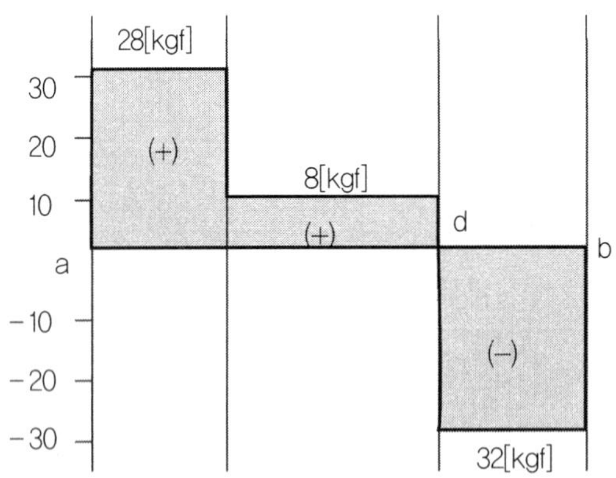

풀이 다음 순서로써 SFD를 작성할 수 있다.

① 그림과 같이 선분 ab를 보와 평행으로 긋고 이것을 기준선이라고 한다. SFD를 그릴 때 기준이 되는 직선이다. 그리고 길이는 보의 길이와 같게 한다.

② 보 위의 C, D점에 상당하는 점에 기준 점과 직교하는 직선을 긋는다.

③ 1[kgf]을 적당한 길이로 잡고 A-C사이의 V= 28[kgf], C-D사이의 V= 8[kgf], D-B사이의 V= -32[kgf]을 그림에 나타낸다. 단, 기준선보다 위쪽을 (+), 아래쪽을 (-)의 전단력으로 한다. 결과는 그림과 같다.

3.1.4. 굽힘 모멘트의 계산

예제 Exercise

17. 다음의 (　　)안에 적당한 말을 써넣으시오.

그림의 보는 A, B 양지점에 의하여 지지되어 평형이다. 보가 평형이기 위해서는 힘의 합이 0인 동시에, 임의의 점에서의 힘의 모멘트의 합이 0이 되어야 한다. 그래서 X-X단면에서 힘의 모멘트가 평형이 되기 위해서는 단면 좌측과 우측의 힘의 모멘트의 크기가 (　　), 방향이 (　　)가 되지 않으면 안 된다.

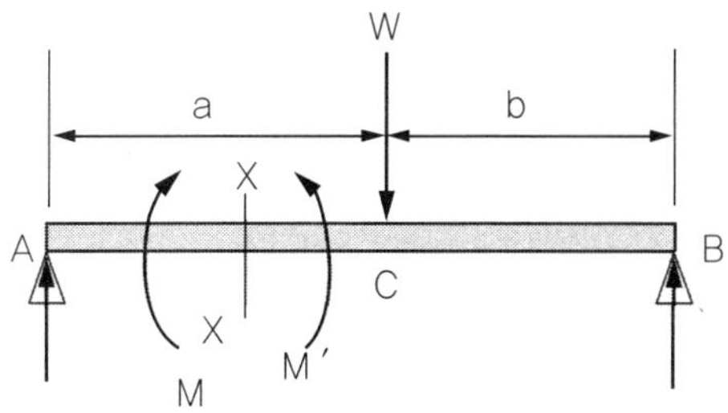

풀이 그림을 잘 생각해 보십시오.

① 같고

② 반대

18. 그림의 XX단면 좌우측의 힘의 모멘트를 조사하시오.
좌측에서 M= (　　　　①　　　　)이고 시계방향이다.
우측에서 M= (　　　　②　　　　)이고 시계 반대방향이다.

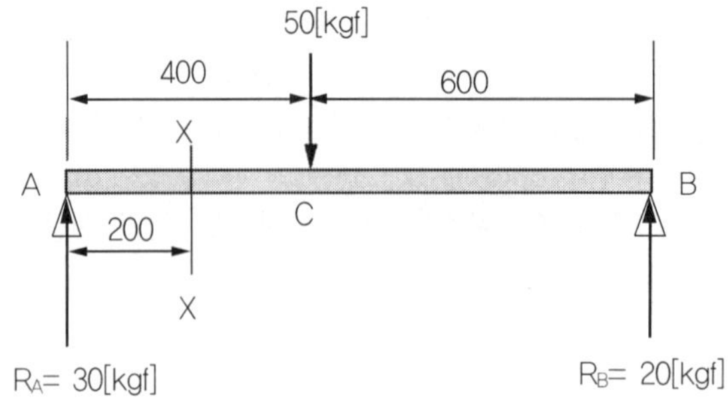

풀이 반 시계방향을 (+)로 하여 계산하면

① $M = 50(400 - 200) - R_B(1000 - 200) = 50 \times 200 - 20 \times 800$
$= -6000[kgf \cdot mm]$

② $M = R_A \times 200 = 30 \times 200 = 6000[kgf \cdot mm]$

19. 예제 18의 $M = -6000[kgf \cdot mm]$와 $M' = 6000[kgf \cdot mm]$의 힘의 모멘트는, X단면에서 어떻게 굽힘작용을 하는가 ? 다음 그림에서 바른 것을 선택하시오.

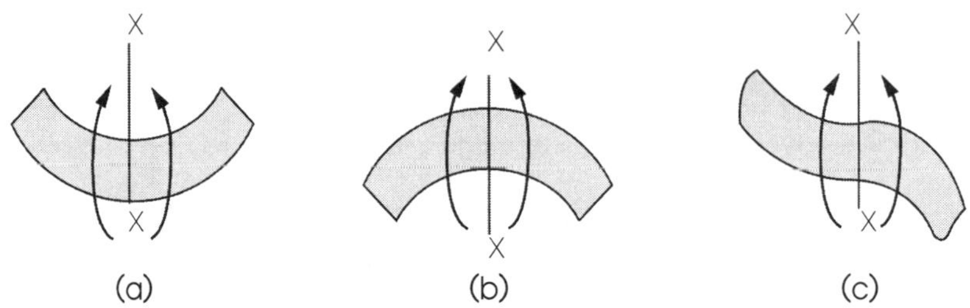

풀이 모멘트의 회전방향을 보면 바른 것은 좌측 첫 번째이다.

20. 그림에 있어서 다음 사이에 가상단면이 주어진 경우 굽힘 모멘트의 일반식을 만들어 보시오. 단, A지지점으로 부터 가상 단면까지의 거리를 X로 한다.
A - C사이($0 \le X \le 200$)
M = (　　　　　　　①　　　　　　　)

C - D사이(200 ≤ X ≤ 700) : 가상단면 좌측에서 계산하면

M = (②)

D - B사이(700 ≤ X ≤ 1000) : 가상단면 좌측에서 계산하면

M = (③)

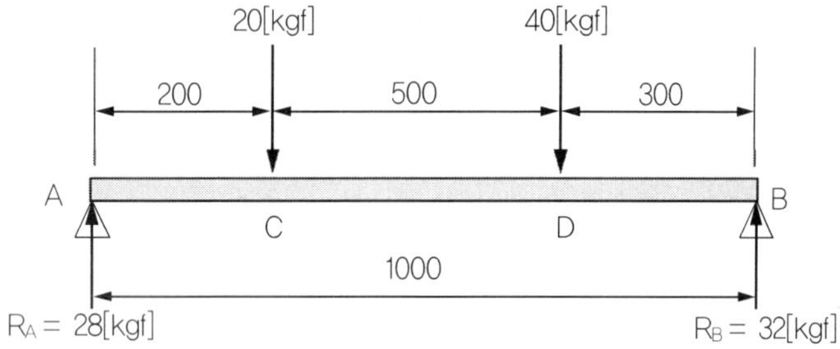

풀이 각각의 힘에 의한 모멘트가 보를 어떻게 굽히는가를 생각하고 각각의 모멘트에 (+), (-)를 붙여서 좌측에 대하여 계산하면 된다.

① M = $R_A \cdot x = 28x$

$\Sigma M = 0 \; ; \; M - R_A \cdot x = 28x$

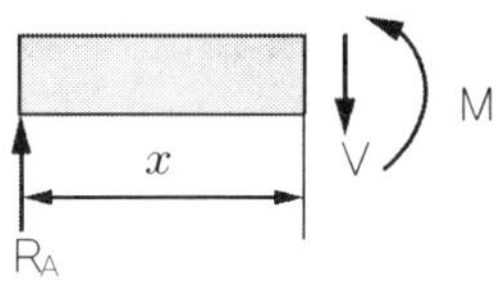

② M = $R_A \cdot x - 20(x-200) = 28x - 20(x-200) = 8x + 4000$

$\Sigma M = 0 \; ; \; M - R_A \cdot x + 20(x-200) = 0$

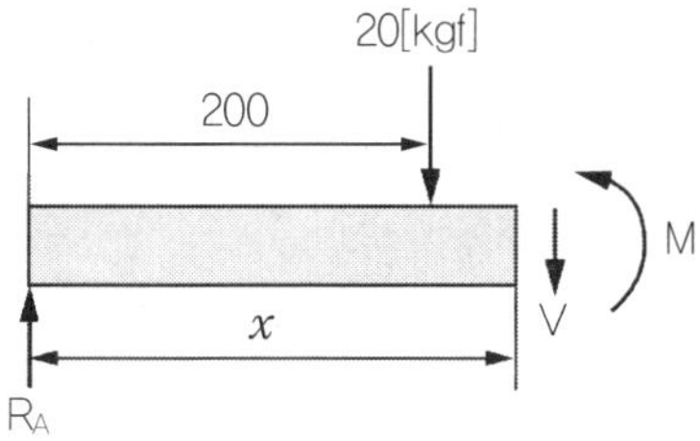

③ M = $R_A \cdot x - 20(x-200) - 40(x-700)$

$= 28x - 20(x-200) - 40(x-700)$

$= -32x + 32000$

$\Sigma M = 0$; $M - R_A \cdot x + 20(x - 200) + 40(x - 700) = 0$

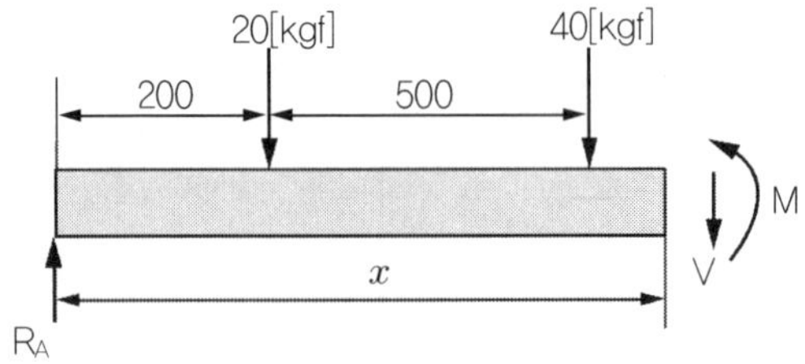

[주] 모멘트를 계산하는 경우 작용점으로부터 길이는 하중점에서 부터 가상 단면까지로 한다.

[참고] D - B 사이는 우측에서 계산하는 것이 간단하다.

③ $M = R_B(1000 - x) = 32(1000 - x) = -32x + 32000$이다.

21. 예제 20 그림의 A, B, C, D각 점의 굽힘 모멘트를 예제 20의 일반식에 의하여 구하시오.

A점 : A - C사이의 일반식에 x= 0을 대입하여

M_A = < ① >

C점 : x = 200에서 , A - C 사이의 식에 의하여

M_C = < ② >

또는 C - D 사이의 식에 의하여

M_C = < ③ >

D점 : x = 700에서 , C - B사이의 식에 의하여

M_D = < ④ >

또는 D - B사이의 식에 의하여

M_D = < ⑤ >

B점 : x = 1000에서, D - B사이의 식에 의하여

M_B = < ⑥ >

풀이 ① $M_A = 28 \times 0 = 0$

② $M_C = 28 \times 200 = 5600$[kgf · mm]

③ $M_C = 8 \times 200 + 4000 = 5600$[kgf · mm]

④ $M_D = 8 \times 700 + 4000 = 9600$[kgf · mm]

⑤ M_D = -32 × 700 + 32000 = 9600[kgf · mm]

⑥ M_B = -32 × 1000 + 32000 = 0

[참고] 예제 20 그림과 같은 집중 하중이 작용하는 보에서 하중 점의 굽힘 모멘트의 계산은 일반식을 사용하지 않고, A점과 B점에서 하중 점까지의 거리를 직접 사용하여 각 하중점의 굽힘 모멘트를 구하는 경우가 많다.

(예) ② M_C = 28 × 200 = 5600[kgf · mm]

④ M_D = 32 × 300 = 9600[kgf · mm]

3.1.5. 굽힘 모멘트 선도의 작성방법

굽힘 모멘트 선도를 BMD라고 한다. BMD의 작성방법은 SFD와 동일하다.

알아두기

BMD는 bending moment diagram의 약자

예제 Exercise

22. 예제 20 그림에 대하여 예제 21의 결과로부터 BMD를 작성하시오. 예제 21의 결과는 다음과 같다.

A점 M_A = 0

C점 M_C = 5600[kgf · mm]

D점 M_D = 9600[kgf · mm]

B점 M_B = 0

풀이 다음의 순서로 BMD를 작성할 수 있다.

① 그림과 같이 선분 ab를 보와 평행하게 그린다. 이것을 기준선이라고 한다. BMD를 그리는 기준이 되는 직선이다. 또한 길이는 보의 길이와 같게 한다.

② 보 상의 C, D점에 상당하는 점에 기준선과 직교하는 직선을 그린다.

③ 이 예제의 경우는 1000[kgf · mm]를 적당한 길이로 정하고 A, B, C, D점의 굽힘 모멘트의 값을 그림으로 나타낸다. 단, 기준선보다 위쪽을 (+), 아래쪽을 (-)의 굽힘 모멘트라고 한다.

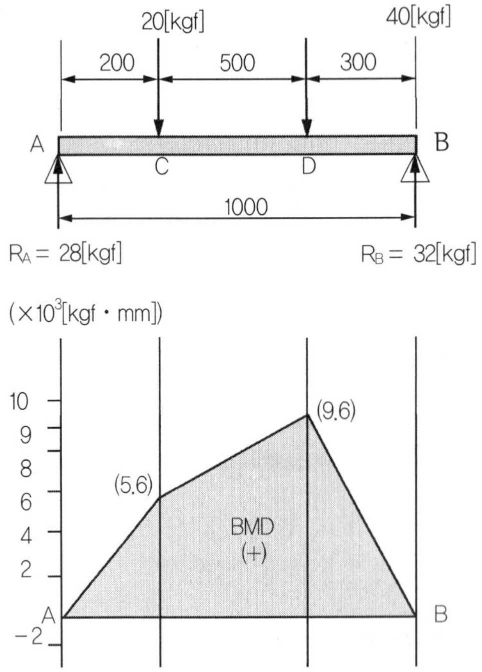

3.1.6. 전단력과 굽힘 모멘트와의 관계

예제 Exercise

23. 예제 16의 전단력 선도와 예제 22의 굽힘 모멘트선도를 비교하시오. 전단력 선도의 부호가 변하는 점에서 굽힘 모멘트의 절대치는 어떻게 되어 있는가 ?

풀이 전단력의 정부(正負)가 변하는 점에서 굽힘 모멘트는 최대로 되어 있다.

일반적으로 전단력 선도가 기준선과 몇 곳에서 교차하는 경우, 굽힘 모멘트는 이러한 점에서 최대 또는 최소로 되어 있다. 이 가운데 절대치가 최대인 것을 최대 굽힘 모멘트라고 한다.

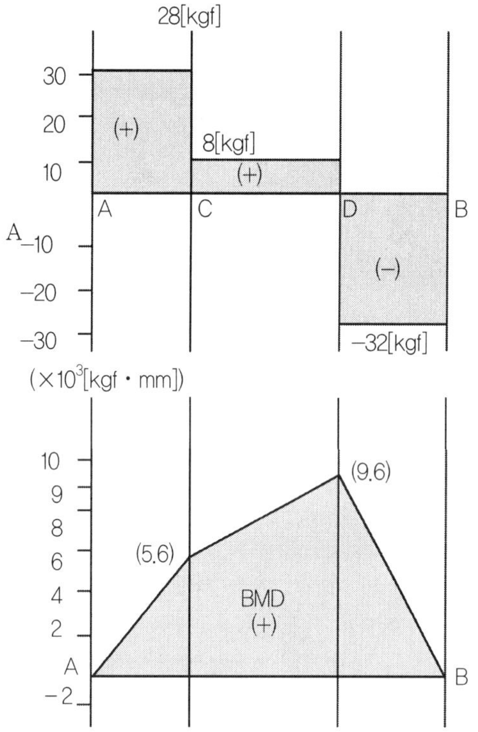

24. 그림에 있어서, 반력, 전단력, 굽힘 모멘트를 계산하고 이것을 기초로 SFD와 BMD를 작성하시오.

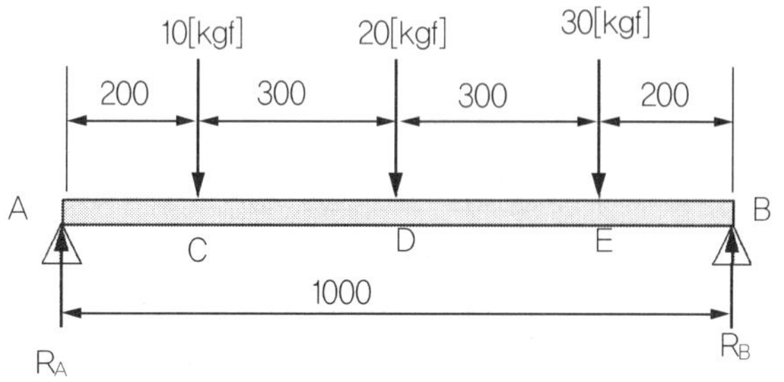

풀이 ① 반력의 계산은 보의 평형조건으로부터 계산하고
② 전단력은 가상단면 한쪽의 외력의 합
③ 굽힘모멘트는 가상단면 한쪽의 모멘트의 합
④ 집중하중의 SFD는 계단형상
⑤ 집중하중의 BMD는 직선을 연결한 것.

(1) 반력의 계산

힘의 평형으로부터

$$R_A + R_B - 10 - 20 - 30 = 0$$

모멘트의 평형으로부터

$$R_A = \frac{10 \times 800 + 20 \times 500 + 30 \times 200}{1000} = 24[\text{kgf}] \cdots\cdots ②$$

$$R_B = 10 + 20 + 30 - R_A = 36[\text{kgf}]$$

(2) 전단력의 계산

1) A – C사이

$\Sigma F_y = 0\ ;\ R_A - V = 0$

$$V = R_A = 24[\text{kgf}]$$

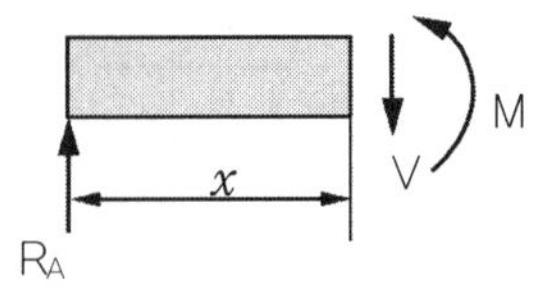

2) C – D사이

$\Sigma F_y = 0\ ;\ R_A - 10 - V = 0$

$$V = R_A - 10 = 14[\text{kgf}]$$

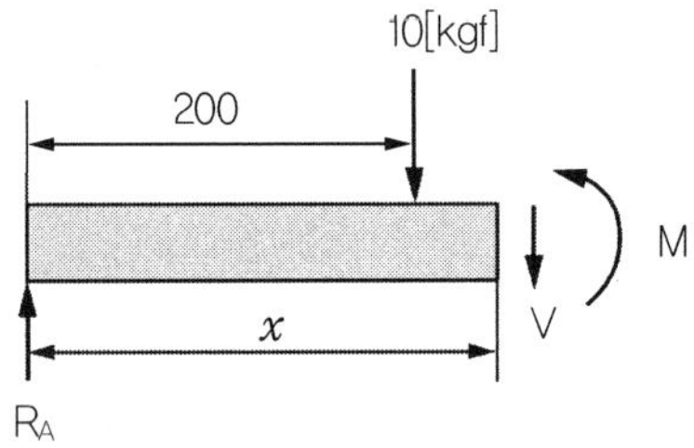

3) D – E사이

$\Sigma F_y = 0\ ;\ R_A - 10 - 20 - V = 0$

$$V = R_A - 10 - 20 = -6[\text{kgf}]$$

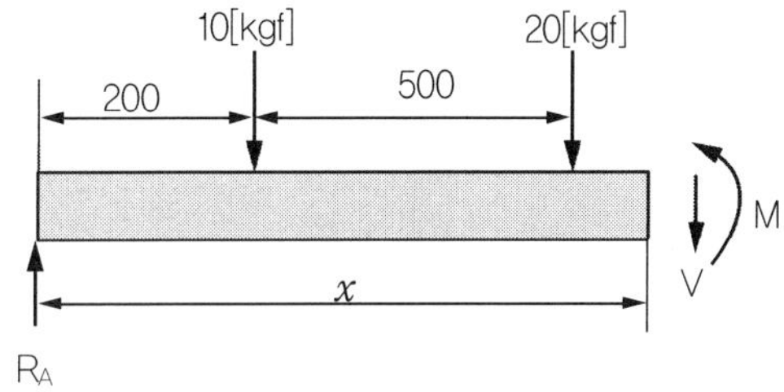

4) E－B사이 우측에서 구하면

$\Sigma F_y = 0$; $R_A + V = 0$

$$V = -R_B = -36[kgf]$$

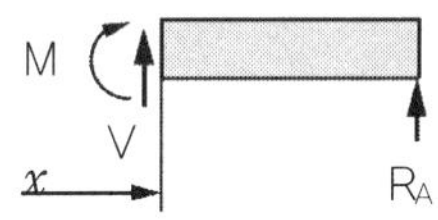

(3) 굽힘 모멘트의 계산

1) A － C사이

$\Sigma M_x = 0$; $M - R_A x = 0$

$$M = R_A x = 24x$$

A점 $M_A = 24 \times 0 = 0$

C점 $M_C = 24 \times 200 = 4800[kgf]$

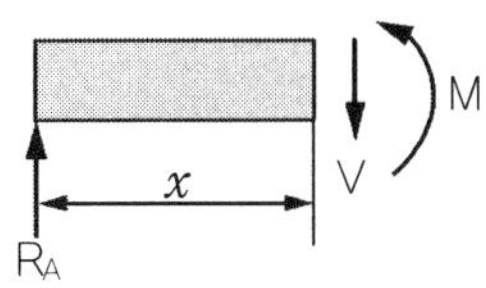

2) C－D사이

$\Sigma M_x = 0$; $M - R_A x + 10(x - 200) = 0$

$$M = R_A x - 10(x - 2000) = 24x - 10(x - 2000)$$
$$= 14x + 2000$$

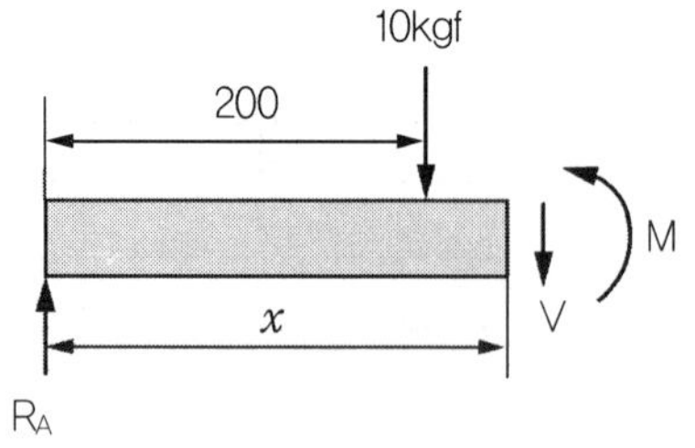

C점 M_C= 14×200+2000= 4800kgf · mm

D점 M_D= 14×500+2000= 9000kgf · mm

3) D – E사이

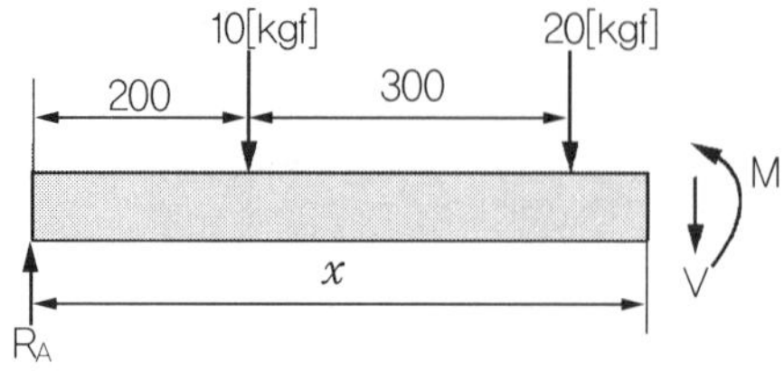

$\Sigma M_x = 0$; $M - R_A x + 10(x - 200) + 20(x - 500) = 0$

$M = R_A x - 10(x - 2000) - 20(x - 500)$

$= 24x - 10(x - 2000) - 20(x - 500)$

$= -6x + 12000$

D점 M_D= -6×500+12000= 9000[kgf · mm]

E점 M_E= -6×800+12000= 7200[kgf · mm]

4) E – B사이 우측 계산은

$\Sigma M_x = 0$; $M - R_B (1000 - x) = 0$

$M = R_B \cdot x\ (1000 - x) = -36x + 36000$

E점 M_E= -36×800+36000= 7200[kgf · mm]

B점 M_B= -36×1000+36000= 0

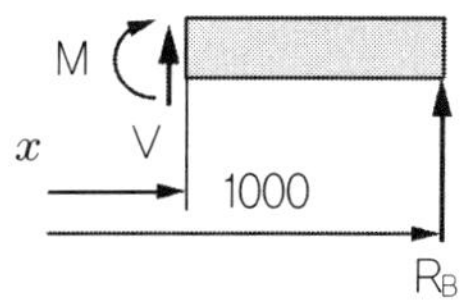

[정리] $M_A = M_B = 0$, M_C= 4800[kgf · mm]
M_D= 9000[kgf · mm], M_E= 7200[kgf · mm]

[참고] 굽힘 모멘트의 계산은 일반식을 만들지 않고 A점에서부터 각 하중점까지의 길이를 x대신 사용하여 직접 각 하중점의 굽힘 모멘트를 구하여도 된다.

(4) SFD, BMD 및 최대 굽힘 모멘트

SFD, BMD는 그림과 같다.

최대 굽힘 모멘트 M_{max}은 SFD가 (+)에서 (-)로 변하는 점 D에서 생긴다. 그 값은 M_{max}= MD = 9000[kgf · mm]이다.

[주] 최대 굽힘 모멘트란 굽힘 모멘트의 절대치 중에서 가장 큰 굽힘 모멘트를 말한다.

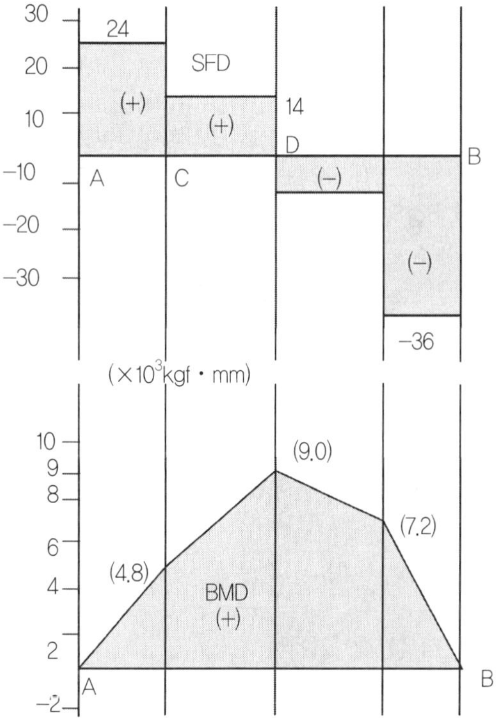

3.2. 양단 지지보에 등 분포하중이 작용하는 경우

3.2.1. 반력의 계산

예제 Exercise

25. 그림 (a)에 있어서 R_A, R_B를 구하시오.

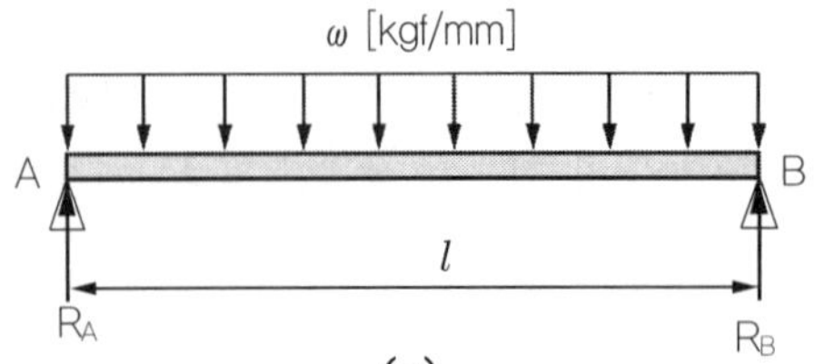

(a)

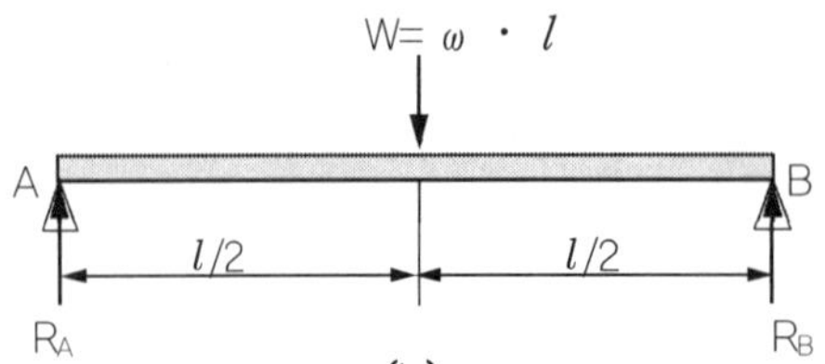

(b)

풀이 반력의 계산에서는 등 분포하중 ωl이 등 분포범위의 중앙 $l/2$에 집중하여 작용한다고 생각하여, 보의 평형조건을 이용하여 해석하면 된다. 그림 (a)을 (b)와 같이 바꾸어 생각하면 된다.

B점의 힘의 모멘트의 평형에 의하여

$$-R_A l + \omega l \frac{l}{2} = 0$$

$$\therefore\ R_A = \frac{\omega l}{2}[\text{kgf}] \cdots\cdots [1]$$

힘의 평형에 의하여

$$R_A + R_B - \omega l = 0 \cdots\cdots [2]$$

식 [1]과 [2]에서

$$R_B = \omega l - R_A = \omega l - \frac{\omega l}{2} = \frac{\omega l}{2}[\text{kgf}]$$

3.2.2. 전단력의 계산

예제 Exercise

26. 예제 25의 그림 (a)에서의 전단력을 구하고 SFD를 그리시오.

풀이 가상단면 좌측에서의 전단력을 생각하면 $R_A = \frac{\omega l}{2}$가 위쪽으로 향하고 등 분포하중(아래 방향으로)은 A점에서의 길이 x에 비례하여 증가한다.

A - B사이에서

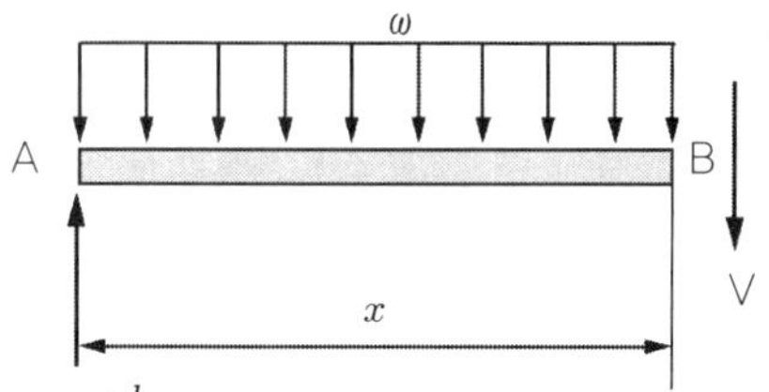

$$R_A = \frac{\omega l}{2}$$

$$V = R_A - \omega x = \frac{\omega l}{2} - \omega x = \frac{\omega}{2}(l - 2x)\,[\text{kgf}]$$

그러므로 x의 1차식이므로 직선이다.

$$V_A = \frac{\omega}{2}(l - 2 \times 0) = \frac{\omega l}{2}\,[\text{kgf}]$$

$$V_B = \frac{\omega}{2}(l - 2 \times l) = -\frac{\omega l}{2}\,[\text{kgf}]$$

V_A, V_B의 2점을 직선으로 연결하면, SFD(아래 그림)이 된다.

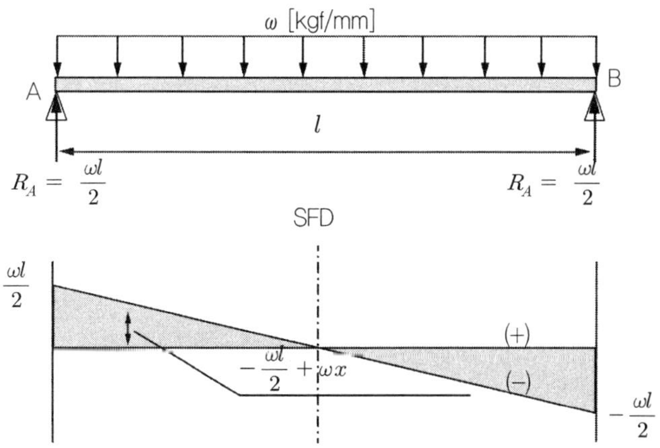

3.2.3. 굽힘 모멘트의 계산

예제 Exercise

27. 예제 25 그림 (a)와 같이 분포하중이 작용하는 보의 굽힘 모멘트를 구하고, BMD를 작성하시오.

풀이 지금 A - B사이에 가상단면이 있다고 하면 가상단면 좌측은 아래 그림과 같이 된다. 그리고 가상단면 좌측에 있는 등 분포하중을 편의상 집중하중으로 바꾸어 생각하면 된다.

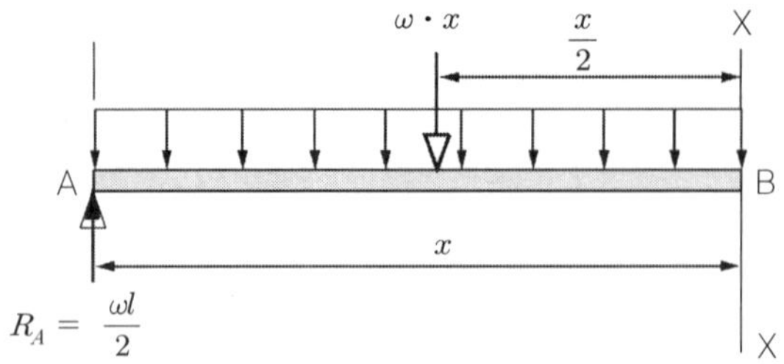

$$M = R_A x - \omega x \frac{x}{2} = \frac{\omega l}{2} x - \frac{\omega}{2} x^2 = \frac{\omega}{2}(lx - x^2)$$

$$M_{\max} = \frac{\omega}{2}\left[l \times \frac{l}{2} - \left(\frac{l}{2}\right)^2\right] = \frac{\omega l^2}{8}[\text{kgf} \cdot \text{mm}]$$

BMD선도는 아래 그림과 같다.

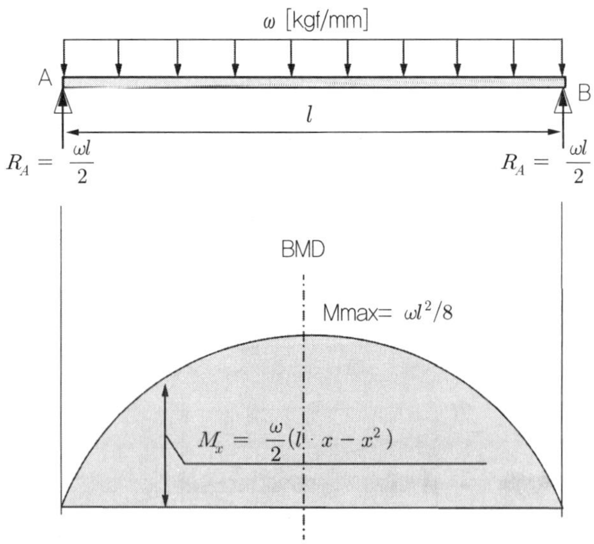

3.2.4. 전단력과 굽힘 모멘트와의 관계

전단력이 0 또는 전단력이 (+), (-)로 바뀌는 곳에서 굽힘 모멘트는 극대 또는 극소로 된다. 이들 중에 절대치가 최대인 것이 최대 굽힘 모멘트이다.

3.3. 양단 지지보의 일부에 등 분포하중이 작용하는 경우

예제 Exercise

28. 그림에 있어서, 반력 R_A, R_B, 전단력, 굽힘 모멘트 및 SFD, BMD를 작성하시오.

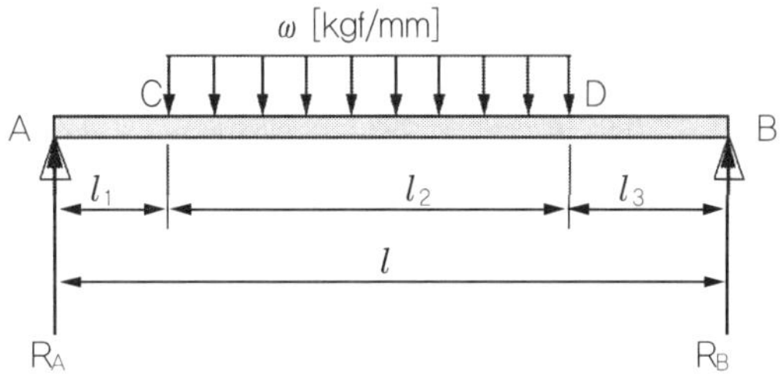

풀이

(1) 반력의 계산

B점의 모멘트평형에 의하여($\Sigma M_B = 0$)

$$-R_A \cdot l + \omega l_2 (\frac{l_2}{2} + l_3) = 0$$

$$\therefore \ R_A = \omega l_2 \cdot \frac{(\frac{l_2}{2} + l_3)}{l} \text{[kgf]}$$

A점의 모멘트 평형에 의하여($\Sigma M_A = 0$)

$$R_B \cdot l - \omega l_2 (\frac{l_2}{2} + l_1) = 0$$

$$\therefore \ R_B = \omega l_2 \cdot \frac{(\frac{l_2}{2} + l_1)}{l} \text{[kgf]}$$

(2) 전단력의 계산

1) A - C사이(일정)

$$\Sigma F = 0 \ ; \ R_A - V = 0$$

$$V = R_A$$

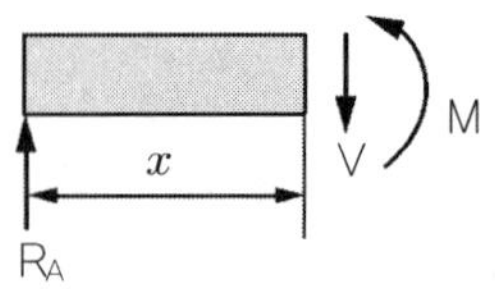

2) C - D사이(x의 1차식 - 직선)

$$\Sigma F = 0 \ ; \ R_A - V - \omega(x - l_1) = 0$$

$$V = R_A - \omega(x - l_1)$$

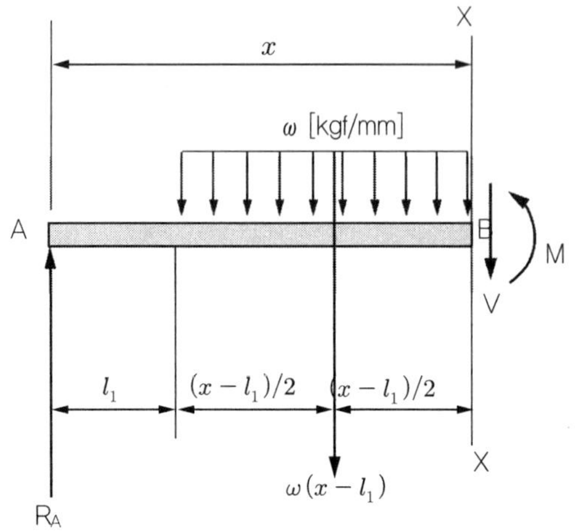

3) D - B사이(일정)

$$\Sigma F = 0 \ ; \ R_B + V = 0$$

$$V = -R_B$$

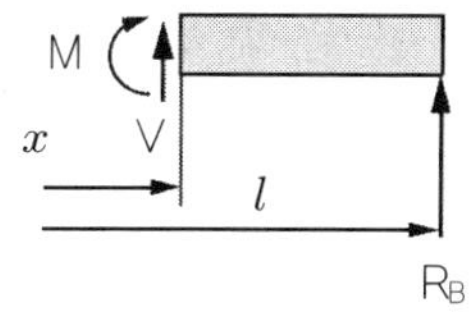

(3) 굽힘 모멘트의 계산

1) A – C사이(1차식 – 직선)

$\Sigma M = 0$; $M - R_A x = 0$

$$M = -R_A \cdot x [\mathrm{kgf \cdot mm}]$$

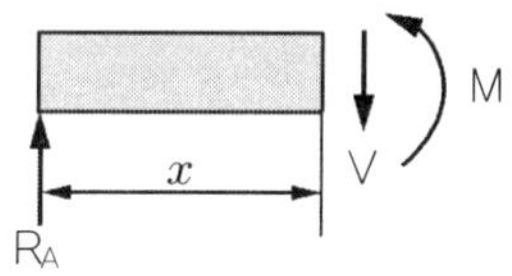

2) C – D 사이(포물선)

$$\Sigma M = 0 \; ; \; M - R_A x + \omega(x - l_1) \cdot \frac{x - l_1}{2} = 0$$

$$M = R_A x - \omega(x - l_1) \cdot \frac{x - l_1}{2}$$

$$= R_A x - \omega \cdot \frac{(x - l_1)^2}{2} [\mathrm{kgf \cdot mm}]$$

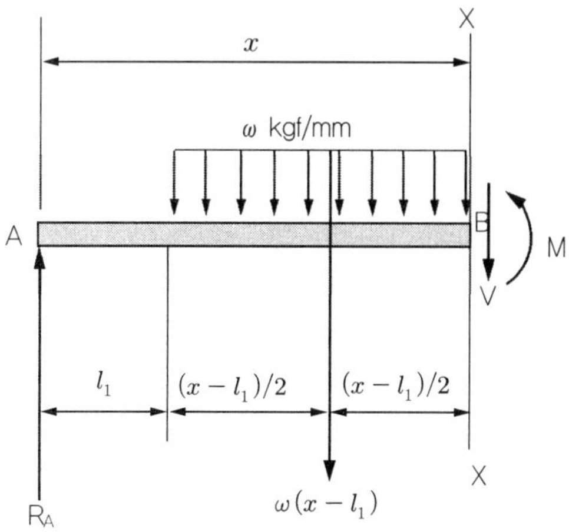

3) D – B사이(우측에서 계산)

M = RB(l -x)[kgf · mm](1차식 - 직선)

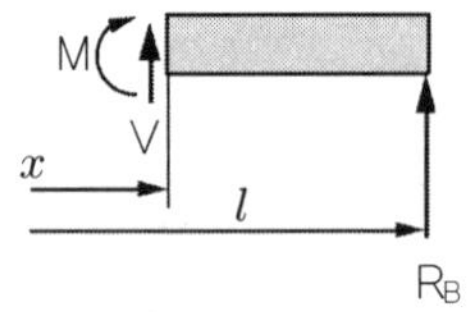

SFD 및 BMD는 다음 그림과 같이 된다.

$$R_A = \omega l_2 \frac{(l_2/2 + l_3)}{l}, \quad R_B = \omega l_2 \frac{(l_2/2 + l_2)}{l}$$

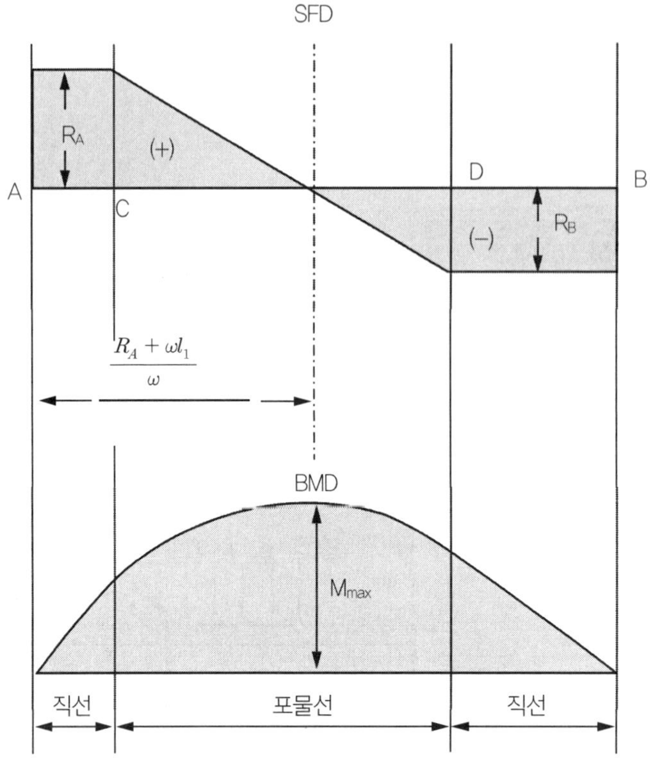

3.4. 양단 지지보에 집중하중과 등 분포하중이 동시에 작용하는 경우

예 제 Exercise

29. 그림에 있어서 반력 R_A, R_B, 전단력, 굽힘 모멘트를 구하고, SFD, BMD를 작성하시오. 또한 M_{max}를 구하시오.

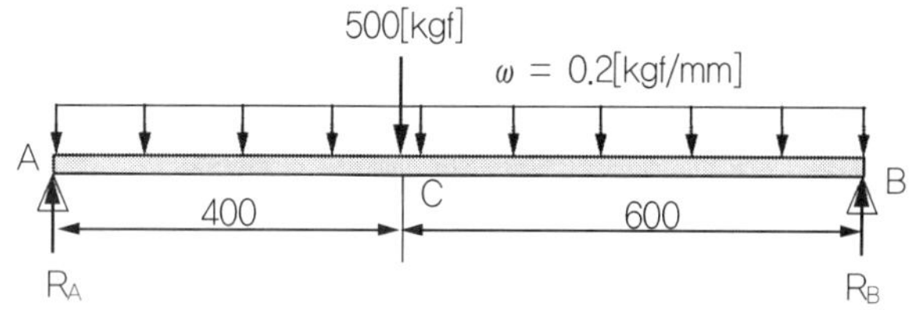

풀이 등분포 하중만이 작용하는 경우와 집중하중만이 작용하는 경우에 대하여 각각 계산을 행한 후, 이것을 합하면 된다. SFD, BMD의 작도에 있어서는 역시 등 분포하중의 경우에 있어서의 선도와 집중하중만의 경우의 선도를 작성하고 나중에 이것을 합성하면 된다. 또한 최대 모멘트를 구하는 것은 그 위치를 아는 것이 중요하다. 이 위치는 전단력의 부호가 변하는 곳, 또는 전단력이 0이 되는 곳이다.

(1) 반력의 계산

$$\Sigma F = 0 \ ; \ R_A + R_B - 500 - 200 = 0$$

$$R_A + R_B = 700[kgf]$$

$$\Sigma M_A = 0 \ ; \ R_B \cdot 1000 - 500 \times 400 - 200 \times 500 = 0$$

$$R_B = 300[kgf]$$

$$\therefore \ R_A = 400[kgf]$$

1) 등분포 하중의 경우

$$R_{1_A} = R_{1_B} = \frac{0.2 \times 1000}{2} = 100[kgf]$$

2) 집중하중의 경우

$$R_{2_A} = 500 \times \frac{500}{1000} = 300[kgf]$$

$$R_{2_B} = \frac{500 \times 400}{1000} = 200[kgf]$$

3) 합계한 것

$$R_A = R_{1_A} + R_{2_A} = 100 + 300 = 400[kgf]$$

$$R_B = R_{1_B} + R_{2_B} = 100 + 200 = 300[kgf]$$

(2) 전단력의 계산

1) 등분포 하중의 경우

$\Sigma F = 0$; $V_{1(A-B)} - R_{1A} + \omega x = 0$

$$V_{1(A-B)} = R_{1A} - \omega x = 100 - 0.2x$$

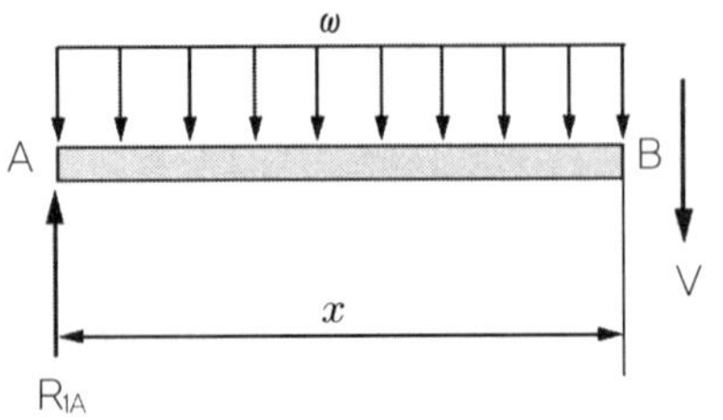

① A - B사이

A점 $V_{1A} = 100[kgf]$

C점 $V_{1C} = 100 - 0.2 \times 400 = 20[kgf]$

B점 $V_{1B} = 100 - 0.2 \times 1000 = -100[kgf]$

2) 집중하중의 경우

① A - C사이(일정)

$\Sigma F = 0$; $V_{2(A-C)} - R_{2A} = 0$

$$V_{2(A-C)} = R_{2A} = 300[kgf]$$

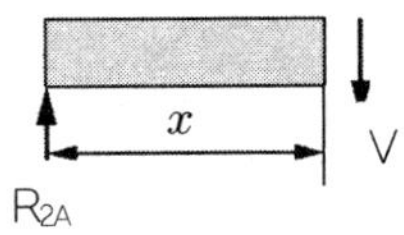

② C - B사이(일정)

$\Sigma F = 0$; $V_{2(C-B)} - R_{2A} + 500 = 0$

$$V_{2(C-B)} = R_{2A} - 500 = 300 - 500 = -200[kgf]$$

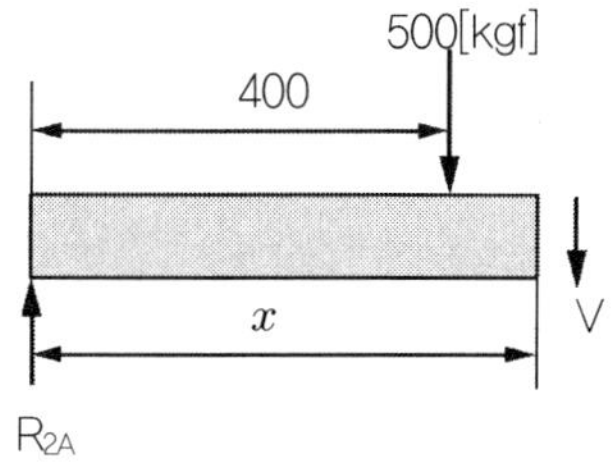

3) 합계한 것

A-C사이 $V_{(A-C)} = 100 - 0.2x + 300 = 400 - 0.2x$

A점 V_A= 400[kgf]

C점 V_C= 400 - 0.2 × 400= 320[kgf]

C - B사이 $V_{(C-B)} = 100 - 0.2x - 200 = -100 - 0.2x$

C점 V_C= -100 = 0.2×400= -180[kgf]

B점 V_B= -100 - 0.2 × 1000 = -300[kgf]

(3) SFD는 아래 그림과 같다.

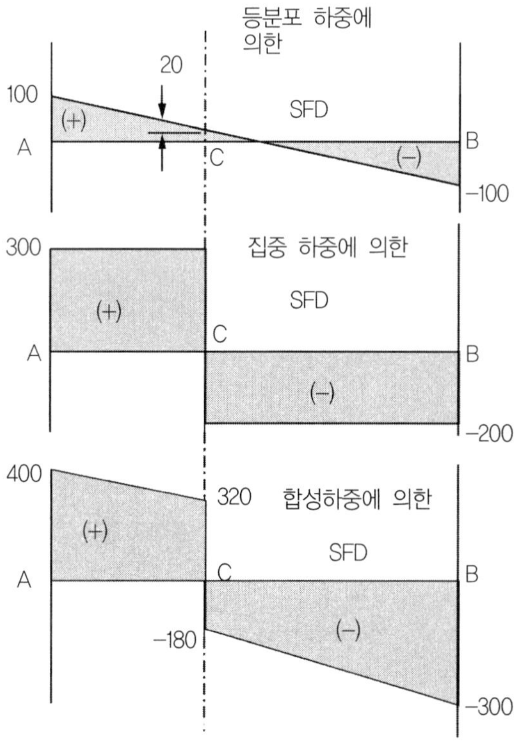

(4) 굽힘 모멘트의 계산

1) 등 분포하중의 경우

$$\Sigma M = 0\ ;\ M_1 - R_A \cdot x + \omega x \cdot \frac{x}{2} = 0$$

$$M_1 = R_A \cdot x - \frac{\omega x^2}{2}$$

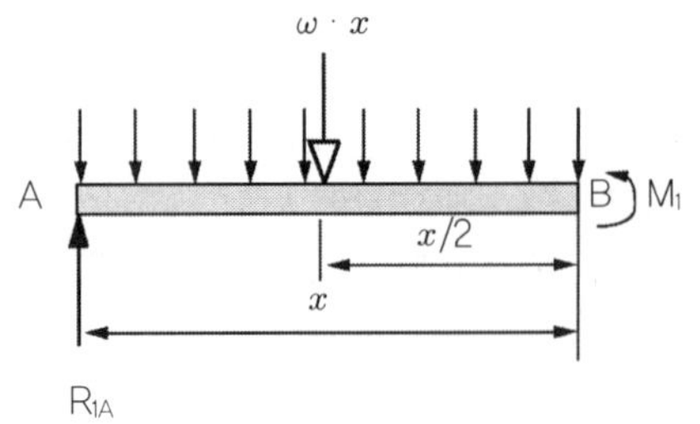

① A - B사이

$$M_{1(A-C)} = \frac{w}{2}(lx - x^2)$$

$$= \frac{0.2}{2}(1000x - x^2) = 100x - 0.1x^2$$

C점 M_{1C}= 100×400-0.1×400^2= 24000[kgf · mm]

중앙 $M_{1중앙}$= 100×500-0.1×500^2= 25000[kgf · mm]

A점, B점 $M_{1A} = M_{1B}$= 0

2) 집중하중의 경우

① A - C사이(1차식)

ΣM= 0 ; $M_{2(A-C)} - R_A \cdot x$= 0

$M_{2(A-C)} = R_{2A} \cdot x$= 300$x$

C점 M_{2C}= 300×400= 120000[kgf · mm]

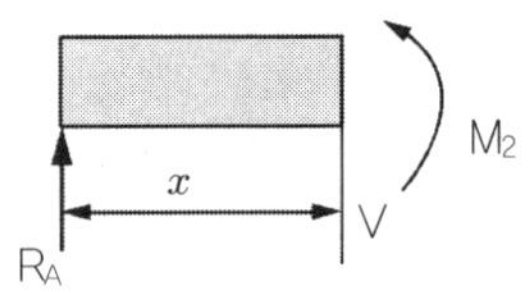

② C - B사이

ΣM= 0 ; $M_{2(C-B)} - R_A \cdot x$ + 500(x - 400)= 0

$M_{2(C-B)} = R_A \cdot x$ - 500(x - 400)

$M_{2(C-B)} = 300 - 500x + 200000 = -200x + 20000$

$M_{2중앙} = -200 \times 500 + 200000 = 100000$[kgf · mm]

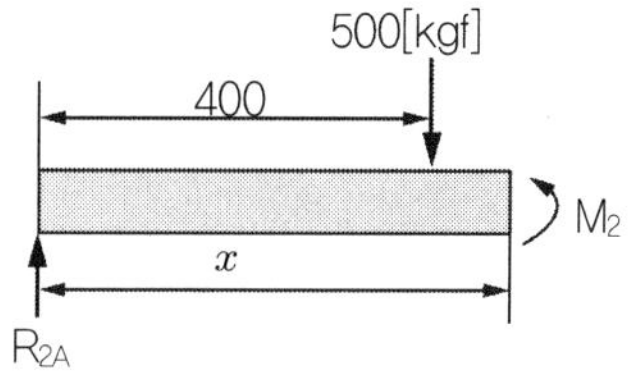

3) 합계한 것

A점, B점 $M_A = M_B = 0$

C점 $M_C = M_{1C} + M_{2C} = 24000 + 120000 = 144000$[kgf · mm]

중앙 $M_{중앙} = M_{1중앙} + M_{2중앙} = 25000 + 100000 = 125000$[kgf · mm]

최대 굽힘 모멘트는 전단 응력이 (-)에서 (+)로 변하는 점, 즉. C점이므로 $M_{max} = M_C = 144000$[kgf · mm]이다.

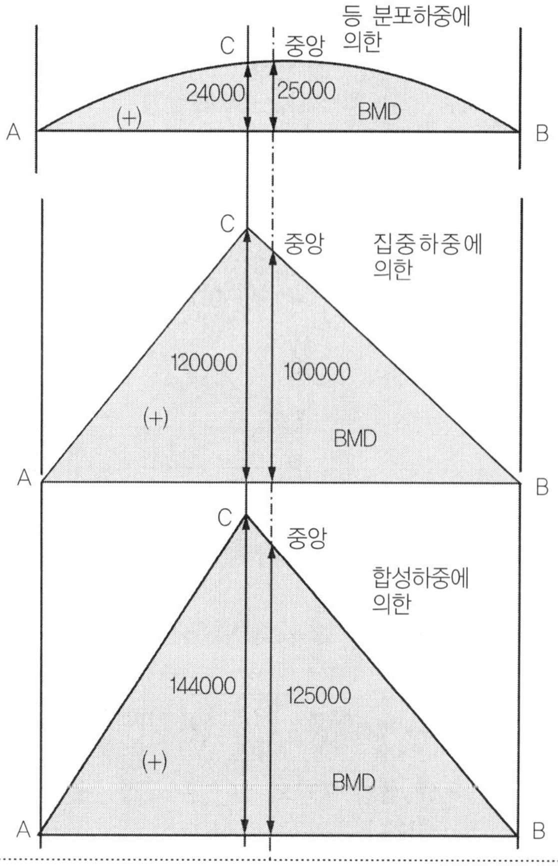

4. 외팔보의 계산

4.1. 외팔보에 집중하중이 작용하는 경우

예 제 Exercise

30. 그림과 같은 외팔보의 자유단에 집중하중 W가 작용할 때 전단력과 굽힘 모멘트를 구하고, SFD와 BMD를 작도하시오.

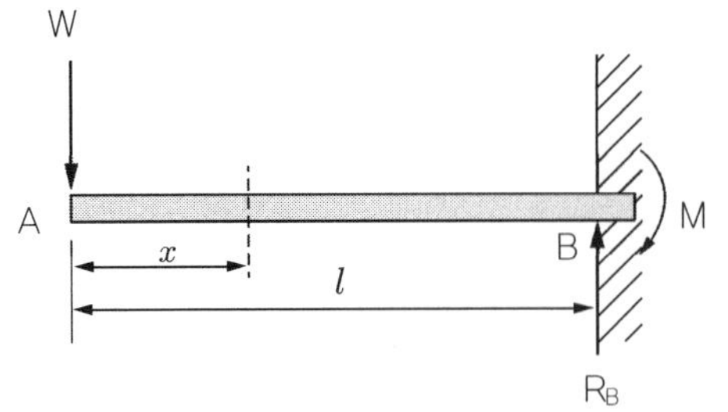

풀이 그림에 있어서 A단을 자유단, B단을 고정단이라 한다. 가상단면까지의 거리는 자유단으로부터 x로 한다. 전단력 및 굽힘 모멘트의 계산은 양단지지 보와 마찬가지이다.

(1) 전단력 V

$\Sigma F = 0$; $-V - W = 0$

$$V = -W[\text{kgf}]$$

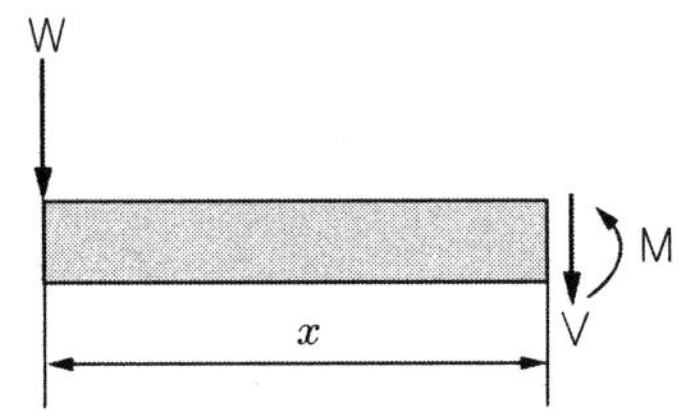

(2) 굽힘모멘트 M

$\Sigma M = 0$; $M + Wx = 0$

$$M = -Wx[\text{kgf} \cdot \text{mm}]$$

최대 굽힘 모멘트 M_{max}은 고정단에서 발생하고 $M_{max} = Wl$ [kgf · mm]이다.

SFD와 BMD 선도는 그림과 같다.

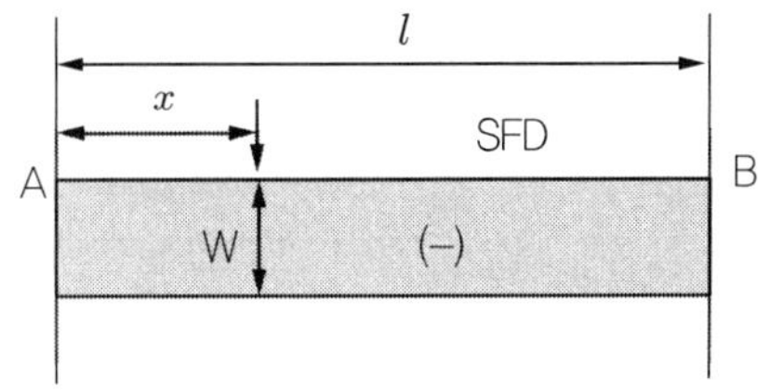

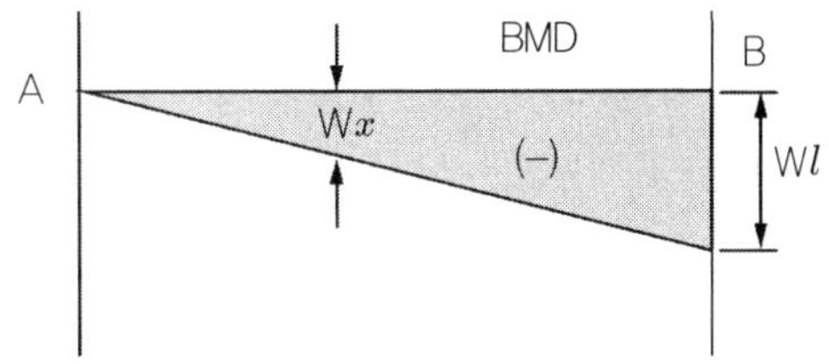

31. 그림과 같이 여러 개의 집중하중이 작용할 때의 전단력, 굽힘 모멘트를 구하고 SFD와 BMD를 작도하시오

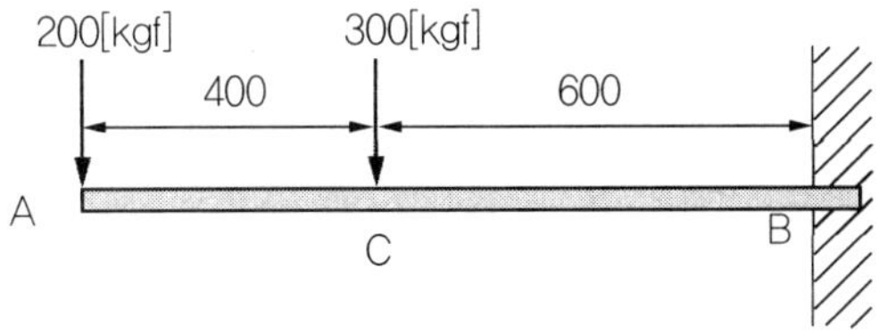

풀이

(1) 전단력

1) A － C사이

$\Sigma F = 0$;　$-V - 200 = 0$

$V = -200[kgf]$

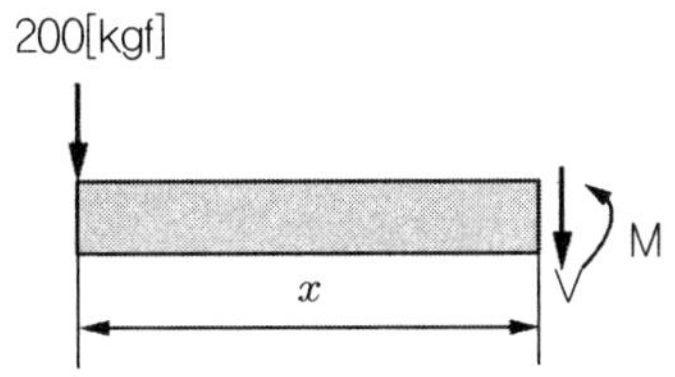

2) C － B사이

$\Sigma F = 0$;　$-V - 200 - 300 = 0$

$V = -500[kgf]$

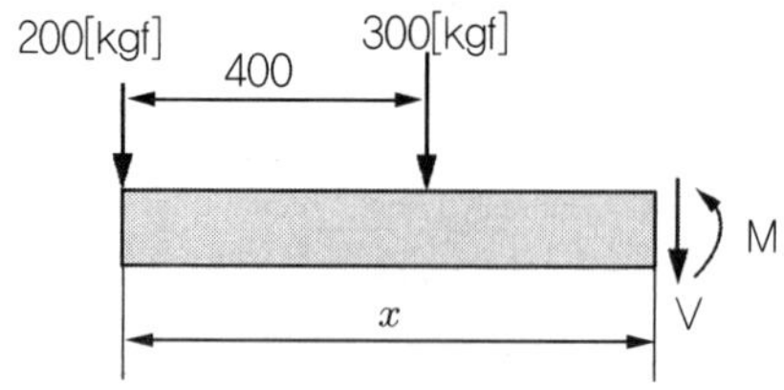

(2) 굽힘 모멘트

1) A – C사이

$\Sigma M = 0$; $M + 200x = 0$

$M = -200x$ [kgf · mm]

A점 $M_A = 0$

C점 $M_C = 200 \times 400 = 80000$ [kgf · mm]

2) C – B사이

$\Sigma M = 0$; $M + 200x + 300(x - 400)$

$M = -200x - 300(x - 400)$

C점 $M_C = -200 \times 400 - 300(400 - 400) = -80000$ [kgf · mm]

B점 $M_B = -200 \times 1000 - 300(1000 - 400) = -380000$ [kgf · mm]

SED와 BMD는 그림과 같다.

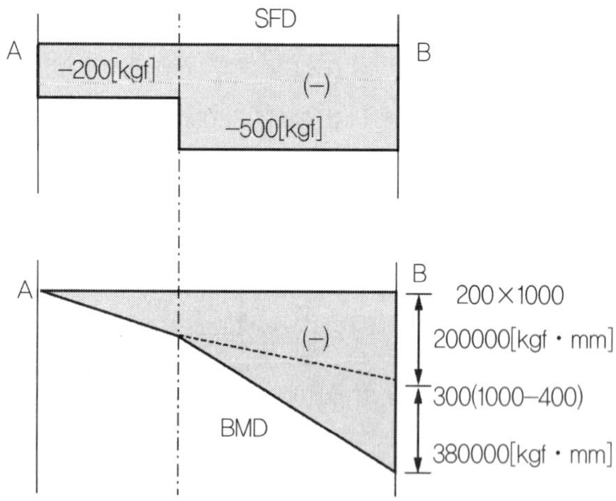

32. 그림과 같이 집중하중과 분포하중이 작용하는 외팔보에 발생하는 전단력, 굽힘 모멘트를 구하고, SFD와 BMD를 구하여라.

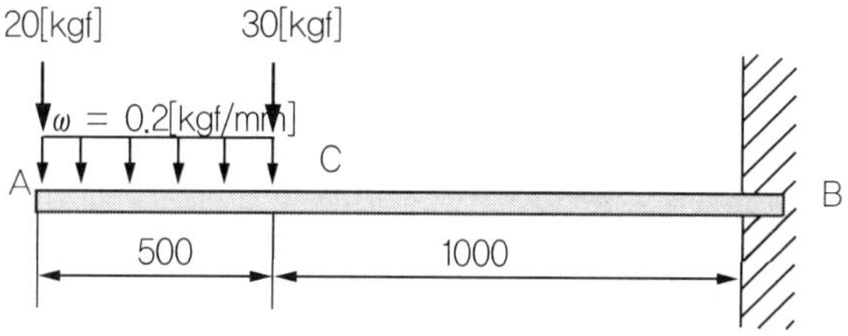

풀이 등분포 하중만의 경우와 집중하중만이 작용하는 경우로 나누어 각각 구한 후에 합성한다.

(1) 전단력의 계산

1) 등 분포하중의 경우

① A - C사이

$V_{1(A-C)} = -0.2x$(1차식 …. 직선)

$\Sigma F = 0$; $-V - 0.2x = 0$

$V = -0.2x$

A점 $V_{1A} = 0$

C점 $V_{1C} = -0.2 \times 500 = -100$[kgf・mm]

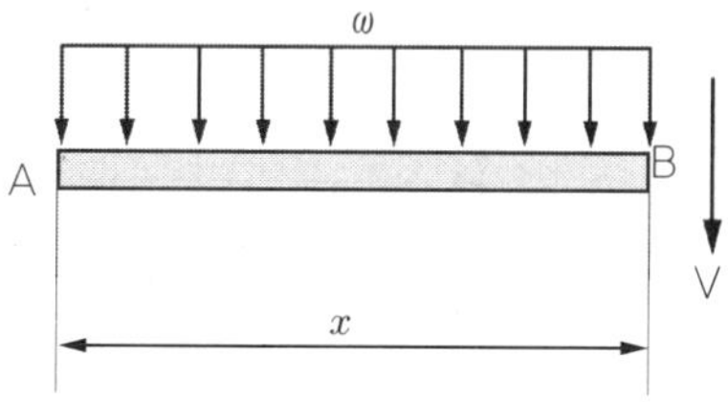

② C - B사이

$V_{1(C-B)} = -0.2 \times 500 = -100$[kgf]

$\Sigma F = 0$; $-V - 0.2 \times 500 = 0$

$V = -100$[kgf]

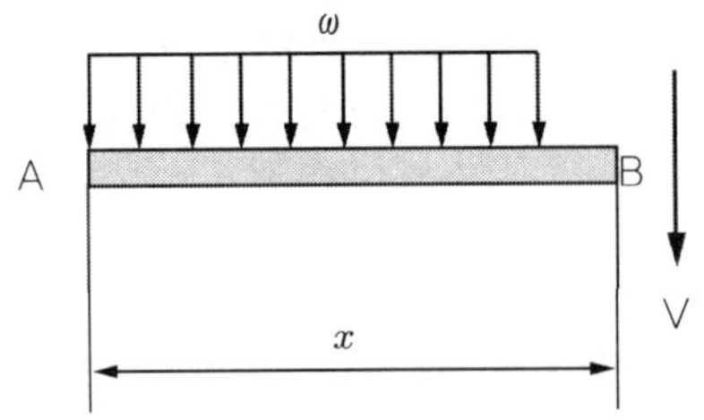

2) 집중하중의 경우

① A - C사이

$V_{2(A-C)}$= -20[kgf](일정)

ΣF= 0 ; $-V$ - 20= 0

V = -20[kgf]

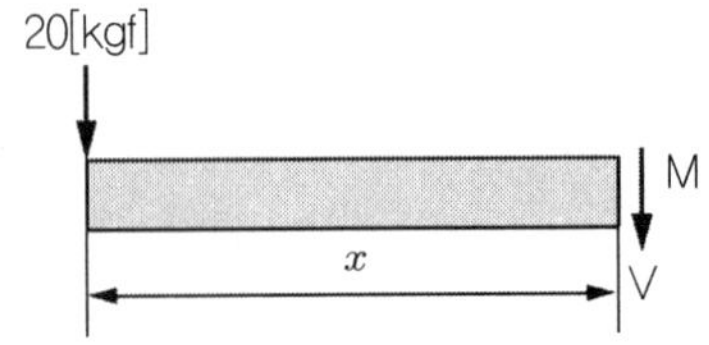

② C - B사이

$V_{2(C-B)}$= -20 - 30= -50[kgf](일정)

ΣF= 0 ; $-V$ - 20 - 30= 0

V = -50[kgf]

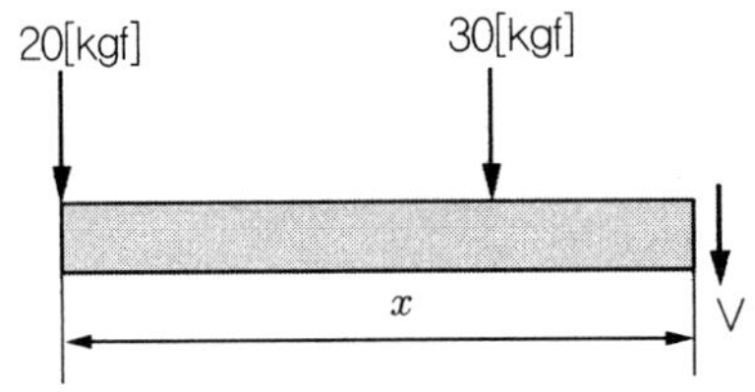

3) 합계한 것

① A-C사이

$V_{(A-C)} = -V_{1(A-C)} - V_{2(A-C)} = -0.2x - 20$(1차식)

C점 V_C= -0.2 × 500 - 20= -120[kgf]

② C - B사이

$V_{(C-B)} = -V_{1(C-B)} - V_{2(C-B)}$

= -100 - 50= -150[kgf]

3) SFD는 그림과 같이 된다.

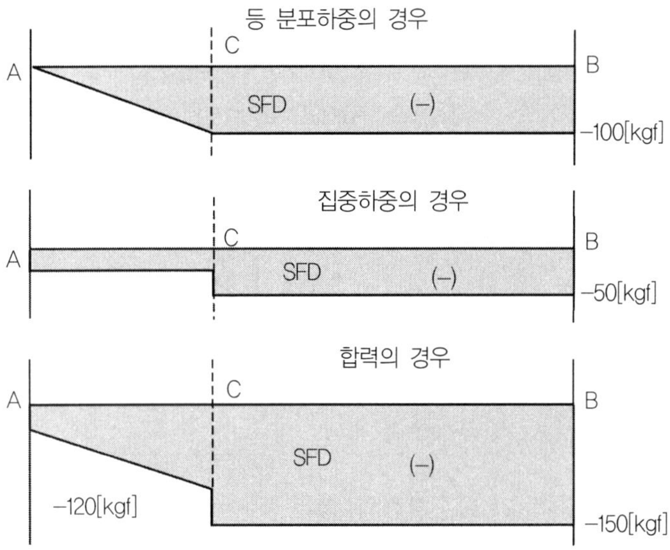

(2) 굽힘 모멘트

1) 등 분포하중의 경우

① A - C사이

$$M_{1(A-C)} = -\omega x \cdot \frac{x}{2} = -\frac{\omega}{2}x^2 = 0.1x^2$$

$$\Sigma M = 0\ ;\ M_1 + \omega x \cdot \frac{x}{2} = 0$$

$$M_1 = -\frac{\omega x^2}{2}$$

A점 M_{1A}= 0

C점 M_{1C}= -0.1 × 500^2= -25000[kgf · mm]

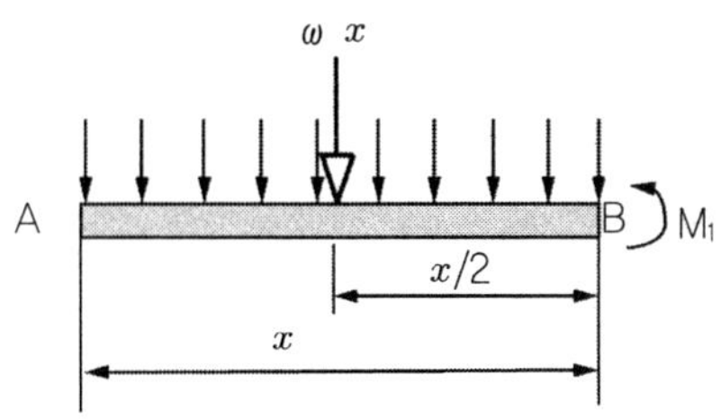

② C - B 사이(500≤ x ≤1500)

ΣM= 0 ; M_1 + 100(x - 250)= 0

$$M_1 = -100(x - 250)$$

$$M_{1(C-B)} = -100(x-250)$$

B점 M_{1B}= -100(1500 - 250)= -125000[kgf · mm]

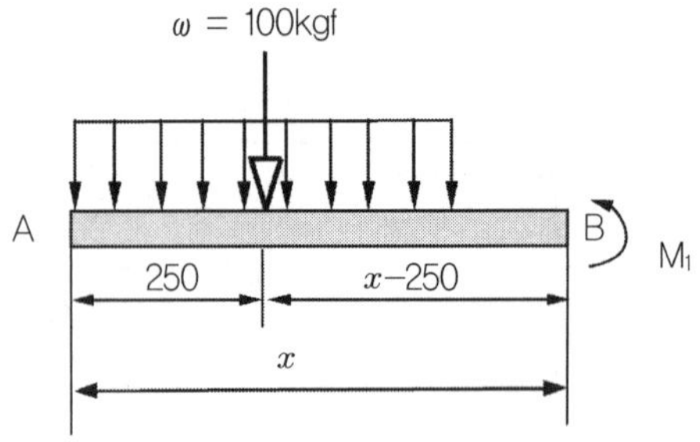

2) 집중하중의 경우

① A - C사이

ΣM= 0 ; M_2 + 20x= 0

$$M_2 = -20x\,[\text{kgf} \cdot \text{mm}]$$

A점 M_{2A}= -20×0 = 0

C점 M_{2C}= -20×500= -10000[kgf·mm]

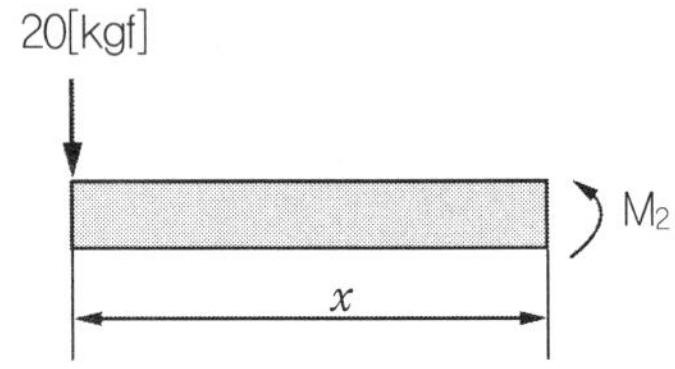

② C - B점

ΣM= 0 ; M_2 + 20x + 30(x - 500)= 0

$$M_2 = -20x - 30(x - 500)\,[\text{kgf} \cdot \text{mm}]$$

$M_{2(C-B)}$= -20x - 30(x - 500)= -50x + 15000[kgf · mm]

C점 M_{2C}= -50×500+15000= -10000[kgf · mm]

B점 M_{2B}= -50×1500+15000= -60000[kgf · mm]

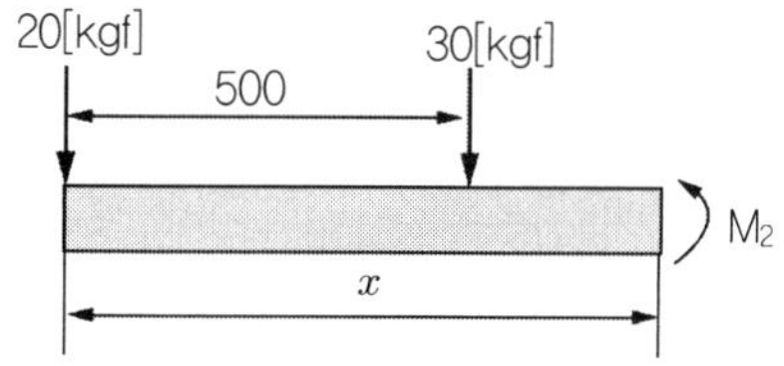

3) 합계한 것

A점 $M_A = M_{1A} + M_{2A} = 0$

C점 $M_C = M_{1C} + M_{2C} =$ -25000 - 10000= -35000[kgf · mm]

B점 $M_B = M_{1B} + M_{2B} =$ -125000-60000= -185000[kgf · mm]

최대 굽힘 모멘트는 고정단에서 발생하므로

$M_{max} = M_B =$ -185000[kgf · mm]

4) BMD는 그림과 같이 된다.

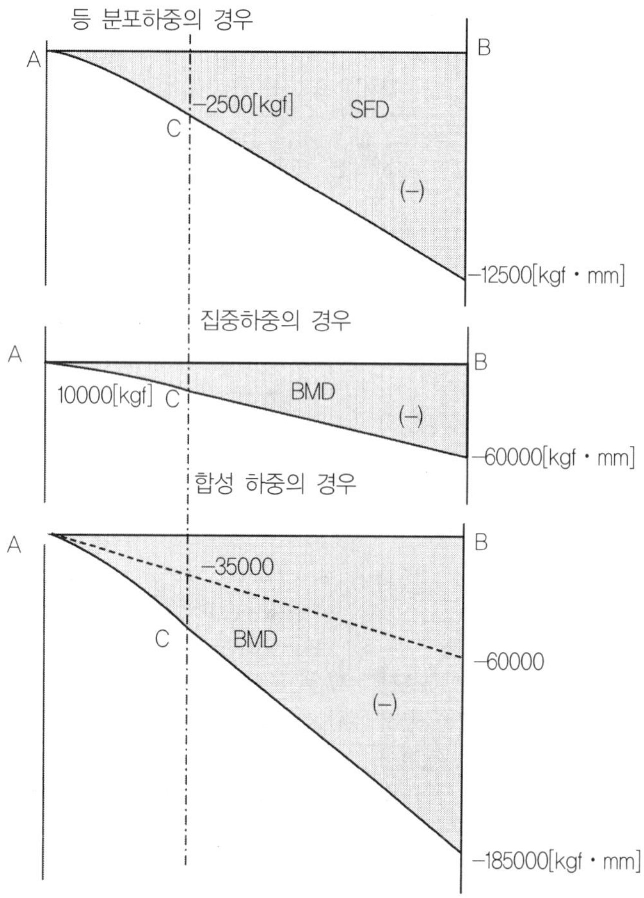

[별해] 등 분포하중과 집중하중을 동시에 해석하는 경우

(1) 전단력의 계산

1) A – C사이

1차식

$\Sigma F = 0$; $-V_{(A-C)} - 20 - 0.2x = 0$

$V_{(A-C)} = -0.2x - 20$

A점 $V_A = -20 - 0.2\times0 = -20$[kgf]

C점 $V_C = -20 - 0.2\times500 = -120$[kgf]

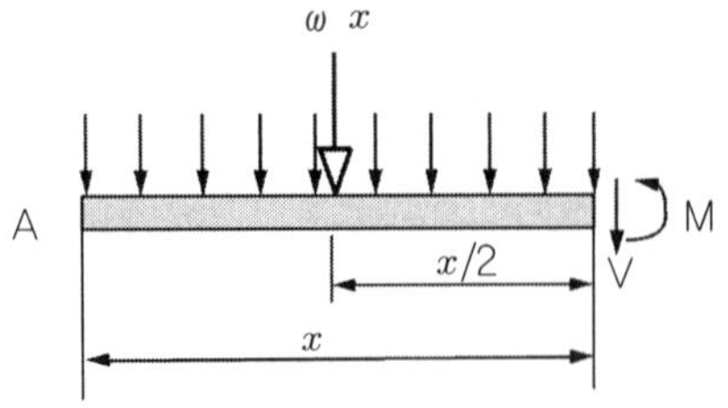

2) C – B사이

일정

$\Sigma F = 0$; $-V_{(C-B)} - 20 - 100 - 30 = 0$

$V_{(C-B)} = -150$[kgf]

SFD는 149p 그림과 동일하다.

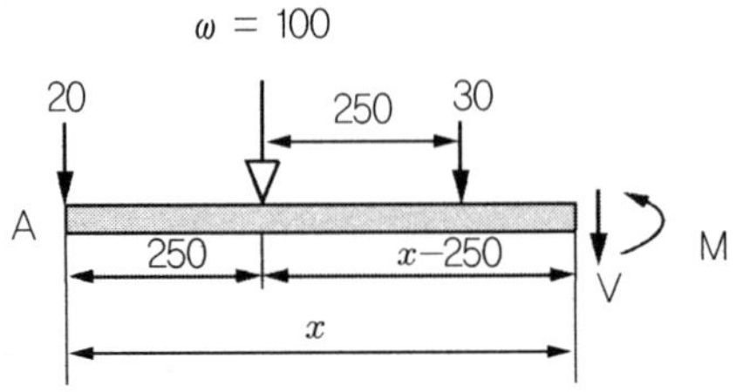

(2) 굽힘 모멘트의 계산

1) A – C사이

$$M_{(A-C)} = -20x - wx\frac{x}{2} = -20x - 0.2x\frac{x}{2}$$

$$= -20x - 0.1x^2$$

A점 $M_A = 0$

C점 $M_C = -20\times500 - 0.1\times500^2 = -35000$[kgf · mm]

B점 $M_B = -150\times1500 + 40000 = -18500$[kgf · mm]

최대 굽힘 모멘트는 고정단에서 발생하므로

$M_{max} = M_B = 185000$[kgf · mm]

BMD는 151p 그림과 동일하다.

5. • 돌출보의 계산(overhanging beam)

예 제 Exercise

33. 그림과 같은 돌출보의 SFD와 BMD를 작도하시오.

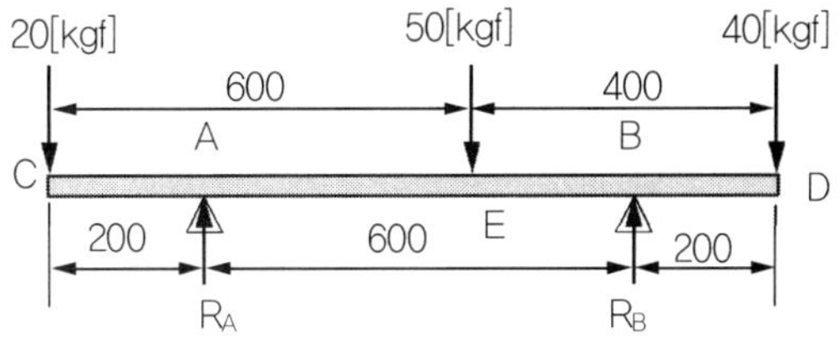

풀이 보의 평형조건으로 부터 반력을 구하고 다음에 양단지지 보의 예를 따라서 전단력 및 굽힘 모멘트를 계산하면 된다.

(1) 반력의 계산

B점의 모멘트평형에 의하여,

$$20 \times 800 - R_A \times 600 + 50 \times 200 - 40 \times 200 = 0$$

$$\therefore \; R_A = \frac{20 \times 800 + 50 \times 200 - 40 \times 200}{600} = \frac{18000}{600} = 30[\text{kgf}]$$

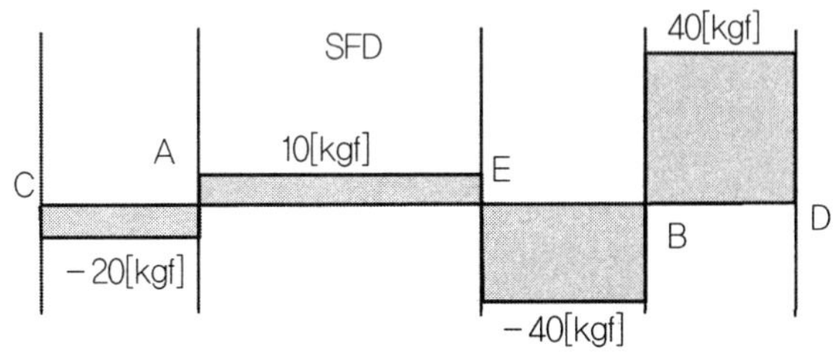

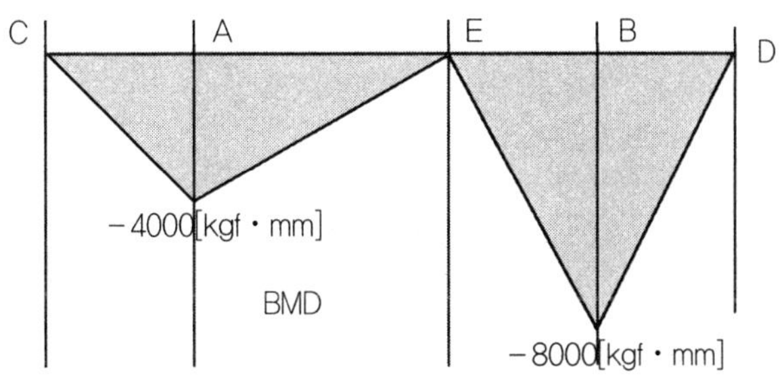

힘의 평형에 의하여

$R_B = 20 + 50 + 40 - R_A = 110 - 30 = 80[kgf]$

(2) 전단력의 계산

1) C – A사이

$V = -20[kgf]$(일정)

$\Sigma F = 0$; $-V - 20 - 30 = 0$

$$V = -20[kgf]$$

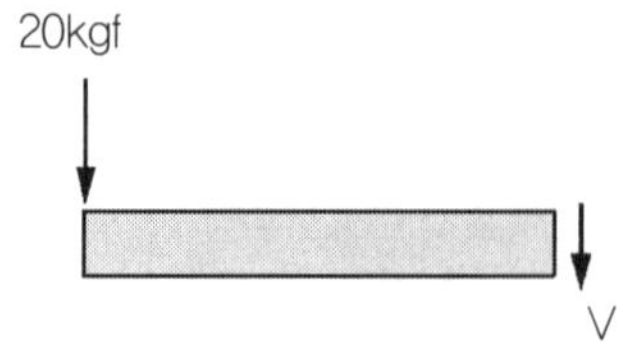

2) A – E사이

$V = -20 + R_A = -20+30 = 10[kgf]$(일정)

$\Sigma F = 0$; $-V - 20 + R_A = 0$

$$V = R_A - 20 = 30 - 20 = 10[kgf]$$

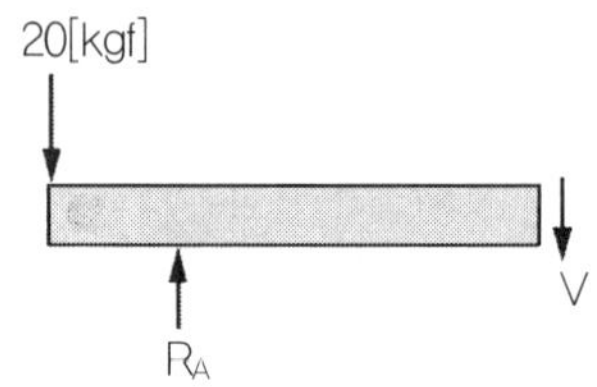

3) E – B사이

$V = -20 + R_A - 50 = -20 + 30 - 50 = -40[kgf]$(일정)

$\Sigma F = 0$; $-V - 20 - 50 + R_A = 0$

$$V = R_A - 20 - 50 = 30 - 20 - 50 = -40[kgf]$$

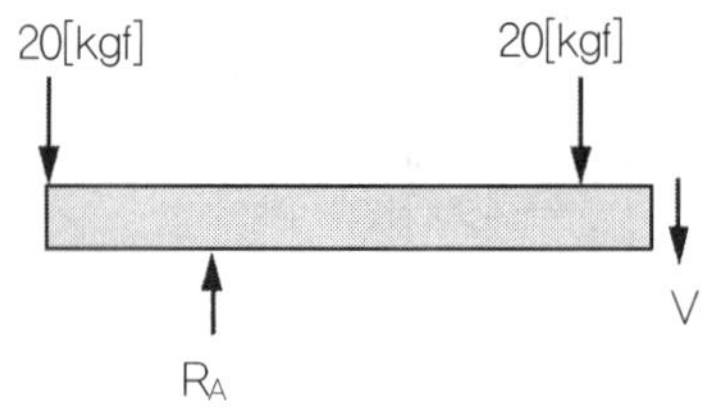

4) B – D사이

$V = -20 + R_A - 50 + R_B$ = -20 + 30 - 50 + 80 = 40[kgf]

$\Sigma F = 0$; $-V - 20 - 50 + R_A + R_B = 0$

$V = R_A + R_B - 20 - 50$ = 30 + 80 - 20 - 50 = 40[kgf]

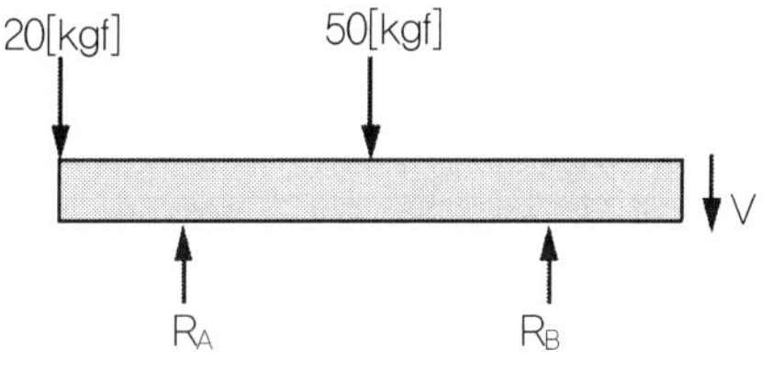

(3) 굽힘모멘트의 계산

1) C – A사이

$M_{(C-A)} = -20x$ (1차식 … 직선)

$\Sigma M = 0$; $M + 20x = 0$

$M = -20x$ [kgf · mm]

C점 $M_C = 0$

A점 $M_A = -20 \times 200 = -4000$ [kgf · mm]

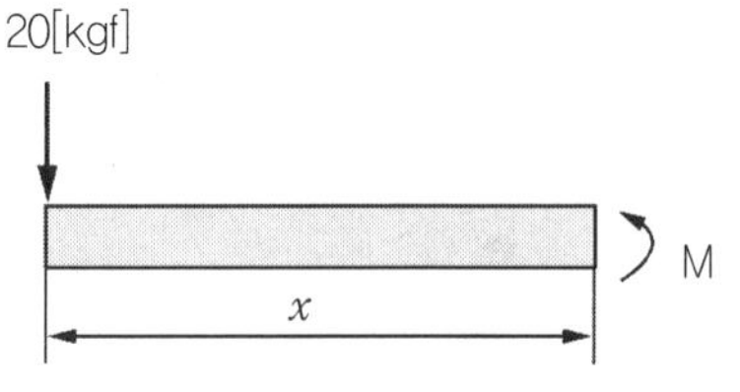

① A - E사이

$M_{(A-E)} = -20x + R_A(x - 200) = -20x + 30(x - 200)$ (1차식)

$\Sigma M = 0$; $M + 20x - 30(x - 200) = 0$

$M = -20x + 30(x - 200)$ [kgf · mm]

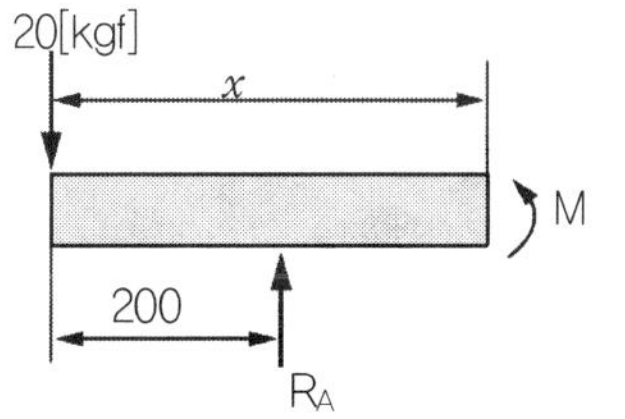

A점 M_A = -20 × 200 + 30(200 - 200)= -4000[kgf・mm]
E점 M_E = -20 × 600 + 30(600 - 200)= 0

② E - B사이
$M_{(E-B)}$ = $-20x + 30(x - 200) - 50(x - 600)$ (1차식)

$\Sigma M = 0$; $M + 20x - 30(x - 200) + 50(x - 600) = 0$
$M = -20x + 30(x - 200) - 50(x - 600)$ [kgf・mm]

E점 M_E= -20 × 600 + 30(600 - 200) - 50(600 - 600)= 0
B점 M_B= -20 × 800 + 30(800 - 200) - 50(800 - 600)
= -8000[kgf・mm]

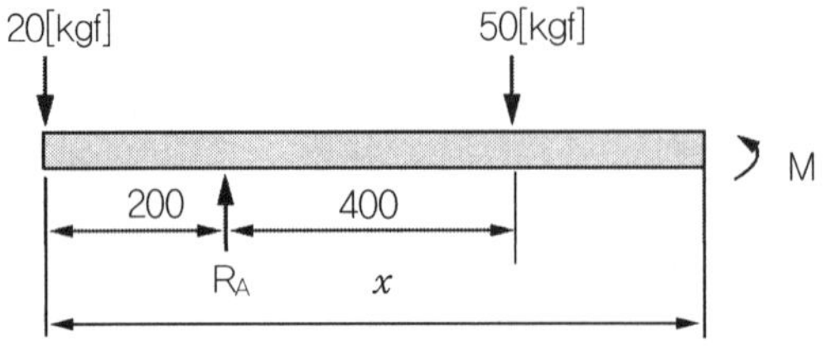

③ B - D사이 우측에서부터 계산하면
$M_{(B-D)} = -40(1000 - x)$ (1차식)

B점 M_B= -40(1000 - 800)= -8000[kgf・mm]
D점 M_D= -40(1000-1000)= 0

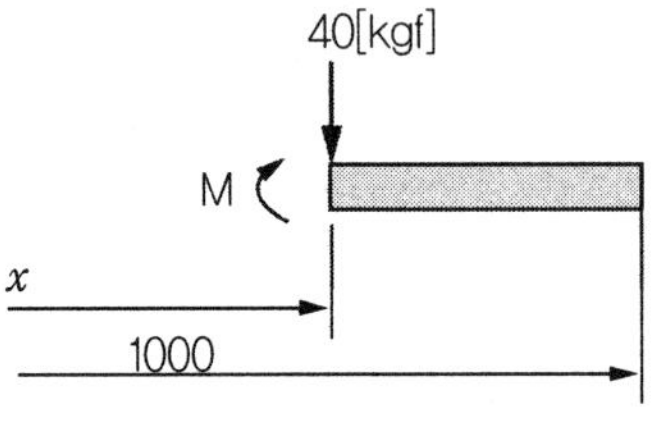

(4) SFD, BMD는 본문 153p 그림과 같다.

34. 그림에 있어서 반력 R_A, R_B, 전단력, 굽힘 모멘트를 계산하고 SFD와 BMD를 작도하시오.

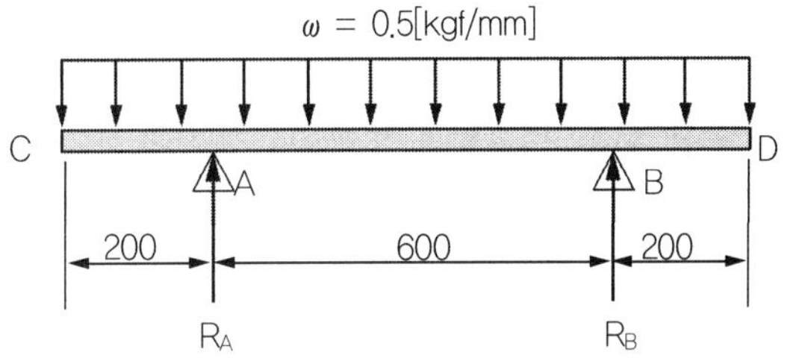

풀이 전단력, 굽힘 모멘트를 구할 때, 반력도 외력의 하나로써 취급할 것.

(1) 반력의 계산

$$R_A = R_B = \frac{0.5 \times 1000}{2} = 250[\text{kgf}]$$

(2) 전단력의 계산

1) C − A 사이

$$V_{(C-A)} = -0.5x\ (1\text{차식})$$

$$\Sigma F = 0\ ;\quad -V - 0.5x = 0$$

$$V = -0.5x$$

C점 $V_C = 0.5 \times 0 = 0$

A점 $V_A = 0.5 \times 200 = 100[\text{kgf}]$

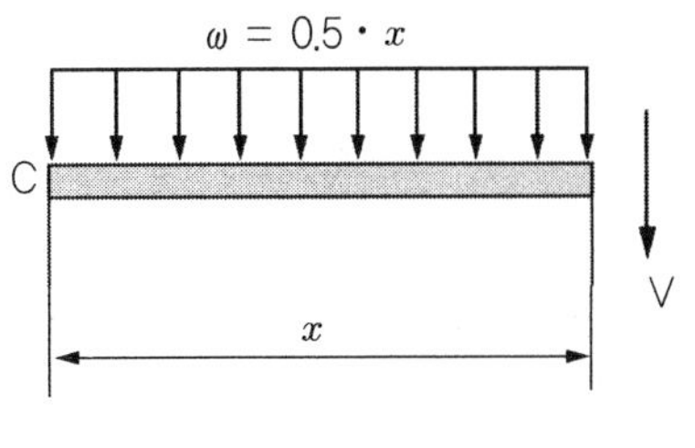

① A - B사이

$$V_{(A-B)} = -0.5x + R_A = -0.5x + 250(\text{직선})$$

$$\Sigma F = 0\ ;\ -V - 0.5x + R_A = 0$$

$$V = -0.5x + R_A = -0.5x + 250$$

A점 V_A= -0.5 × 200 + 250= 150[kgf]
B점 V_B= -0.5 × 800 + 250= -150[kgf]

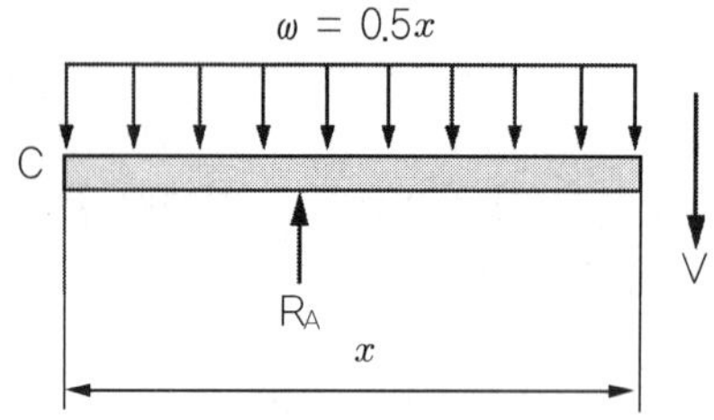

② B - D사이 가상단면 우측에서 계산하면

$$\Sigma F = 0\ ;\quad V - 0.5(1000 - x) = 0$$

$$V = 0.5(1000 - x)$$

$$V_{(B-D)} = 0.5(1000 - x)$$

B점 V_B= 0.5(1000 - 800)= 100[kgf]
D점 V_D= 0.5(1000 - 1000)= 0

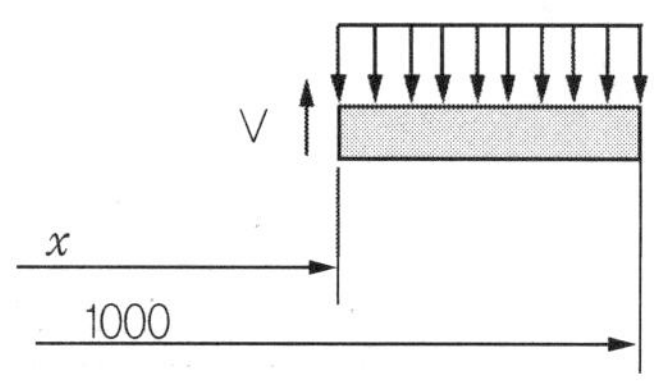

(3) 굽힘모멘트의 계산

1) C - A사이

$$M_{(C-A)} = -0.5x \cdot \frac{x}{2} = -\frac{0.5}{2}x^2\ \text{(2차식)}$$

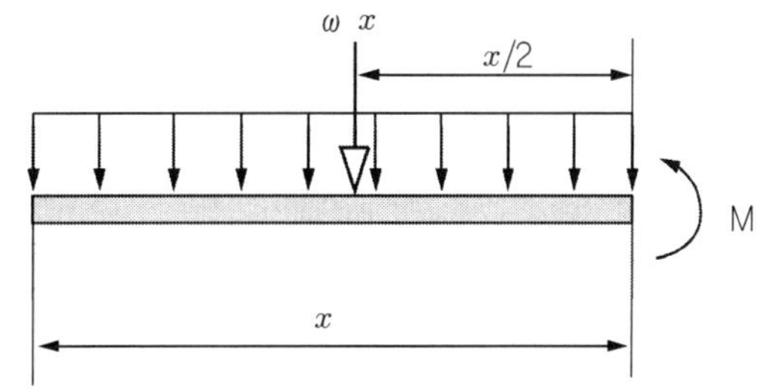

$$\Sigma M = 0 \ ; \ M + 0.5x \cdot \frac{x}{2} = 0$$

$$M = -\frac{0.5x^2}{2}$$

C점 $M_C = -\frac{0.5}{2} \times 0^2 = 0$

A점 $M_A = -\frac{0.5}{2} \times 200^2 = -10000$[kgf · mm]

① A - B사이

$$M_{(A-B)} = -\frac{0.5}{2}x^2 + R_A(x-200) = -\frac{0,5}{2}x^2 + 250(x-200)$$

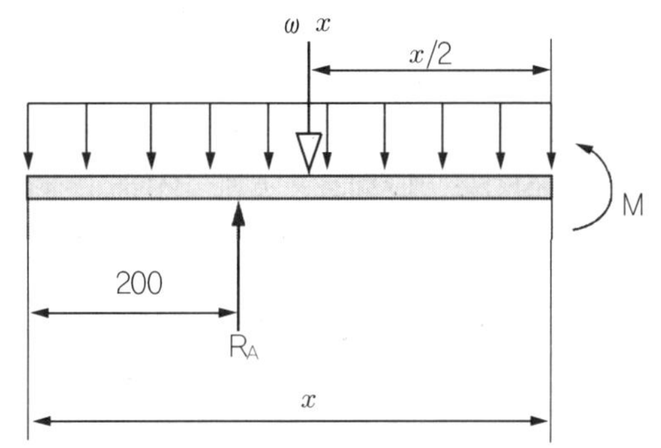

$$\Sigma M = 0 \ ; \ M + 0.5x \cdot \frac{x}{2} - R_A(x-200) = 0$$

$$M = -\frac{0.5x^2}{2} + 250(x-200)$$

A점 $M_A = -\frac{0.5}{2} \times 200^2 + 250(200 - 200) = -10000$[kgf · mm]

② B - D사이 가상단면 우측에서 계산하면

$$M_{(B-D)} = -0.5(1000-x) \times \frac{1}{2}(1000-x)$$
$$= -\frac{0.5}{2}(1000-x)^2 \text{ (포물선)}$$

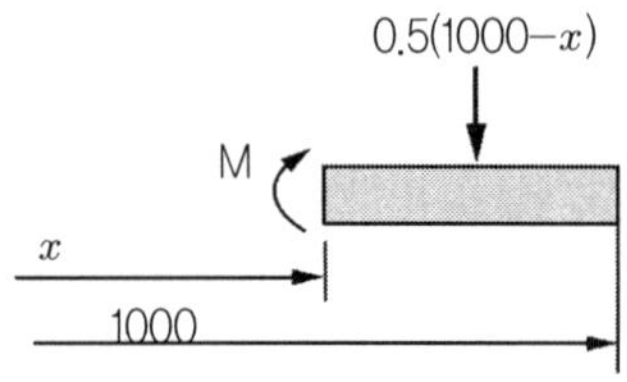

$$\Sigma M = 0 \ ; \ -M - 0.5(1000-x) \cdot \frac{x}{2}(1000-x) = 0$$

$$M = -\frac{0.5}{2}(1000-x)^2$$

B점 $M_B = -\frac{0.5}{2}(1000 - 800)^2 = -10000$[kgf]

D점 $M_D = -\frac{0.5}{2}(1000-800)^2 = 0$

최대 굽힘 모멘트 M_{max}은 전단력의 부호가 변하는 점, 전단력이 0으로 되는 점의 굽힘 모멘트 중에 최대의 것을 취하기 때문에 SFD를 비교해보면 A점, B점에서 각각 10000[kgf]로서 극대이고 x = 500[mm]의 점에서는 A - B사이의 식에 x= 500을 대입하여

$M_{500} = -\frac{0.5}{2} \times 500^2 - 250(500 - 200) = 12500$[kgf · mm]

$M_{max} = M_{500} = 12500$[kgf · mm]

(4) SFD, BMD는 그림과 같다.

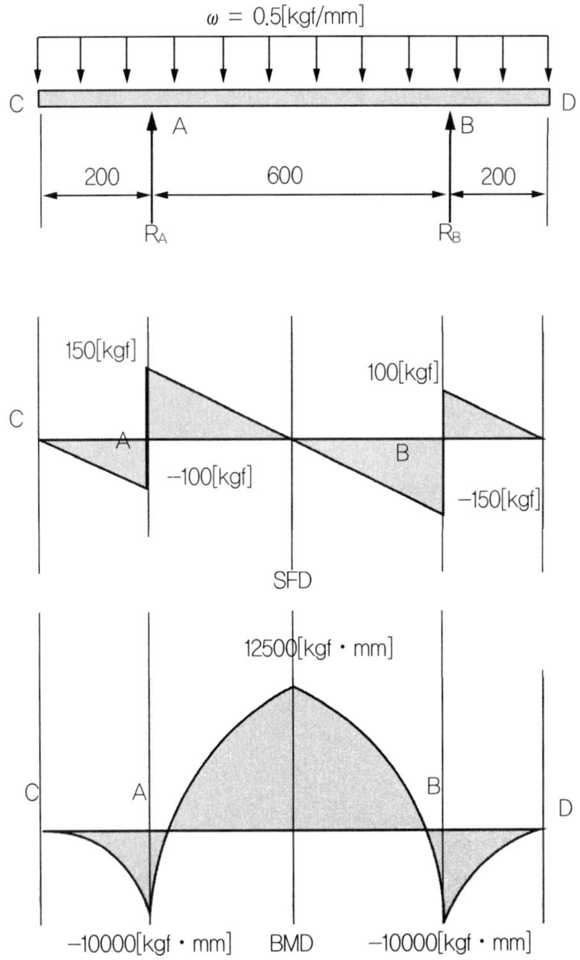

연습문제 Exercises

01. 그림과 같이 양단지지 보에 집중하중이 작용하고 있다. 반력 R_A, R_B, 전단력, 굽힘 모멘트를 구하고 SFD와 BMD를 작도하시오.

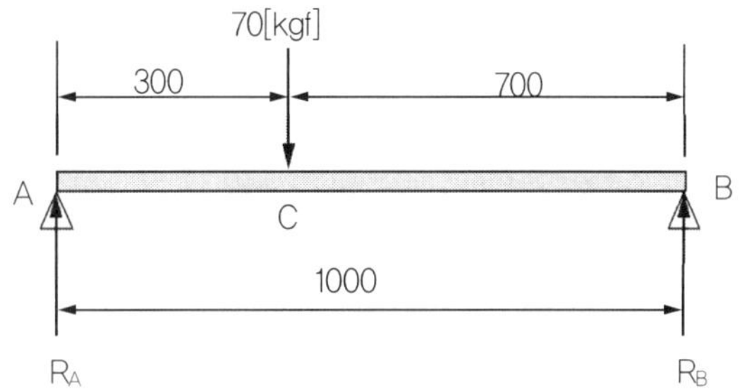

풀이

(1) 반력의 계산

$$R_A = \frac{70 \times 700}{1000} = 49[\text{kgf}]$$

$$R_B = 70 - R_A = 70 - 49 = 21[\text{kgf}]$$

(2) 전단력의 계산

A ~ C 구간 : $V_{(A\sim C)} = R_A = 49[\text{kgf}]$

C ~ B 구간 : $V_{(C\sim B)} = -R_B = -21[\text{kgf}]$

(3) 굽힘 모멘트의 계산

A점 : $M_A = 0$

C점 : $M_C = R_A \times 300 = 49 \times 300 = 14700[\text{kgf} \cdot \text{mm}]$

B점 : $M_B = 0$

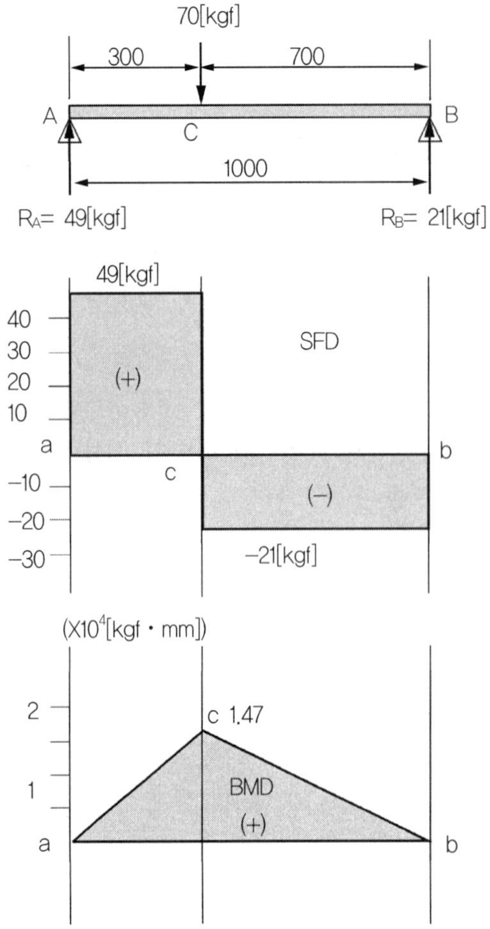

이상의 결과로부터, SFD, BMD의 작성도는 상위 그림과 같다.

02. 그림과 같이 양단지지 보에 집중하중이 작용하고 있다. 반력 R_A, R_B, 전단력, 굽힘 모멘트를 계산하고 SFD와 BMD를 작도하시오.

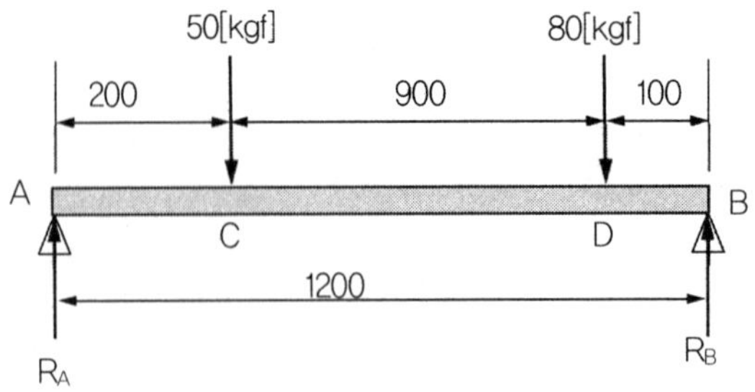

풀이

(1) 반력의 계산

$$R_A = \frac{50 \times 1000 + 80 \times 100}{1200} = 48.3[kgf]$$

$R_B = 50 + 80 - R_A = 70 + 80 - 48.3 = 81.7[kgf]$

(2) 전단력의 계산

A~C구간 : $V_{(A\sim C)} = R_A = 48.3[kgf]$

C~D구간 : $V_{(C\sim D)} = R_A - 50 = 48.3 - 50 = -1.7[kgf]$

D~B구간 : $V_{(D\sim B)} = -R_B = -81.7[kgf]$

(3) 굽힘 모멘트의 계산

A점 : $M_A = 0$

C점 : $M_C = R_A \times 200 = 48.3 \times 200 = 9.66 \times 10^3[kgf \cdot mm]$

D점 : $M_D = R_B \times 100 = 81.7 \times 100 = 8.17 \times 10^3[kgf \cdot mm]$

B점 : $M_B = 0$

이상의 결과로부터, SFD, BMD의 작성도의 그림과 같다.

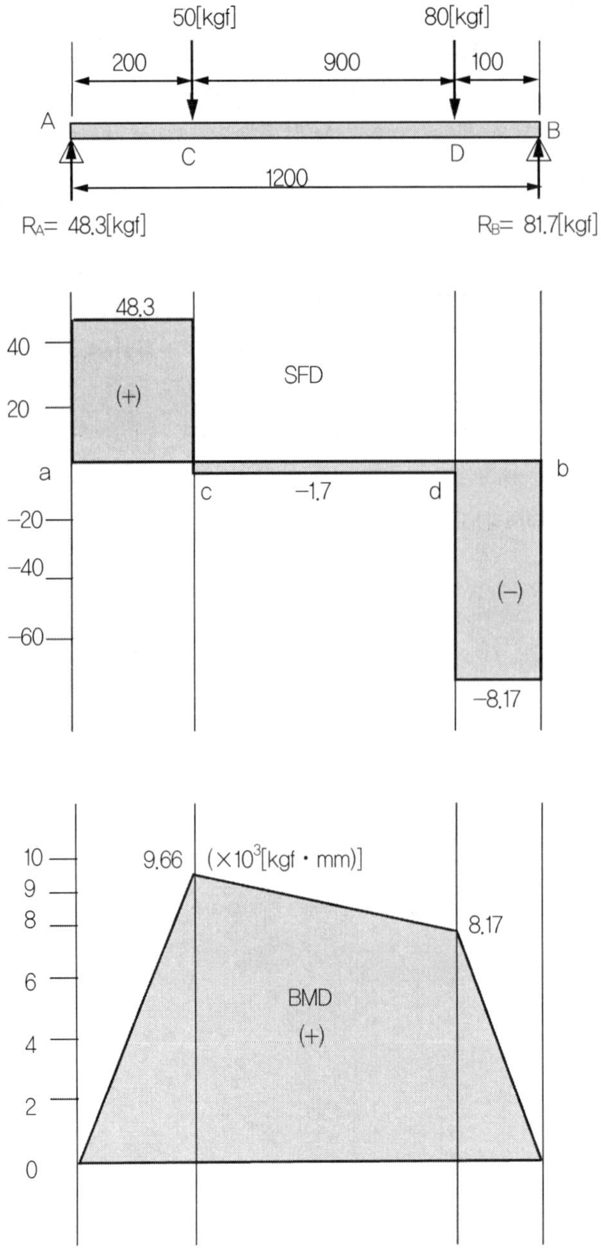

03. 그림과 같이 양단지지 보의 일부에 등 분포하중이 작용하고 있다. 반력 R_A, R_B, 전단력, 굽힘 모멘트를 계산하고 SFD와 BMD를 작도하시오.

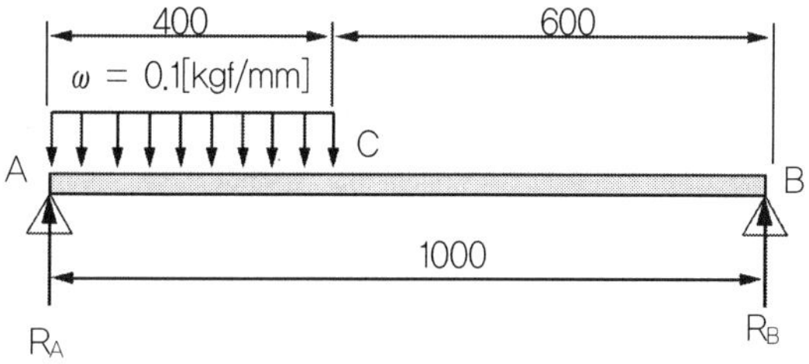

◉풀이

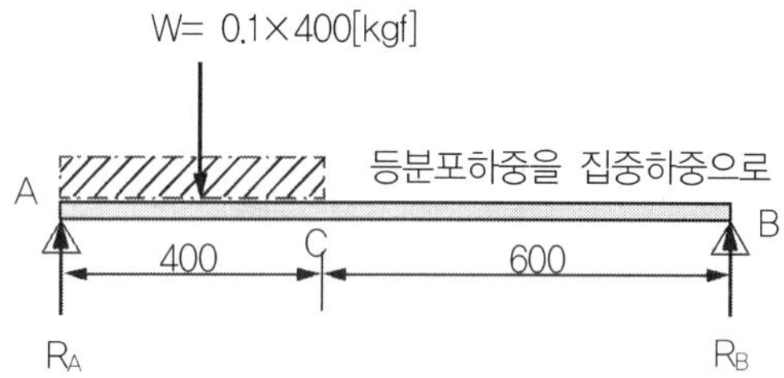

(1) 반력의 계산

1000

$$R_A = \frac{0.1 \times 400 \times 800}{1000} = 32[\text{kgf}]$$

$$R_B = 0.1 \times 400 - R_A = 40 - 32 = 8[\text{kgf}]$$

(2) 전단력의 계산

A~C 구간 : $V_{(A\sim C)} = R_A - 0.1x = 32 - 0.1x$(직선)

A점 : $V_A = 32[\text{kgf}]$

C점 : $V_C = 32 - 0.1\times400 = 8[\text{kgf}]$

C~B 구간 : $V_{(C\sim B)} = -8[\text{kgf}]$(일정)

(3) 굽힘 모멘트의 계산

A~C구간 : $M_{(A\sim C)} = R_A x - \omega \cdot \frac{x^2}{2} = 32x - 0.1 \times \frac{x^2}{2}$(포물선)

A점 : $M_A = 0$

C점 : $M_C = 32 \times 400 - 0.1 \times \frac{400^2}{2} = 4.8 \times 10^3 = 4.8[\text{kgf} \cdot \text{mm}]$

C~B 구간 : $M_{(C\sim B)} = R_A x - \omega \times 400(x-200)$

$= 32x - 0.1 \times 400(x-200)$(직선)

B점 : $M_B = 0$

최대 굽힘 모멘트는 전단력이 0인 지점에서 발생되므로

$V_{(A\sim C)} = 32 - 0.1x = 0$

$\therefore\ x = 320$[mm]인 지점에서 발생

따라서, $M_{\max} = 32x - 0.1 \times \frac{x^2}{2}$

$= 32 \times 320 - 0.1 \times \frac{320^2}{2} = 5.12 \times 10^3$[kgf · mm]

SFD, BMD는 그림과 같다.

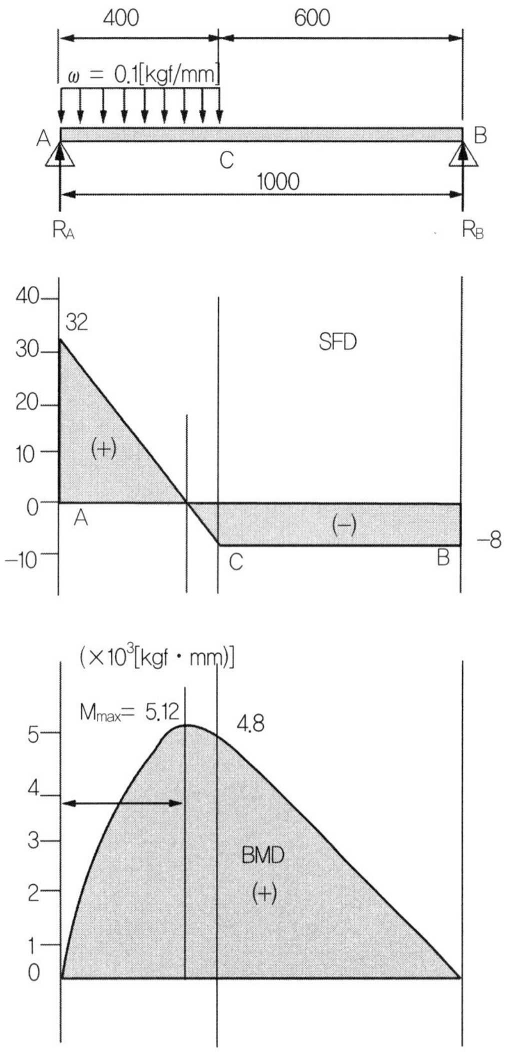

04. 그림과 같이 양단지지 보의 2개소에 등 분포하중이 작용하고 있다. 이 보의 반력 R_A, R_B, 전단력, 굽힘 모멘트를 계산하고 SFD와 BMD를 작도하시오.

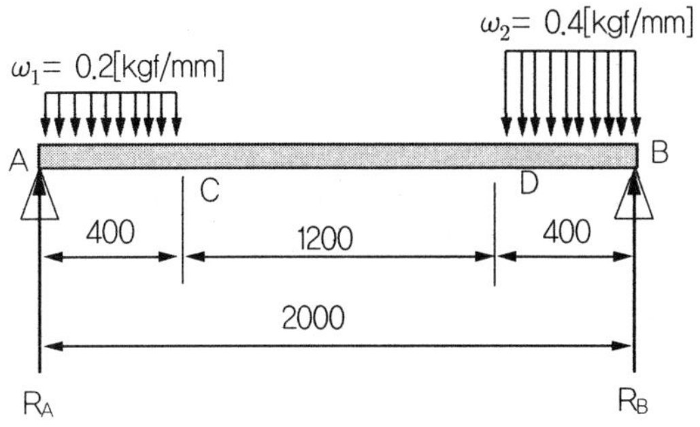

◉풀이

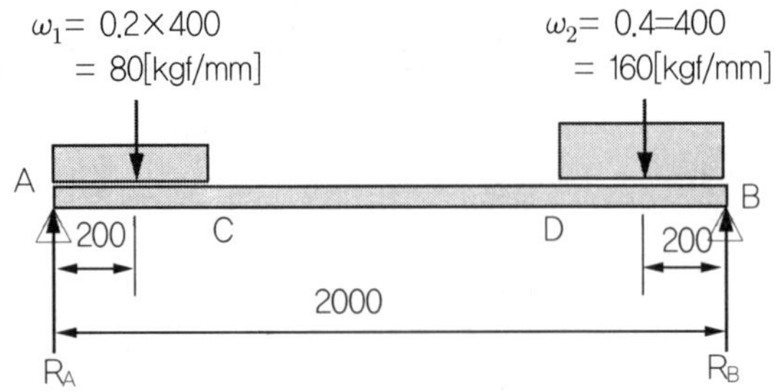

(1) 반력의 계산

$$R_A = \frac{80 \times 1800 + 160 \times 200}{2000} = 88[\text{kgf}]$$

$$R_B = W_1 + W_2 - R_A = 80 + 160 - 88 = 152[\text{kgf}]$$

(2) 전단력의 계산

A~C 구간 : $V_{(A\sim C)} = R_A - \omega_1 x = 88 - 0.2x$(직선)

A점 : $V_A = 88 - 0.2 \times 0 = 88[\text{kgf}]$

C점 : $V_C = 88 - 0.2 \times 400 = 8[\text{kgf}]$

C~D 구간

$V_{(C\sim D)} = R_A - \omega_1 \times 400 = 88 - 0.2 \times 400 = 8[\text{kgf}]$(일정)

D~B구간(우측 단면에서 계산)

$V_{(D\sim B)} = -R_B + \omega_2(2000 - x) = -152 + 0.4 \times (2000 - x)$(직선)

B점 : $V_B = -152[\text{kgf}]$

D점 : $V_D = -152 + 0.4 \times (2000 - 1600) = 8[\text{kgf}]$

(3) 굽힘 모멘트의 계산

A~C구간 : $M_{(A\sim C)} = R_A x - \omega_1 \cdot \dfrac{x^2}{2}$(포물선)

A점 : $M_A = 0$

C점 : $M_C = 88 \times 400 - 0.2 \times \dfrac{400^2}{2} = 1.92 \times 10^4[\text{kgf} \cdot \text{mm}]$

C~D구간 : $M_{(C\sim D)} = R_A x - \omega_1 \times 400(x-200)$(직선)

D점 : $M_D = 88\times1600-0.2\times400\times(1600-200) = 2.88\times10^4$[kgf · mm]

D~B 구간(우측 단면에서 계산)

D점 : $M_D = 152(2000-x) - \omega_2(2000-x)\times\frac{(2000-x)}{2}$(포물선)

$$M_D = 152(2000-1600) - 0.4(2000-1600)\times\frac{(2000-1600)}{2}$$

$$= 2.88\times10^4[\text{kgf}\cdot\text{mm}]$$

B점 : $M_B = 0$

최대 굽힘 모멘트는 전단력이 0인 지점에서 발생되므로

∴ $V_{(D\sim B)} = -152 + 0.4(2000-x) = 0$

∴ $x = 1620$(D점의 우측)

이를 $M_{(D\sim B)}$식에 대입

$$M_{\max} = 152(2000-1620) - 0.4(2000-1620)\times\frac{(2000-1620)}{2}$$

$$= 2.89\times10^4[\text{kgf}\cdot\text{mm}]$$

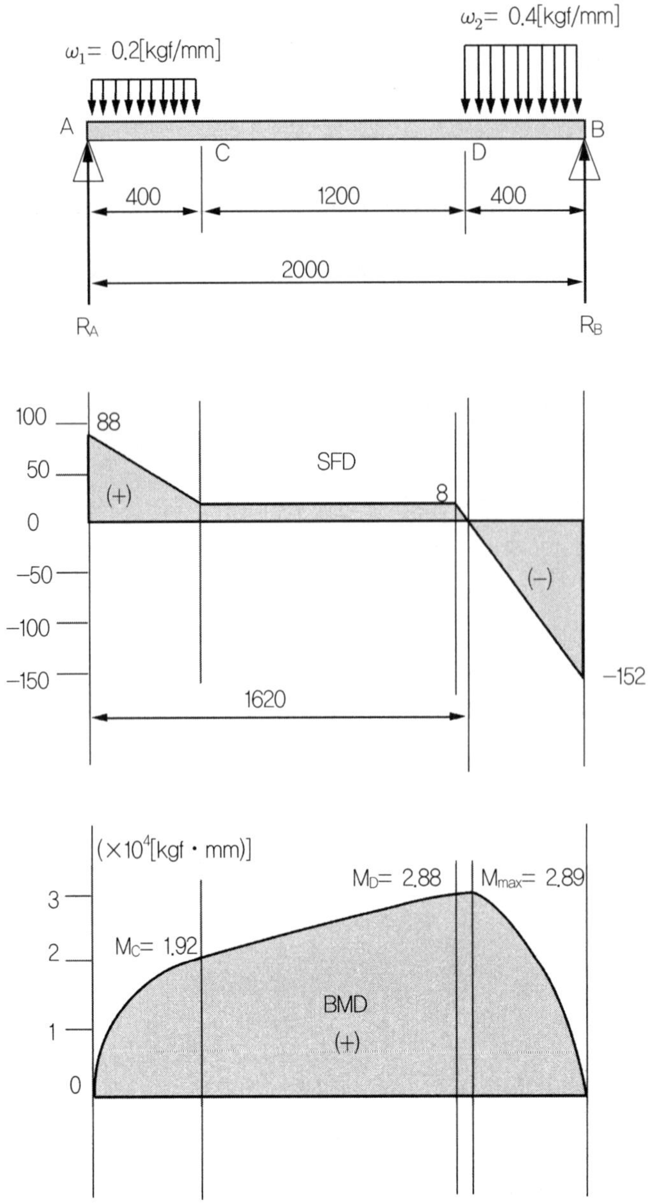
ω1= 0.2[kgf/mm]
ω2= 0.4[kgf/mm]
A
B
C
D
400
1200
400
2000
RA
RB
100
50
0
-50
-100
-150
88
SFD
(+)
8
(-)
-152
1620
(×10^4[kgf · mm])
3
2
1
0
MD= 2.88
Mmax= 2.89
MC= 1.92
BMD
(+)

05. 그림과 같이 양단지지 보에 집중하중과 등 분포하중이 작용하고 있다. 이 보의 반력 R_A, R_B, 전단력, 굽힘 모멘트를 계산하고 SFD와 BMD를 작도하시오.

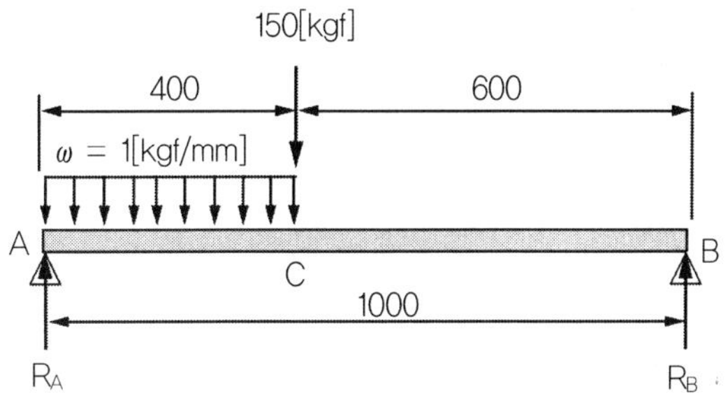

풀이

1. 반력의 계산

(1) 등 분포하중에 의한 반력 R_{1A}, R_{1B}

$$R_{1A} = \frac{w \times 400 \times (600 + 200)}{1000} = \frac{1 \times 400 \times 800}{1000} = 320[\text{kgf}]$$

$$R_{1B} = w \times 400 - R_{1A} = 1 \times 400 - 320 = 80[\text{kgf}]$$

(2) 집중 하중에 의한 반력 R_{2A}, R_{2B}

$$R_{2A} = \frac{150 \times 600}{1000} = 90[\text{kgf}]$$

$$R_{2B} = 150 - 90 = 60[\text{kgf}]$$

(3) 반력 R_A, R_B

$$R_A = R_{1A} + R_{2A} = 320 + 90 = 410[\text{kgf}]$$

$$R_B = R_{1B} + R_{2B} = 80 + 60 = 140[\text{kgf}]$$

2. 전단력의 계산

A~C구간 : $V_{(A\sim C)} = -R_A - wx = 410 - 1x$ (1차식—직선)

A점 : $V_A = 410 - 1 \times 0 = -410[\text{kgf}]$

C점 : $V_C = 410 - 1 \times 410 = 10[\text{kgf}]$

C~B구간 : $V_{(C\sim B)} = R_B = 140[\text{kgf}]$

이상의 계산식을 이용하여 SFD선도의 작성도는 다음 그림과 같다.

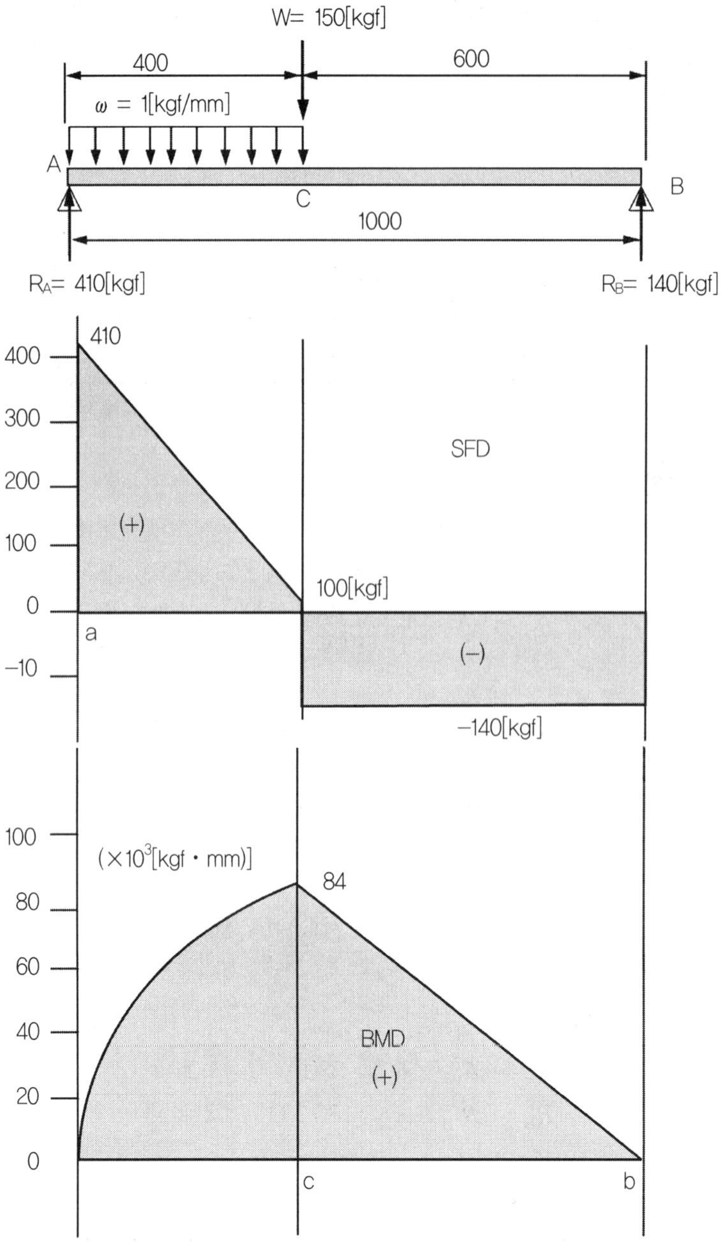

3. 굽힘 모멘트의 계산

$$A\sim C구간 : M_{(A\sim C)} = R_A x - wx \cdot \frac{x}{2} = 410x - \frac{x^2}{2}$$

(2차식—포물선)

A점 : $M_A = 0$

C점 : $M_C = 410 \times 400 - \frac{400^2}{2} = 84\times10^3$[kgf · mm]

C~B구간 : $M_{(C\sim B)} = R_A x - 1 \times 400(x-200) - 150(x-400)$

$= 410x - 400(x-200) - 150(x-400)$(1차식 –직선)

C점 : $M_C = 410 \times 400 - 400 \times (400-200) - 150(400-400)$

$= 84\times10^3$[kgf · mm]

B점 : $M_B = 410 \times 1000 - 400 \times (1000-200) - 150(1000-400) = 0$

이상의 계산식을 이용하여 BMD 작성(188p 그림참고)

06. 그림의 외팔보에 대하여 전단력 및 굽힘 모멘트를 계산하고 SFD와 BMD를 작도하시오.

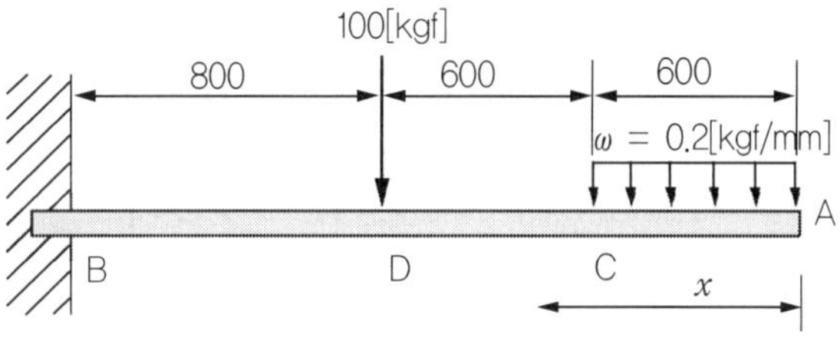

풀이

1. 반력의 계산

A~C구간 : $V_{(A\sim C)} = \omega x = 0.2x$(1차식—직선)

A점 : $V_A = 0.2 \times 0 = 0$

C점 : $V_C = 0.2 \times 600 = 120$[kgf]

C~D구간 : $V_{(C\sim D)} = 120$[kgf]

D~B구간 : $V_{(D\sim B)} = 120 + 100 = 229$[kgf]

이상의 계산식을 이용하여 SFD 작성도는 다음 그림과 같다.

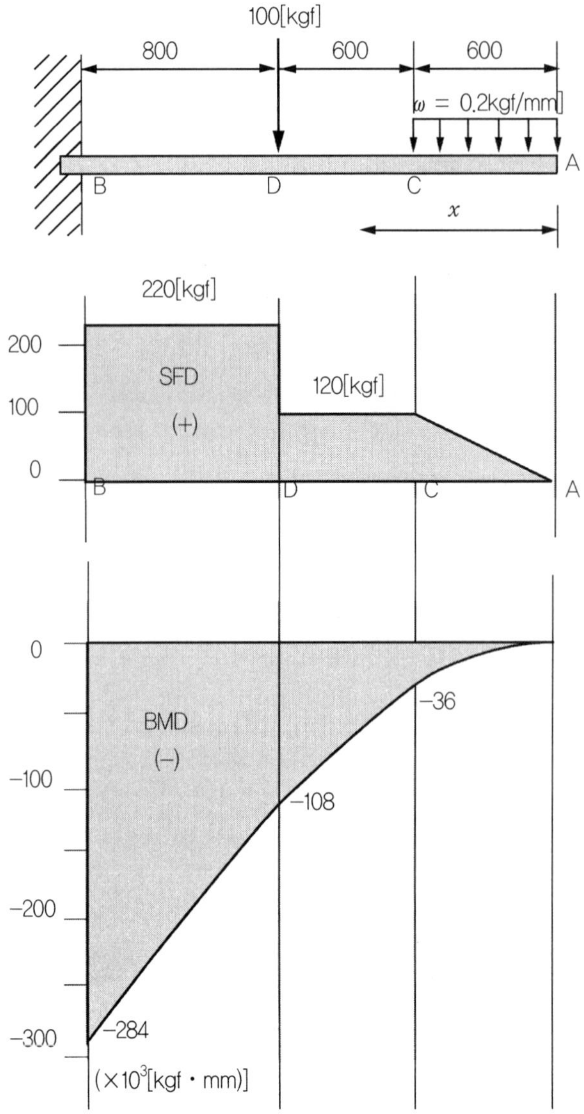

2. 굽힘 모멘트의 계산

A~C구간 : $M_{(A\sim C)} = -\dfrac{w}{2}x^2 = -0.1x^2$(2차식—포물선)

A점 : $M_A = -0.1 \times 0^2 = 0$

C점 : $M_C = -0.1 \times 600^2 = -36 \times 10^3$[kgf · mm]

C~D구간 : $M_{(C\sim D)} = -0.2 \times 600(x - 300)$(1차식 – 직선)

C점 : $M_C = -0.2 \times 600(600 - 300) = -36 \times 10^3$[kgf · mm]

D점 : $M_D = -0.2 \times 600(1200 - 300) = -108 \times 10^3$[kgf · mm]

D~B구간 : $M_{(D\sim B)} = -0.2 \times 600(x-300) - 100(x-1200)$(1차식-직선)

D점 : $M_D = -0.2 \times 600(1200-300) - 100(1200-1200)$

$= -108 \times 10^3$kgf · mm

B점 : $M_B = -0.2 \times 600(2000-300) - 100(2000-1200)$

$= -284 \times 10^3$[kgf · mm]

이상의 계산식을 이용하여 BMD 작성(190p 그림 참고)

07. 그림과 같이 분포하중이 직선적으로 변화하는 외팔보에 대하여 전단력 및 굽힘 모멘트를 계산하고 SFD와 BMD를 작도하시오. 단, 분포하중의 합계는 50[kgf]로 한다(굵은 화살표는 중심에 있어서 분포하중의 합계를 나타낸다).

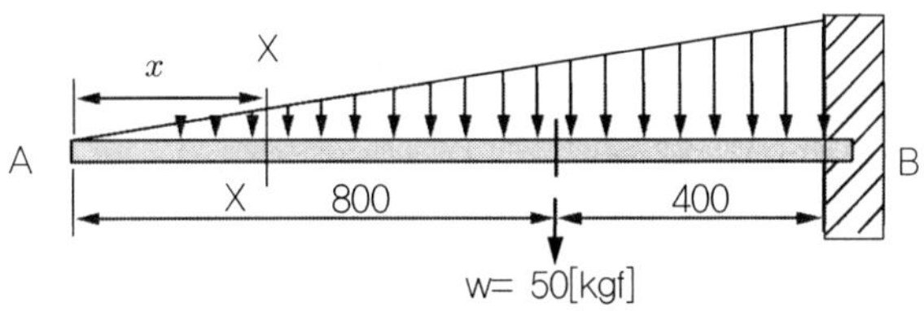

풀이

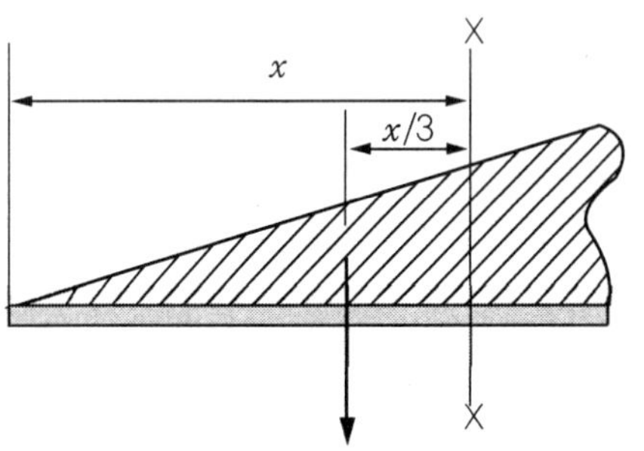

$$V_x = 50\left(\frac{x}{1200}\right)^2$$

$$\hookrightarrow M_x = 50\left(\frac{x}{1200}\right)^2 \cdot \left(\frac{x}{3}\right)$$

(1) 진단력 계산

$V_x : 50 = x^2 : 1200^2$

$$\therefore\ V_x = 50\left(\frac{x}{1200}\right)^2 \text{(포물선)}$$

$$V_A = 0,\quad V_B = 50[\text{kgf}]$$

(2) 굽힘 모멘트 계산

$$\therefore\ M_x = -50\left(\frac{x}{1200}\right)^2 \times \frac{x}{3} \text{(3차식)}$$

$$M_A = 0,\quad M_B = -50 \times \left(\frac{1200}{1200}\right)^2 \times \frac{1200}{3} = -20\times 10^3[\text{kgf}\cdot\text{mm}]$$

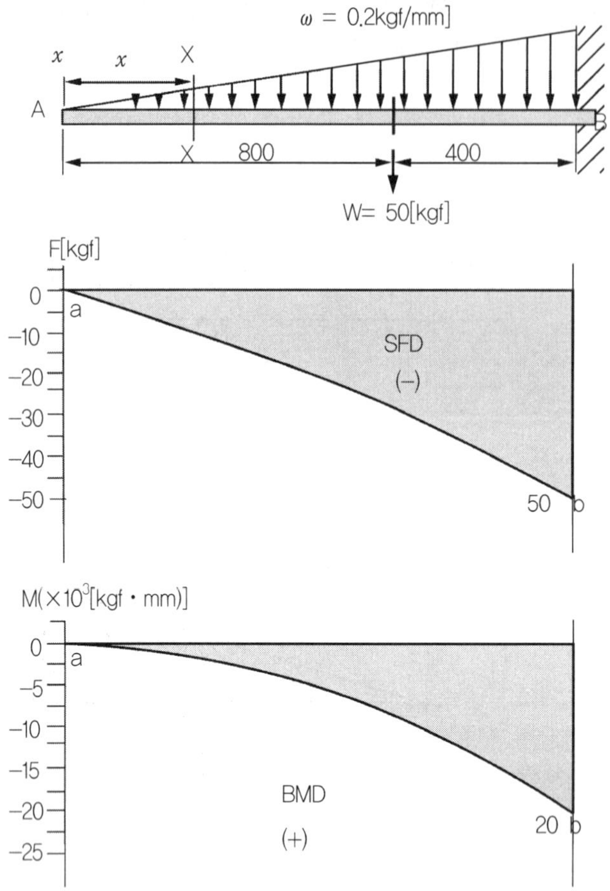

08. 그림과 같이 돌출 보에 등 분포하중이 작용할 때 이 보의 반력 R_A, R_B, 전단력, 굽힘 모멘트를 계산하고 SFD와 BMD를 작도하시오.

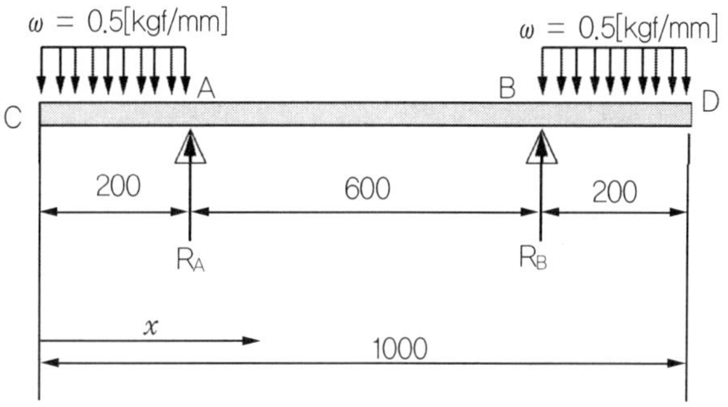

풀이

(1) 반력의 계산

$R_A = R_B = \omega \times 200 = 0.5 \times 200 = 100$[kgf]

(2) 전단력의 계산

C~A구간 : $V_{(C\sim A)} = -\omega x = -0.5x$ (1차식)

C점 : $V_C = 0$

A점 : $V_A = -100$[kgf]

A~B구간 : $V_{(A\sim B)} = -\omega \times 200 + R_A = -0.5 \times 200 + 100 = 0$

B~D 구간 : $V_{(B\sim D)} = R_B - \omega(x-800) = 100 - 0.5(x-800)$

B점 : $V_B = 100$[kgf]

D점 : $V_D = 0$

(3) 굽힘 모멘트 계산

C~A구간 : $M_{(C\sim A)} = -\omega \cdot \dfrac{x^2}{2} = -0.5 \times \dfrac{x^2}{2}$ (2차식)

C점 : $M_C = 0$

A점 : $M_A = -1\times10^4$[kgf·mm]

A~B 구간 : $M_{(A\sim B)} = -\omega \times 200(x-100) + R_A(x-200)$

$= -0.5\times200(x-100) + 100(x-200)$

$= -10000$[kgf·mm] (일정)

B~D구간 (반단면의 우측에서 계산)

$$M_{(B\sim D)} = -\omega \times (1000-x) \times \frac{(1000-x)}{2} = -0.5 \times \frac{(1000-x)^2}{2}$$

(2차식)

B점 : $M_B = -1 \times 10^4$[kgf · mm]

D점 : $M_D = 0$

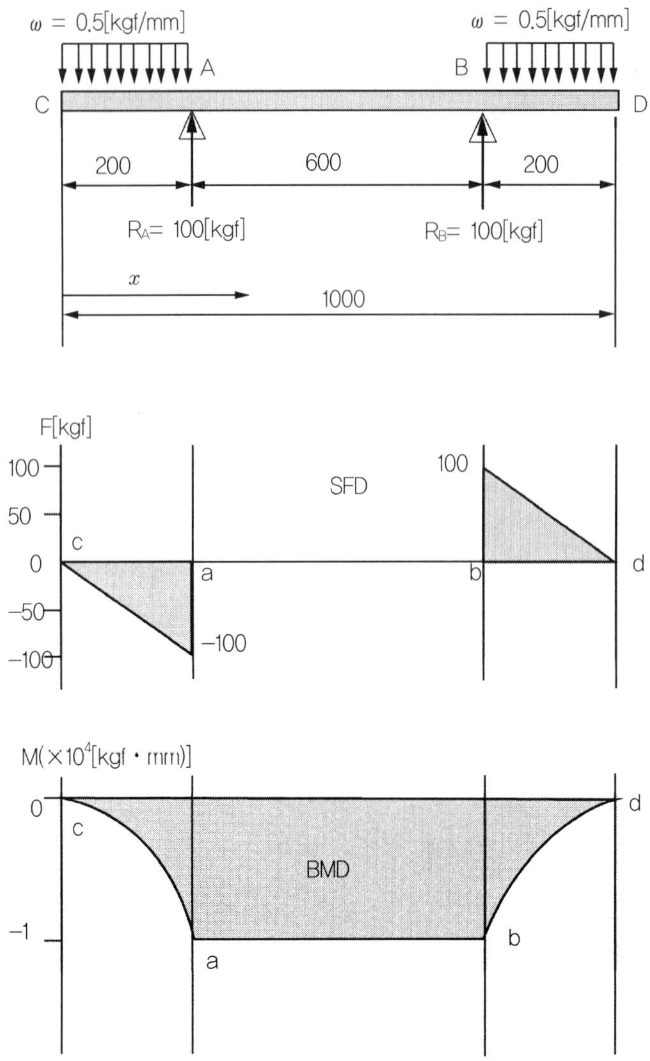

Mechanics of Materials

CHAPTER 05

보의 강도

bow strength

1. 굽힘 응력과 단면계수

1.1. 저항 모멘트

그림 1과 같이 단순보에 굽힘 모멘트 M을 가하면 보는 어느 정도까지는 굽고 더 이상 굽지 않는 평형상태에 놓이게 된다. 여기서 가상단면 좌측부분을 고려해보면, 굽힘 모멘트 M을 받고 있으므로 보가 평형인 것은 이 단면에 M과 크기가 같고 방향이 반대인 굽힘 모멘트 M_r이 발생하고 있다고 생각할 수 있다. M에 저항하기 위하여 가상단면에 발생한 모멘트 M_r을 저항 모멘트라고 한다.

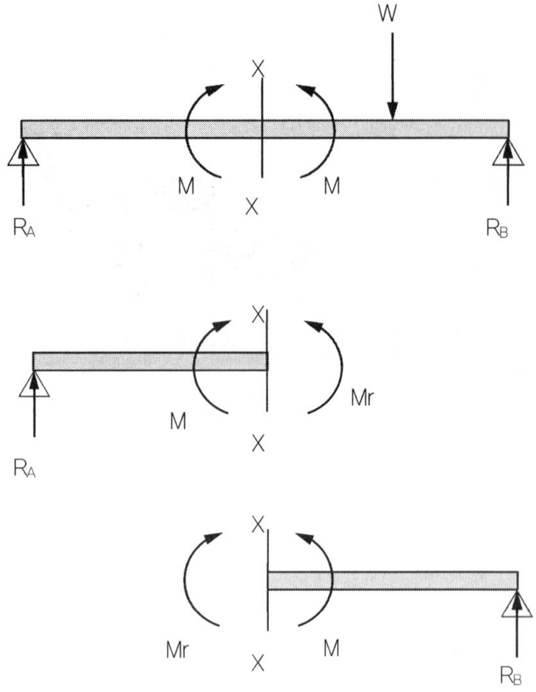

그림 1.

1.2. 굽힘 응력(bending stress)

보의 횡단면에는 전단력에 의한 전단응력이 발생하고, 굽힘 모멘트에 의한 수직응력이 발생한다. 그러나 전단력에 의한 영향은 극히 적으므로 일반적으로 굽힘 모멘트에 의한 수직응력만을 고려하고, 이것을 굽힘 응력(bending stress)이라고 한다.

1.2.1. 굽힘 모멘트에 의한 변형

예제 1과 같이 재료를 굽히는 경우 압축을 받아서 압축되는 측과 인장을 받아서 늘어나는 측과의 사이에 늘어나지도, 줄어들지도 않는 면이 있다. 이면을 중립면(neutral surface)이라고 한다. 중립면이 단면과 교차하는 직선을 중립축(neutral axis)이라 한다(예제 1 그림참조).

예제 Exercise

01. 그림과 같이 지우개를 굽혔을 때 구부러진 부분의 안쪽과 바깥쪽의 변형이 서로 다른 것에 대하여 논하시오.

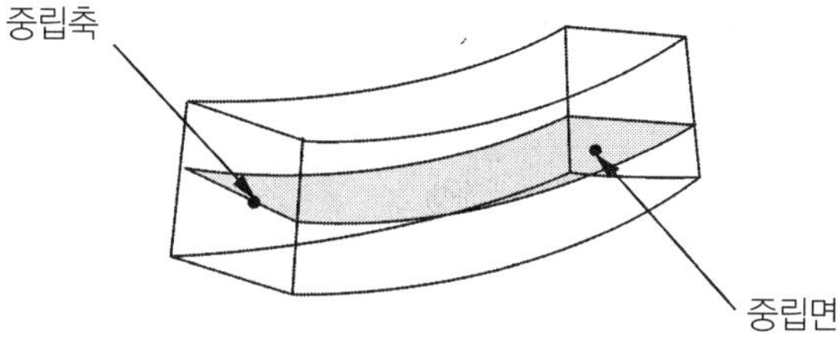

풀이 내측은 압축력을 받아서 압축되고, 외측은 인장력을 받아서 늘어난다.

02. 그림 (a)와 같은 재료를 그림 (b)와 같이 굽혔을 경우에 중립면으로부터 y의 거리에 있는 변형률 ε을 구하여라.

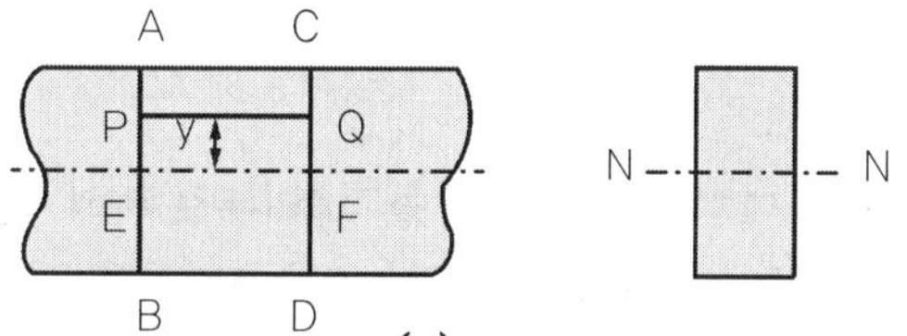

(a)

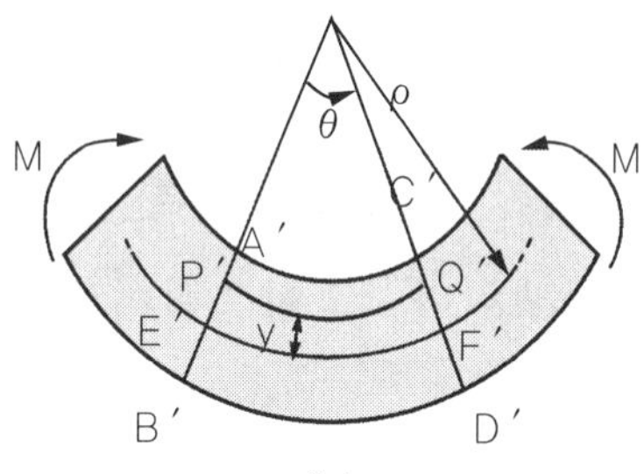

(b)

풀이 변형률은 처음의 길이에 대한 변형량의 비율이다.

$$\epsilon = \frac{\lambda}{l} = \frac{\widehat{P'Q'} - PQ}{EF} = \frac{\widehat{P'Q'} - \widehat{E'F'}}{\widehat{E'F'}} \quad (\because E'F',\ EF\text{는 중립축}) \cdots ①$$

곡률 반경을 ρ로 하면

$$\left.\begin{aligned} \widehat{E'F'} &= \rho\theta \\ \widehat{P'Q'} &= (\rho - y)\theta \end{aligned}\right\} \cdots\cdots\cdots\cdots ②$$

식 ①과 식 ②에서

$$\epsilon = \frac{(\rho - y)\theta - \rho\theta}{\rho} = -\frac{y\theta}{\rho\theta} = -\frac{y}{\rho}$$

$$\epsilon = -\frac{y}{\rho} \cdots\cdots\cdots\cdots (5\text{-}1)$$

즉, 변형률은 중립축과의 거리 y에 비례한다.

1.2.2. 굽힘 응력

예 제 Exercise

03. 예제 01 그림과 같이 재료가 외부로부터 굽힘 모멘트를 받아 굽는 경우에 당연히 재료 내부에는 응력이 발생한다. 굽는 외측 및 내측에 발생하는 응력은 어떤 종류인가 ?

풀이 굽힘의 내측은 압축되어지고 있으므로 압축응력, 외측은 인장되어 지므로 인장응력이 발생한다.

그림 2와 같이 중립축의 내측은 압축응력, 외측은 인장응력이 발생하고 이러한 것에 의하여 저항 모멘트 M_r이 발생한다. 굽힘응력이란 이 두 가지 응력의 총칭이다.

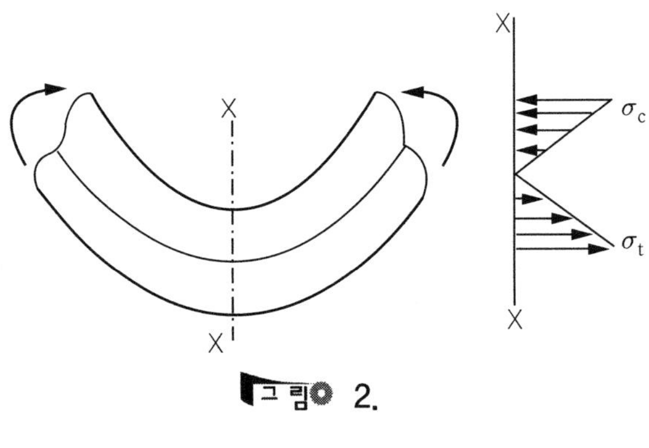

그림 2.

예제 Exercise

04. 중립면으로부터 y의 거리에 있는 응력 σ를 구하시오. 단, 재료의 종 탄성계수를 E로 한다.

풀이 변형률, 응력, 종 탄성계수의 사이에는 $E = \frac{\sigma}{\epsilon}$의 관계가 있다.

chapter 02. 식 (2-6)으로 부터

$$\sigma = \epsilon E$$

여기에 식 (5-1)을 대입하면

$$\sigma = -\frac{y}{\rho}E \quad \cdots\cdots (5\text{-}2)$$

응력은 중립면으로부터의 거리에 비례한다.

05. 예제 2의 그림 및 식 (5-2)로 부터 σ가 최대로 되는 곳은 어디인가?

풀이 σ가 최대로 되는 곳은 식 (5-2)에 의하여 y의 절대치가 최대인 곳, 즉, 표면이다.

1.2.3. 굽힘 응력에 의하여 발생하는 저항 모멘트

예제 Exercise

06. 굽힘 모멘트를 받는 보의 단면(그림)에서 중립면까지 y의 거리에 있는 미소면적 Δa를 취하고 여기에 발생하는 응력을 σ로 할 때 Δa의 면적에 발생하는 전 하중 ΔW와 이 하중에 의하여 발생하는 중립축 주변의 저항 모멘트 ΔM_r을 구하시오.

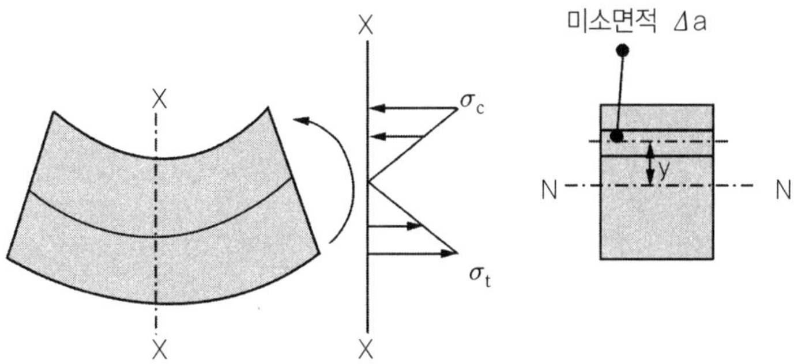

> **풀이** 전 하중 = (응력) × (단면적), 모멘트 = (거리) × (힘)
> Δa의 면적에 발생하는 전 하중 ΔW는
> $\Delta W = \sigma \cdot \Delta a$
>
> ΔW에 의하여 발생하는 중립축 주변의 저항 모멘트 ΔM_r은
> $\Delta M_r = y \cdot \Delta W = y \cdot \sigma \Delta a$

[1] 전 저항모멘트

예제 6에서 구하여진 각 미소면적에 발생하는 전응력 ΔW 에 의한 저항 모멘트 ΔM_r 은 단면 전체에 분포되어 있는 것이므로 전 저항모멘트 M_r이다.

$$\therefore \quad M_r = \Sigma \Delta M_r = \Sigma y \cdot \sigma \Delta a$$

이 식에 식 (5-2)의 $\sigma = -\frac{y}{\rho}E$을 대입하면

$$M_r = -\frac{E}{\rho}\Sigma y^2 \cdot \Delta a$$

이다. 여기서 $\Sigma y^2 \cdot \Delta a$은 단면의 형상에 의하여 일정한 값을 가지므로 이것을 계수로 생각하여 I로 표시하고, I를 단면 2차 모멘트라고 한다.

$$M_r = -\frac{E}{\rho}I$$

저항 모멘트 M_r 은 굽힘 모멘트와 크기가 같으므로

$$M_r + M = 0, \quad M = \frac{E}{\rho}I \quad \cdots\cdots (5-3)$$

이다.

[2] 곡률에 대한 고찰

식 (5-3)에서 알 수 있듯이 일정한 굽힘 모멘트 M에 대하여 EI가 큰 보는 ρ 가 크게되고 굽힘에 약하다. EI가 작은 보는 ρ 가 적고 굽힘에 강하다. EI는 굽힘에 대한 저항을 표시하는 식이기 때문에 굽힘 강도(굽힘 강성계수)라고 한다.

1.3. 단면 2차 모멘트와 단면계수

식 (5-2)의 $\sigma = -\frac{y}{\rho}E$에서 $\frac{E}{\rho} = -\frac{\sigma}{y}$, 이것을 식 (5-3)에 대입하면 $M = -\frac{\sigma}{y}I = -\sigma\frac{I}{y}$로 된다. 여기서 y를 중립축에서 표면까지 취하면, 그림 2와 같이 σ 는 단면중의 최대 굽힘 응력으로 된다. 굽힘 응력 하의 압축응력을 σ_c, 인장응력 σ_t, 중립축에서 표면까지의 거리를 각각 y_c, y_t로 하면

$$M = -\sigma_c\frac{I}{y_c} \quad , \quad M = \sigma_t\frac{I}{y_t}$$

이다. 여기서 y_c, y_t는 단면의 형상에 따라서 일정한 값을 가지므로 $\frac{I}{y_c}$, $\frac{I}{y_t}$도 값이 일정한 계수로 생각할 수 있다. 이것을 Z_c, Z_t로 치환하면 $M = -\sigma_c Z_c$, $M = \sigma_t Z_t$ 이다.

이것을 정리하면

$$M = \sigma Z \quad \cdots\cdots\cdots\cdots \quad (5-4)$$

이다. 여기서 Z는 단면계수이다.

알아두기 ● 중요한 공식의 정리

$I = \Sigma y^2 \Delta a[\text{mm}^4]$

$Z = \frac{I}{y}[\text{mm}^3]$(y는 중립축에서 떨어진 거리(표1 참조))

$M = \sigma Z[\text{kgf}\cdot\text{mm}]$

중공형태의 I, Z는,

$$I = I_2 - I_1 \qquad\qquad Z = \frac{I_2 - I_1}{y}$$

I_1 : 중실 단면의 단면 2차 모멘트. I_2 : 중공부 단면의 단면 2차 모멘트

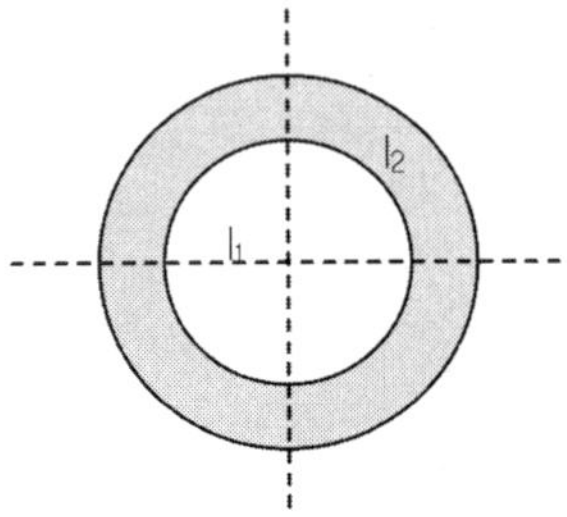

그림 3.

표 1. 각종단면의 A, I, Z의 일례

번호	단 면	A[mm^2]	I[mm^4]	Z[mm^3]
1	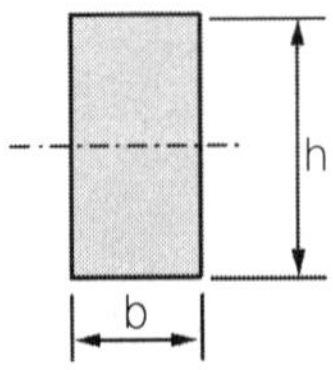	bh	$\frac{1}{12}bh^3$	$\frac{1}{6}bh^2$
2	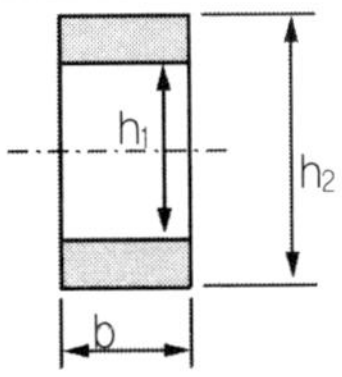	$b(h_2-h_1)$	$\frac{1}{12}b(h_2^3-h_1^3)$	$\frac{1}{6}\cdot\frac{b(h_2^3-h_1^3)}{h_2}$
3	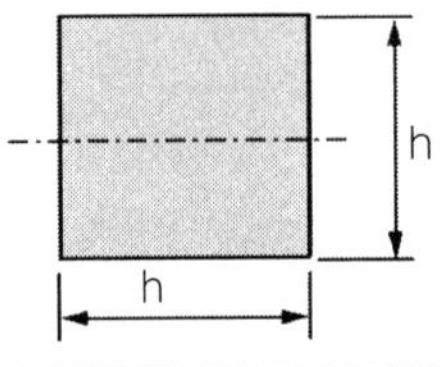	h^2	$\frac{1}{12}h^4$	$\frac{1}{6}h^3$
4	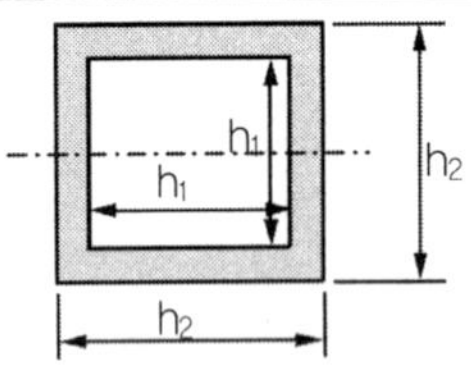	$h_2^2-h_1^2$	$\frac{1}{12}(h_2^4-h_1^4)$	$\frac{1}{6}\cdot\frac{h_2^4-h_1^4}{h_2}$

번호	단 면	A[mm²]	I[mm⁴]	Z[mm³]
5	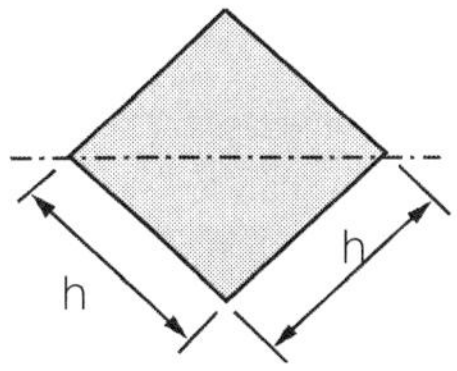	h^2	$\frac{1}{12}h^4$	$\frac{\sqrt{2}}{12}\cdot h^3$
6	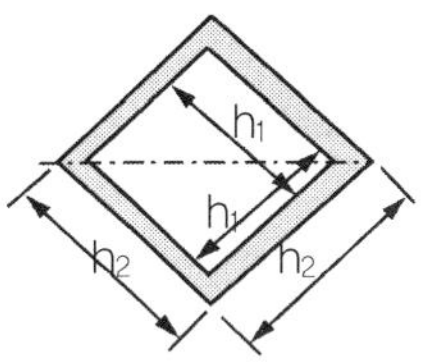	$h_2^2-h_1^2$	$\frac{1}{12}(h_2^4-h_1^4)$	$\frac{\sqrt{2}}{12}\cdot\frac{h_2^4-h_1^4}{h_2}$
7	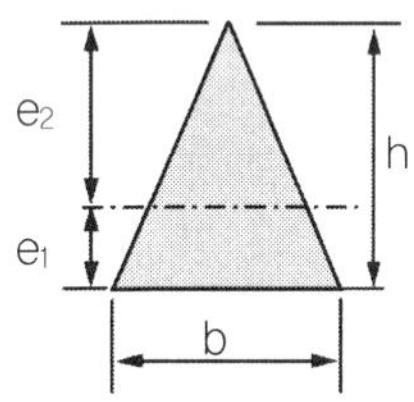	$\frac{1}{2}bh$	$\frac{1}{36}bh^3$	$e_1=\frac{2}{3}h$, $e_2=\frac{1}{3}h$ $Z_1=\frac{1}{24}bh^2$, $Z_2=\frac{1}{12}bh^2$
8	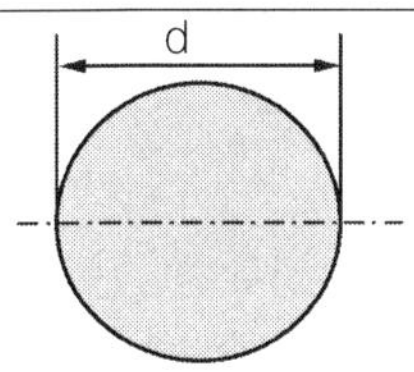	$\frac{\pi}{4}d^2$	$\frac{\pi}{64}d^4$	$\frac{\pi}{32}d^3$
9	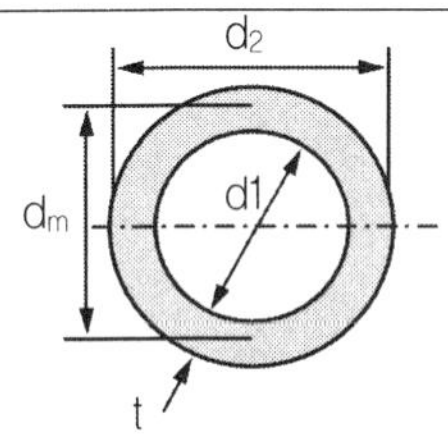	$\frac{\pi}{4}(d_2^2-d_1^2)$	$\frac{\pi}{64}(d_2^4-d_1^4)$	$\frac{\pi}{32}\cdot\frac{d_2^4-d_1^4}{d_2}\fallingdotseq 0.8\cdot d_m^2\cdot t$

예제 Exercise

07. 원형 단면 및 장방형 단면 등의 중립축에 대칭한 단면에 있어서 Z_c , Z_t를 비교하시오.

풀이 $Z_c=\frac{I}{y_c}$, $Z_t=\frac{I}{y_t}$

그러나 중립축에 대칭하는 단면에서는 $y_c=y_t$이므로 $Z_c=Z_t$ 로 된다.

08. 아래 그림의 각 단면의 I와 Z를 구하시오.

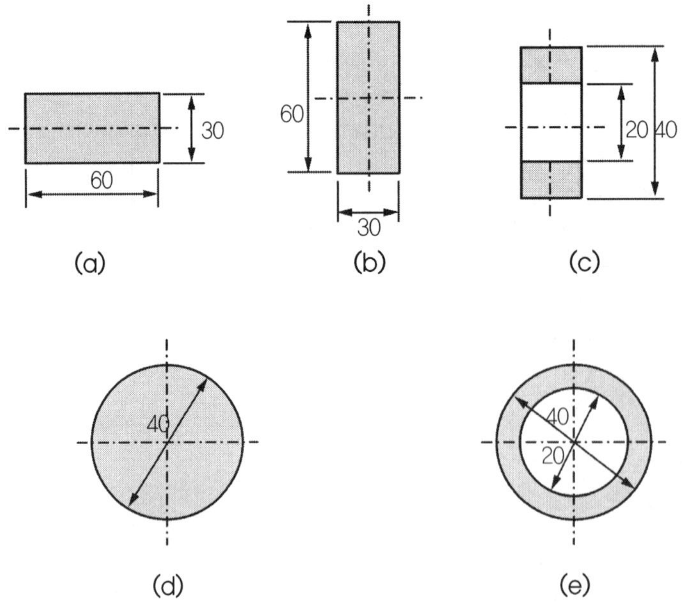

풀이 I의 값은 위 표의 각 식에 수치를 대입하면 된다. 또한 Z의 값도 표의 식에 대입하여 구하여도 되지만 먼저 구한 I를 중립축으로 부터의 거리 y로 나누는 편이 더욱 간단하다.

(a) $I = \frac{1}{12}bh^3 = \frac{1}{12} \times 60 \times 30^3 = 1.35 \times 10^5 [\mathrm{mm}^4]$

$$Z = \frac{I}{y} = \frac{I}{\frac{h}{2}} = \frac{1.35 \times 10^5}{15} = 9 \times 10^3 [\mathrm{mm}^3]$$

(b) $I = \frac{1}{12}bh^3 = \frac{1}{12} \times 30 \times 60^3 = 5.4 \times 10^5 [\mathrm{mm}^4]$

$$Z = \frac{I}{y} = \frac{I}{\frac{h}{2}} = \frac{5.4 \times 10^5}{30} = 1.8 \times 10^4 [\mathrm{mm}^3]$$

(c) $I = I_2 - I_1 = \frac{1}{12}b(h_2^3 - h_1^3) = \frac{1}{12} \times 40(40^3 - 20^3)$

$= 9.33 \times 10^4 [\mathrm{mm}^4]$

$$Z = \frac{I}{y} = \frac{I}{\frac{h}{2}} = \frac{9.33 \times 10^4}{20} = 4.67\times10^3[mm^3]$$

(d) $I = \frac{\pi}{64}d^4 = \frac{\pi}{64}\times40^4 = 1.257\times10^5[mm^4]$

$$Z = \frac{I}{y} = \frac{I}{\frac{d}{2}} = \frac{1.257 \times 10^5}{20} = 6.29\times10^3[mm^3]$$

(e) $I = \frac{\pi}{64}(d_2^4 - d_1^4) = \frac{\pi}{64}\times40(40^4-20^4) = 1.178\times10^5[mm^4]$

$$Z = \frac{I}{y} = \frac{I}{\frac{d_2}{2}} = \frac{1.178 \times 10^5}{20} = 6.89\times10^3[mm^3]$$

알아두기 — 단면의 방향에 따라서 달라지는 단면계수

단면계수는 동일한 단면일지라도 세로 또는 가로방향의 경우에서는 그 값이 달라진다. 보의 사용에 있어서 단면계수 Z가 크게 되는 방향으로 사용하면 보는 더욱 강해진다.

예제 Exercise

09. 아래 그림에 있어서 단면적이 일정한 경우 그림 (a)와 (b)의 강도는 어떠한가? 단, 그림 (a)의 직경 d_1과 (b)의 직경 d_1은 같다.

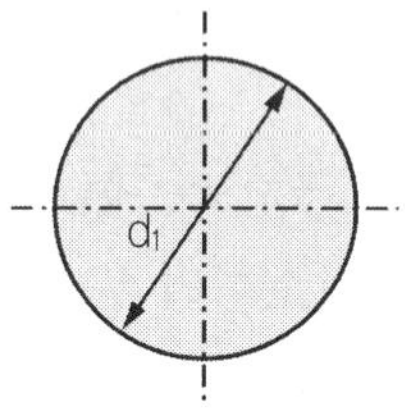

(a)

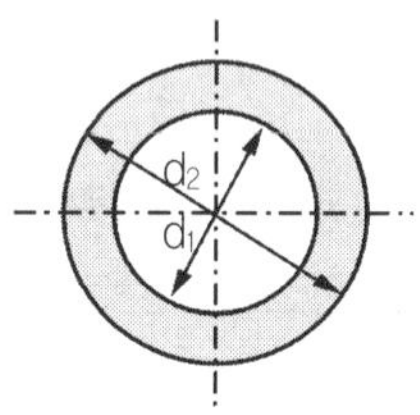

(b)

풀이 $\sigma = \frac{M}{Z}$이므로 Z를 비교해보면 된다.

단면적이 같으므로

$$\frac{\pi}{4}d_1^2 = \frac{\pi}{4}(d_2^2 - d_1^2)$$

$$d_1^2 = d_2^2 - d_1^2 \qquad \therefore\ d_2 = \sqrt{2d_1^2}$$

그림 (a)의 단면계수 Z_a는

$$Z_a = \frac{\pi}{32} d_1^3$$

그림 (b)의 단면계수

$$Z_b = \frac{\pi}{32} \cdot \frac{d_2^4 - d_1^4}{d_2} = \frac{\pi}{32} \cdot \frac{(\sqrt{2d_1^2})^4 - d_1^4}{\sqrt{2d_1^2}}$$

$$= \frac{\pi}{32} \cdot \frac{4d_1^4 - d_1^4}{\sqrt{2d_1^2}}$$

$$= \frac{\pi}{32} \cdot \frac{3d_1^3}{\sqrt{2}}$$

$$Z_b : Z_a = \frac{\pi}{32} \cdot \frac{3d_1^3}{\sqrt{2}} : \frac{\pi}{32} d_1^3 = \frac{3}{\sqrt{2}} : 1$$

그림 (b)의 쪽이 그림 (a)보다 $\frac{3}{\sqrt{2}}$배 강하다.

그러므로 동일 중량의 원형 보를 사용할 경우, 중공 단면의 보가 중실 단면의 보쪽보다 강도 상으로 더 유리하다.

10. 허용 굽힘응력 6[kgf/mm²]인 보가 120000[kgf · mm]의 최대 굽힘 모멘트를 받고 있을 때 필요한 최소한의 단면계수는 얼마인가 ?

풀이 $M = \sigma Z$ 에서 Z를 구하면 된다. 단, 이때의 σ는 허용응력으로 한다.

$$M = \sigma Z$$

$$\therefore Z = \frac{M}{\sigma} = \frac{120000}{6} = 20000[\text{mm}^3]$$

11. 다음 그림과 같은 양단지지 보의 단면을 15[mm] × 30[mm]의 장방형으로 하면 최대 응력은 얼마인가 ?

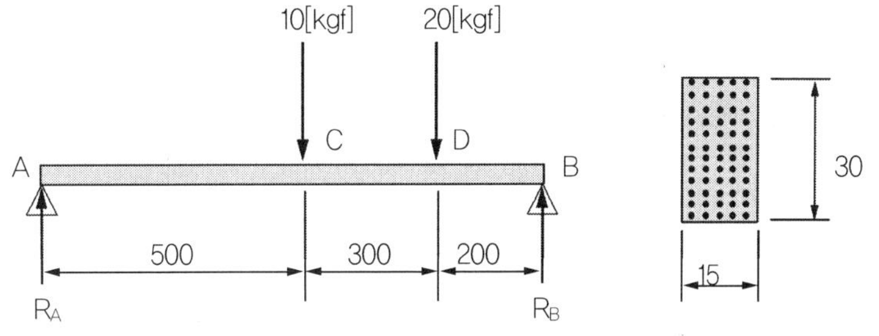

풀이 우선 최대 굽힘 모멘트 $M = M_{\max}$을 구하고 다음에 이 보의 단면형상으로 부터 Z를 계산하고 $M = \sigma Z$에서 σ를 계산하면 된다.

(1) 반력의 계산

$\Sigma F = 0$; $R_a + R_B - 10 - 20 = 0$

$\Sigma M_A = 0$; $-R_A \cdot 1000 + 10 \times 500 + 20 \times 200 = 0$

$$R_A = \frac{20 \times 200 + 10(200 + 300)}{1000} = 9[\text{kgf}]$$

$R_B = 10 + 20 - 9 = 21[\text{kgf}]$

(2) 굽힘 모멘트의 계산

집중하중만 있으므로, 각 하중점의 굽힘 모멘트 값을 구한다.

$M_A = 0$

$M_C = R_A \times 500 = 9 \times 500 = 4500[\text{kgf} \cdot \text{mm}]$

$M_D = R_B \times 200 = 21 \times 200 = 4200[\text{kgf} \cdot \text{mm}]$

$M_B = 0$

$\therefore M_{\max} = M_C = 4500[\text{kgf} \cdot \text{mm}]$

(3) 단면계수 Z

$$Z = \frac{bh^2}{6} = \frac{15 \times 30^2}{6} = 2250[\text{mm}^3]$$

(4) 최대 굽힘응력 σ

$$\sigma = \frac{M}{Z} = \frac{4500}{2250} = 2[\text{kgf/mm}^2]$$

12. 그림과 같은 단면의 외팔보에서 허용응력을 8[kgf/mm²]로 할 때 자유단에 가할 수 있는 허용하중은 얼마인가 ?

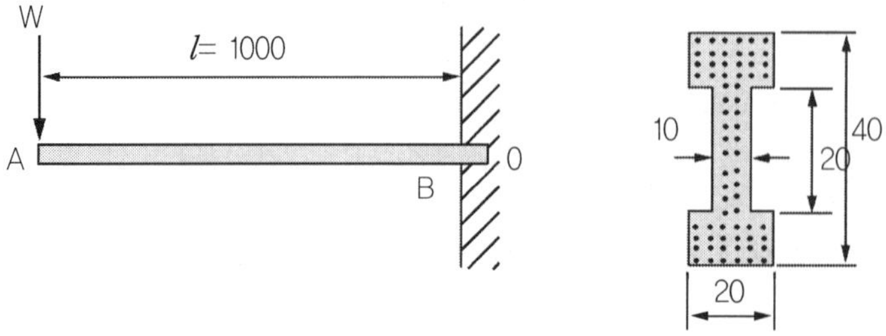

풀이 우선 외팔보의 최대 굽힘 모멘트를 구한다. 이 경우의 최대 굽힘 모멘트는 $M_{max} = Wl$ 이다. 그리고 단면형상에 의하여 Z를 구하고 다음에 $M = \sigma Z$에서 M을 구한 후, 이 식에 의하여 W를 유도하면 된다.

(1) Z의 계산

우선 I를 구하면

$$I_2 = \frac{1}{12} \times 20 \times 40^3, \quad I_1 = \frac{1}{12} \times 10 \times 20^3$$

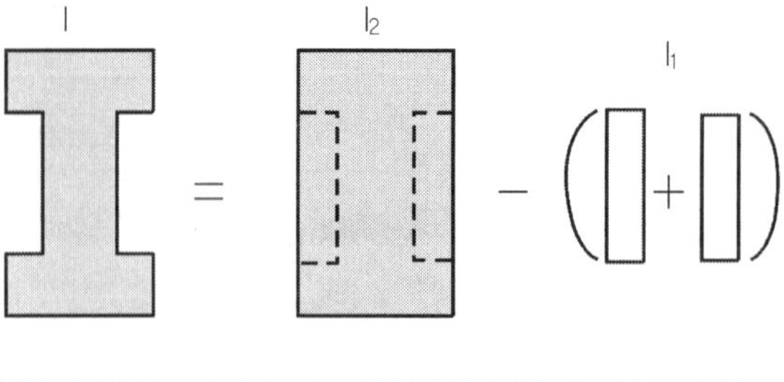

$$I = I_2 - I_1 = \frac{1}{12}(20 \times 40^3 - 10 \times 20^3) = 10^5[mm^4]$$

$$Z = \frac{I}{y} = \frac{10^5}{20} = 5 \times 10^3[mm^3]$$

(2) 굽힘 모멘트의 계산

$$M = \sigma Z = 8 \times 5 \times 10^3 = 4 \times 10^4[kgf \cdot mm]$$

(3) W의 산출

$$W = \frac{M}{l} = \frac{4 \times 10^4}{1000} = 40[kgf]$$

2. 보의 강도

2.1. 굽힘 모멘트를 받는 보의 강도 결정

일반적으로 보의 단면에 작용하는 굽힘 모멘트의 크기는 보의 전 길이에 대하여 일정하지 않다. 따라서 보의 최대 굽힘 모멘트를 받는 단면에서 최대 굽힘응력이 발생하고, 이 단면이 가장 위험하다. 그래서 이 단면을 위험단면이라고 한다. 위험단면에서부터 보는 파괴가 시작될 것이고, 만약 이 위험단면에 발생하는 최대 굽힘응력이 허용 응력을 넘지 않는다면 보는 안전하다. 길이가 짧은 보 이외의 경우에서는 전단력을 고려할 필요는 없다.

2.2. 보의 단면치수의 결정방법

최대 굽힘 모멘트를 M, 허용응력을 σ_b라하면 $M = \sigma_b Z$, $Z = \frac{M}{\sigma_b}$로 되고, 여기서 구하여지는 Z가 되도록 단면의 치수를 결정하면 된다.

예제 Exercise

13. 지금 어떤 보에 대하여 필요한 단면계수를 구한 것이 36000[mm^3]이다. 다음의 각 단면의 치수를 결정하시오.

(1) 정방형 단면으로 한 경우의 한변의 길이

(2) 원형 단면으로 가정한 경우의 직경

(3) 가로가 30[mm]의 장방향으로 가정한 경우의 세로의 길이

풀이 위 표를 참조할 것

(1) 정방형 단면에서

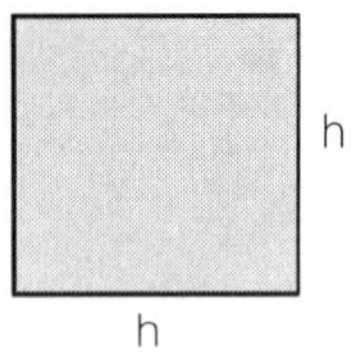

$$Z = \frac{h^3}{6}$$

$$\therefore\ h = \sqrt[3]{6Z} = \sqrt[3]{6 \times 36000} = 60[\text{mm}]$$

(2) 원형단면에서

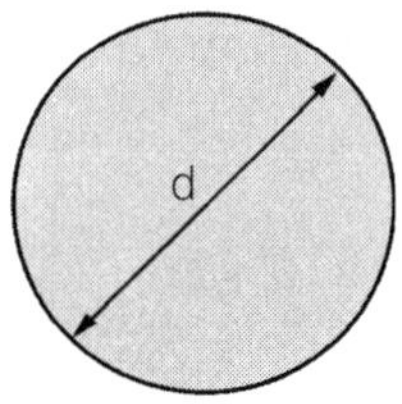

$$Z = \frac{\pi}{32} d^3$$

$$\therefore\ d = \sqrt[3]{\frac{32Z}{\pi}} = \sqrt[3]{\frac{32 \times 36000}{\pi}} = 71.6[\text{mm}]$$

(3) 장방형 단면에서

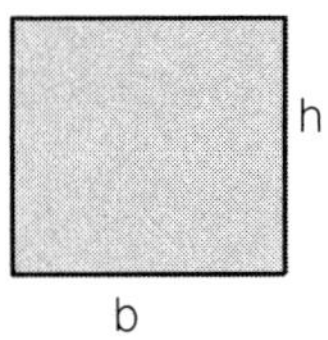

$$Z = \frac{bh^2}{6}$$

$$\therefore\ h = \sqrt{\frac{6Z}{b}} = \sqrt{\frac{6 \times 36 \times 10^3}{30}} = 84.9[\text{mm}]$$

14. 다음 그림과 같이 외팔보에 등 분포하중이 가하여질 때 보의 허용응력을 8[kgf/mm^2]으로 하면 등 분포하중을 얼마까지 줄 수 있는가 ?

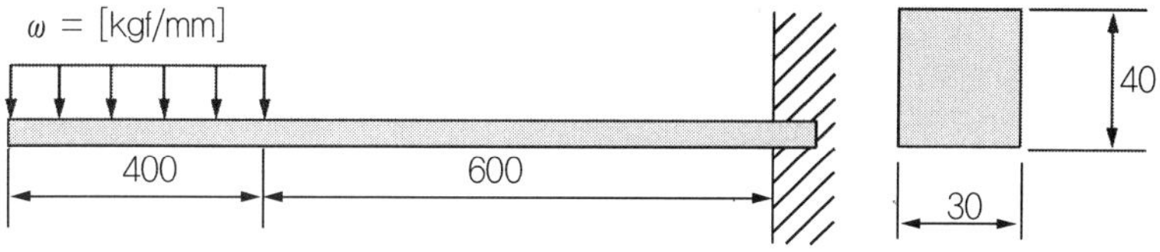

풀이 우선 등 분포하중 w[kgf/mm]로서 고정단에 발생하는 최대 굽힘 모멘트의 식을 만들고 다음에 σ와 Z에 의하여 이 보에 허용되는 굽힘 모멘트를 구하고, 먼저 구한 최대 굽힘 모멘트가 $M = \sigma Z$와 같아지도록 w를 결정하면 된다.

고정단에 발생하는 최대 굽힘 모멘트 M은

$$M = w \times 400\left(1000 - \frac{400}{2}\right) = 3.2 \times 10^5 w \cdots\cdots\cdots\cdots\cdots\cdots \text{①}$$

단면계수 Z는

$$Z = \frac{bh^2}{6} = \frac{30 \times 40^2}{6} = 8 \times 10^3[\text{mm}^3] \cdots\cdots\cdots\cdots\cdots\cdots \text{②}$$

다음에 M은

$$M = \sigma Z = 8 \times 8 \times 10^3 = 6.4 \times 10^4[\text{kgf}\cdot\text{mm}] \cdots\cdots\cdots\cdots\cdots\cdots \text{③}$$

식 ①과 식 ③에 의하여

$$3.2 \times 10^5 w = 6.4 \times 10^4$$

$$\therefore\ w = 0.2[\text{kgf/mm}]$$

15. 그림에 있어서 보의 단면을 원형으로 하면 보의 직경은 얼마인가? 단, 허용응력은 8[kgf/mm^2]이다.

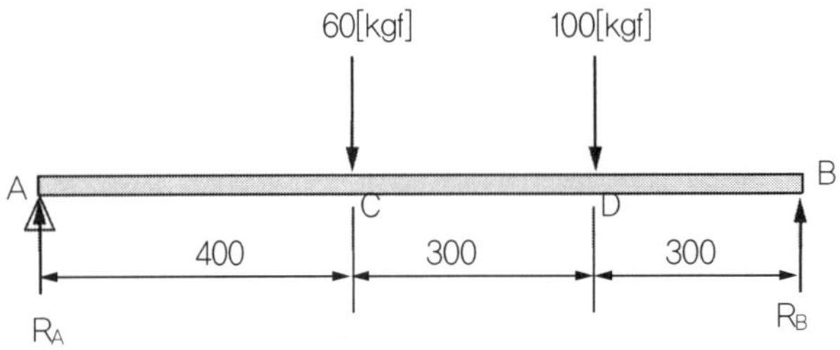

풀이 우선 최대 굽힘 모멘트를 구하고, 다음에 $M=\sigma Z$에 의하여 Z를 산출하고, $Z=\frac{\pi d^3}{32}$이 성립되도록 원형단면의 직경을 결정하면 된다.

(1) 반력의 계산

$\Sigma F=0$, $\Sigma M=0$에 의하여

$$R_A=\frac{100\times 300+60(300+300)}{1000}=66[\text{kgf}]$$

$$R_B=60+100-R_A=60+100-R_A=160-66=94[\text{kgf}]$$

(2) 굽힘 모멘트의 계산

$$M_A=0$$

$$M_C=R_A\times 400=66\times 400=26400[\text{kgf}\cdot\text{mm}]$$

$$M_D=R_B\times 300=94\times 300=28200[\text{kgf}\cdot\text{mm}]$$

$$M_B=0$$

최대 굽힘 모멘트 $M_{\max}=28200[\text{kgf}\cdot\text{mm}]$

(3) 치수의 결정

$$M=\sigma Z$$

$$\therefore\ Z = \frac{M}{\sigma} = \frac{28200}{8} = 3530[\text{mm}^3]$$

원형단면의 단면계수 $Z = \frac{\pi d^3}{32}$

$$\therefore\ d = \sqrt[3]{\frac{32Z}{\pi}} = \sqrt[3]{\frac{32 \times 3530}{\pi}} = 33[\text{mm}]$$

3. 보의 처짐

3.1. 왜 처짐을 고려하는가 ?

하중을 받는 보 속의 응력을 해석하는 방법은 설계의 관점에서 강도설계를 위한 해석이다. 그러나 실제 설계에 있어서는 처짐을 고려한 설계가 응력을 고려한 설계 못지않게 중요할 때가 있다. 공작기계의 주축은 절삭력에 의한 횡하중에 따른 처짐이 과대할 경우, 큰 문제가 발생하고 기기의 파손에 이르게 된다.

그러므로 보의 단면치수를 결정하는 경우에 강도뿐만 아니라 변형도 어떤 범위 내로 제한할 필요가 있으며, 변형의 관점에서도 보의 단면치수를 구해 볼 필요가 있다. 그리고 이 장에서 취급하는 보의 처짐은 전단력의 영향을 무시한 굽힘 모멘트에만 관계되는 처짐을 대상으로 할 것이고, 아주 작은 소변형의 탄성보를 대상으로 할 것이다.

3.2. 처짐 방정식

3.2.1. 모멘트 - 곡률의 관계

chapter 05. 1에서 선형 대칭보가 순수 굽힘을 받을 때 중립축의 곡률은 식 (5-3)과 같은 관계가 있음을 공부하였다.

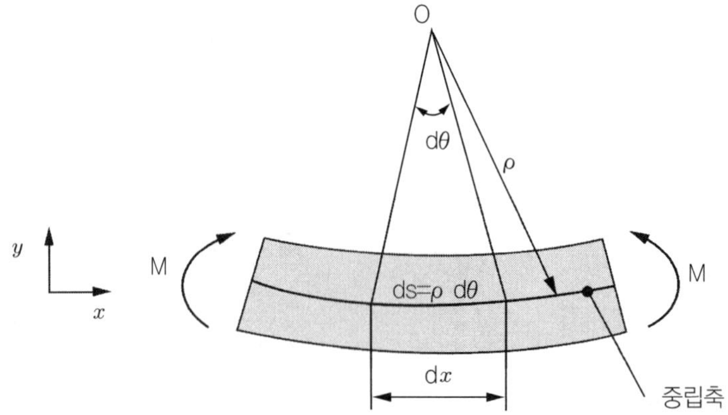

그림 4.

식 (5-3)을 곡률의 식으로 다시 표현하면 식 (5-5)와 같다.

$$\frac{1}{\rho} = \frac{d\theta}{ds} = \frac{M}{EI} \quad \cdots\cdots (5-5)$$

3.2.2. 곡률 - 처짐의 관계

그림 5의 x위치에서 처짐량은 δ이고, 미소위치 dx의 변화에 대한 미소처짐 변화 dy사이의 관계는 그림 5(b)에 확대하여 표시하였다. 그림 (b)에서 간단히 다음의 관계를 생각할 수 있다.

$$\tan\theta = \frac{dy}{dx} \quad \cdots\cdots (5-6)$$

식 (5-6)에서 $\frac{d\theta}{ds}$를 유도하기 위해서 양변을 호의 길이 S에 관해서 미분하여 정리하면 식 (5-7)과 같이 표현된다.

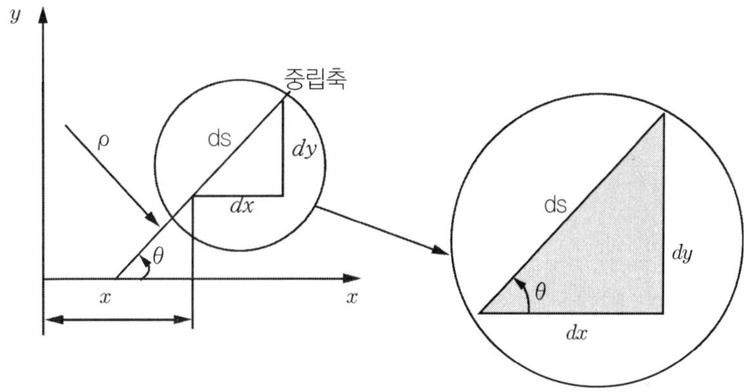

(a) (b)

그림 5.

$$\sec^2\frac{d\theta}{ds} = \frac{d^2y}{dx^2}\cdot\frac{dx}{ds} \quad \cdots\cdots (5-7)$$

$$\frac{d\theta}{ds} = \frac{1}{\sec^2\theta}\cdot\frac{d^2y}{dx^2}\cdot\frac{dx}{ds}$$

그림 5(b)에서

$$ds = \sqrt{dx^2+dy^2} = dx\cdot\sqrt{1+(\frac{dy}{dx})^2}$$

이므로 $\frac{dx}{ds}$는 식 (5-8)과 같이 표현할 수 있다.

$$\frac{dx}{ds} = \frac{dx}{\sqrt{dx^2+dy^2}} = \frac{1}{\sqrt{1+(\frac{dy}{dx})^2}} \quad \cdots\cdots (5-8)$$

삼각함수의 공식에서

$$\sec^2\theta = 1+\tan^2\theta = 1+(\frac{dy}{dx})^2 \quad \cdots\cdots (5-9)$$

이다. 식 (5-7), (5-8), (5-9)을 식 (5-5)에 대입하면

$$\frac{1}{\rho} = \frac{d\theta}{ds} = \frac{1}{[1+(\frac{dy}{dx})^2]} \cdot \frac{d^2y}{dx^2} \cdot \frac{1}{[1+(\frac{dy}{dx})^2]^{\frac{1}{2}}}$$

$$= \frac{\frac{d^2y}{dx^2}}{[1+(\frac{dy}{dx})^2]^{\frac{3}{2}}} \quad \cdots\cdots (5-10)$$

이다.

재료역학에서 취급하는 보의 처짐 곡선의 기울기는 일반적으로 1에 비하여 극히 미소한 것이므로 식 (5-10)에서 2차항 $(\frac{dy}{dx})^2$을 무시하면 식 (5-11)과 같이 된다.

$$\frac{1}{\rho} = \frac{d^2y}{dx^2} \quad \cdots\cdots (5-11)$$

식 (5-11)과 식 (5-5)를 결합하면 식 (5-12)가 된다.

$$\frac{d^2y}{dx^2} = \frac{M}{EI} \quad \cdots\cdots (5-12)$$

그런데 그림 6과 같이 부호규약에 대하여 생각하면 $\frac{d^2y}{dx^2}$의 부호는 M의 부호와 항상 반대가 됨을 알 수 있다. 따라서 식 (5-12)는 식 (5-13)과 같이 표현된다.

$$\frac{d^2y}{dx^2} = -\frac{M}{EI} \quad \cdots\cdots (5-13)$$

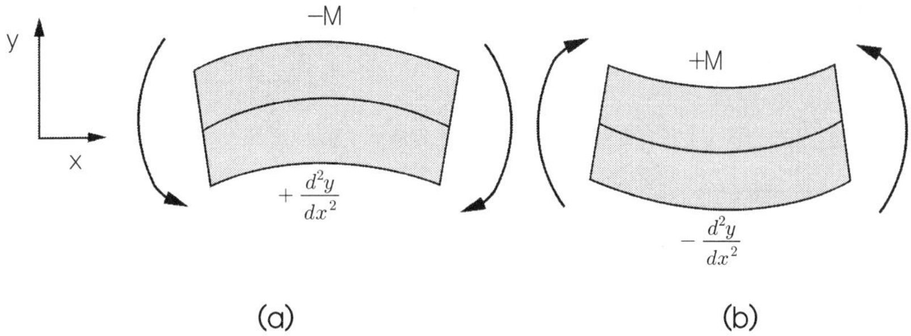

그림 6.

식 (5-13)을 대칭면내에서 굽힘작용을 받는 보의 탄성곡선의 미분방정식이라 하고, 식 (5-13)을 적분하여 여러 가지 보의 처짐각 및 처짐량을 구할 수 있다.

3.3. 여러 가지 보의 처짐량과 처짐각

그림 7에 있어서 곡선 A'B를 탄성곡선, δ를 자유단에서 부터 x의 점에 있어서의 처짐량, i 를 자유단에서 부터 x점의 처짐각이라고 한다.

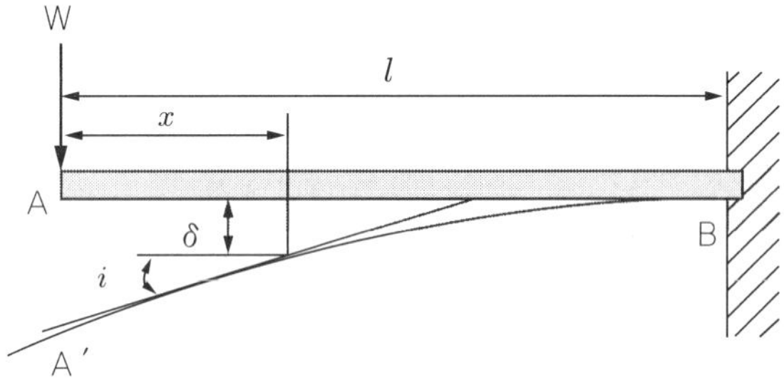

그림 7.

식 (5-13)에 의해서 최대 처짐량 δ_{max}, 최대 처짐각 i_{max}는 일반적으로 다음의 식으로 표시된다.

$$\delta_{max} = \beta\frac{Wl^3}{EI} \quad \cdots\cdots (5-14)$$

$$i_{max} = \alpha\frac{Wl^2}{EI} \quad \cdots\cdots (5-15)$$

표 2. 보의 최대 처짐각과 처짐량 위치의 예

보의 종류	α	i_{max}의 위치	β	δ_{max}의 위치
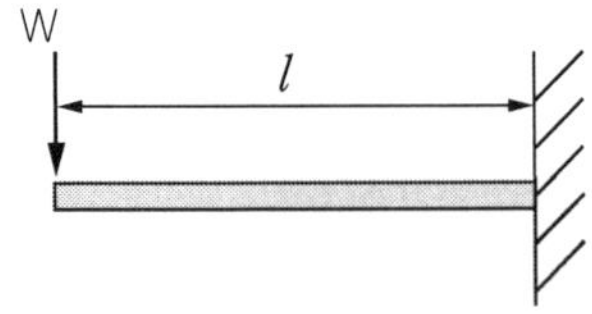	1/2	자유단	1/3	자유단
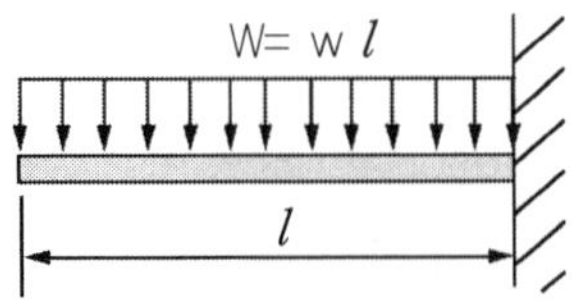	1/6	자유단	1/8	자유단
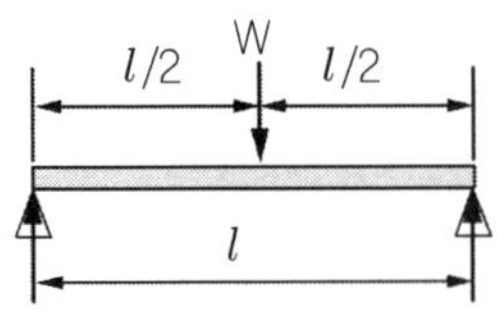	1/16	양단	1/48	중앙
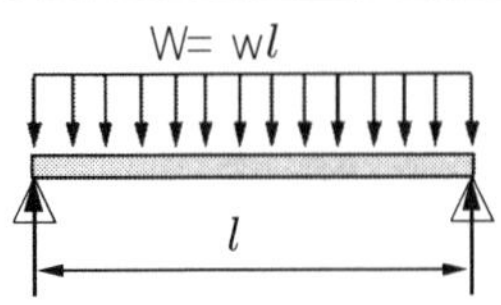	1/24	양단	5/385	중앙
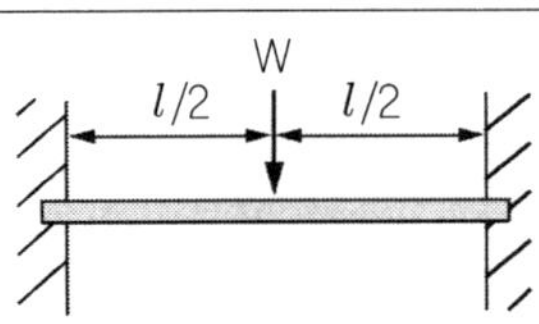	1/64	양단에서 1/4의 곳	1/192	중앙
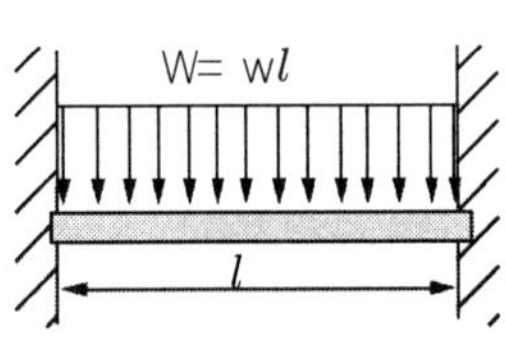	$\frac{\sqrt{3}}{216}$	양단에서 $0.211l$	1/384	

16. 그림에서 최대 처짐각 i_{max}에서 최대 처짐량 δ_{max}를 구하여라. 단, $E = 2\times10^4$[kgf/mm²]이다.

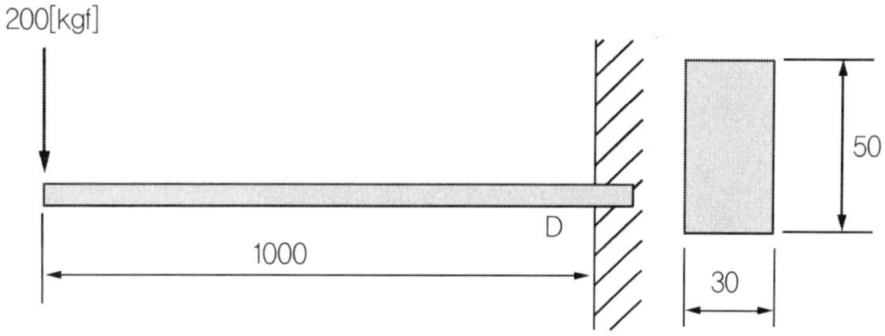

풀이 표 2로 부터 계수 α및 β의 값을 찾아 식 (5-14), 식 (5-15)에 대입하여 구한다.

표로부터 $\alpha = \frac{1}{2}$, $\beta = \frac{1}{3}$

단면 2차 모멘트 I는

$$I = \frac{bh^3}{12} = \frac{30 \times 50^3}{12} = 3.125\times10^5[\mathrm{mm}^4]$$

$$i_{max} = \alpha\frac{Wl^2}{EI} = \frac{1}{2}\cdot\frac{200 \times 1000^2}{2 \times 10^4 \times 3.125 \times 10^5} = 0.016[\mathrm{rad}]$$

$$\delta_{max} = \beta\frac{Wl^3}{EI} = \frac{1}{3}\cdot\frac{200 \times 1000^3}{2 \times 10^4 \times 3.125 \times 10^5} = 10.67[\mathrm{mm}]$$

17. 아래 그림에 있어서 자유단에서 발생하는 처짐량 δ를 구하시오. 단, $E = 2 \times 10^4$[kgf/mm²]이다.

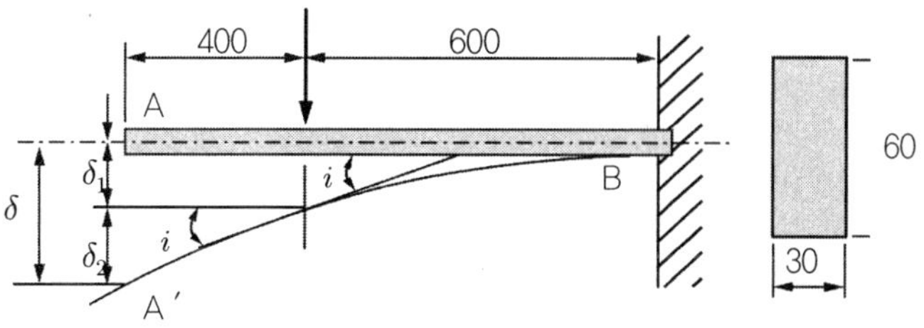

풀이 $\delta = \delta_1 + \delta_2, \quad \delta_2 = i \times 400$($i$ 는 매우 작은 각도이므로)

외팔보의 전장을 l, 고정단에서 하중점까지의 길이를 l_1 이라 하면

$$\delta_1 = \beta \frac{Wl_1^3}{EI} = \frac{1}{3} \cdot \frac{Wl_1^3}{EI}$$

하중점에 있어서의 처짐각은

$$i = \alpha \frac{Wl_1^2}{EI} = \frac{1}{2} \cdot \frac{Wl_1^2}{EI}$$

$$\delta_2 = i(l - l_1) = \frac{1}{2} \cdot \frac{Wl_1^2}{EI}(l - l_1)$$

$$\therefore \delta = \delta_1 + \delta_2 = \frac{1}{3} \cdot \frac{Wl_1^3}{EI} + \frac{1}{2} \cdot \frac{Wl_1^2}{EI}(l - l_1)$$

$$= \frac{Wl_1^2}{6EI}(3l - l_1) \quad \cdots\cdots \text{①}$$

단면 2차 모멘트 I는

$$I = \frac{bh^3}{12} = \frac{30 \times 60^3}{12} = 5.4 \times 10^5 [\text{mm}^4]$$

식 ①에 각각의 수치를 대입하면

$$\delta = \frac{500 \times 600^2}{6 \times 2 \times 10^4 \times 5.4 \times 10^5}(3 \times 1000 - 600) = 6.67[\text{mm}]$$

18. 그림에 있어서 δ_{max}를 구하시오. 단, E = 2×10^4[kgf/mm^2]이다.

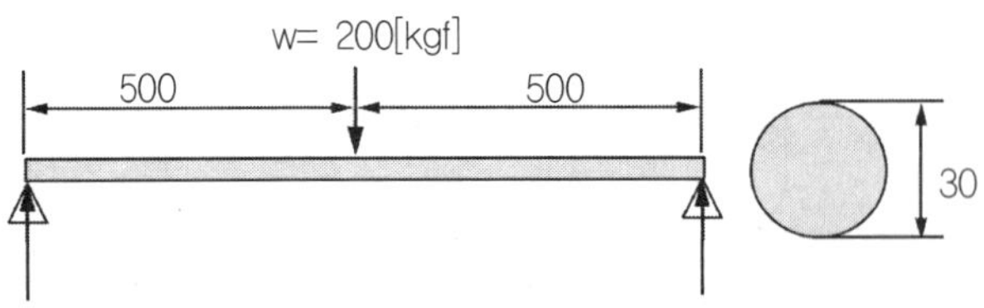

풀이 위 표를 참조할 것

단면 2차 모멘트는

$$I = \frac{\pi}{64}d^4 = \frac{\pi \times 30^4}{64} = 3.98 \times 10^4 [\text{mm}^4]$$

$$\delta = \beta \frac{Wl^3}{EI} = \frac{1}{48} \cdot \frac{Wl^3}{EI} = \frac{1}{48} \cdot \frac{200 \times 1000^3}{2 \times 10^4 \times 3.98 \times 10^4}$$

$$= 5.23[\text{mm}]$$

19. 그림과 같은 스팬 1000[mm]의 양단지지 보의 최대 처짐량을 5[mm]로 고정시키기 위해서는 등 분포하중의 한계를 얼마로 하면 되는가? 단, E = 2 × 10^4[kgf/mm^2]이다.

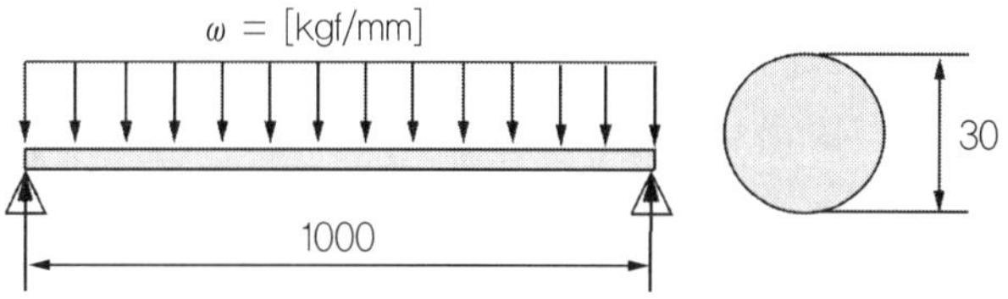

풀이 표에서 β를 구하고 식 (5-14)에 대입하여 w를 구하면 된다.

$$I = \frac{\pi}{64}d^4 = \frac{\pi \times 30^4}{64} = 3.98 \times 10^4$$

$$\delta = \beta \frac{Wl^3}{EI} = \frac{5}{385} \cdot \frac{w\,l \times l^3}{EI} \cdots\cdots\cdots\cdots ①$$

식 ①에 수치를 대입하면

$$5 = \frac{1}{385} \cdot \frac{w \times 1000^4}{2 \times 10^4 \times 3.98 \times 10^4}$$

$$w = \frac{5 \times 384 \times 2 \times 10^4 \times 3.98}{5 \times 1000^4} = 0.306[\text{kgf/mm}]$$

3.4. 면적 모멘트법

탄성곡선의 미분방정식을 적분하여 보의 기울기와 처짐량을 구할 수 있으나, 보의 한 점에서의 처짐량을 구할 경우는 처짐곡선의 일반식보다는 면적 모멘트법이 간편하고 편리하게 사용될 수 있다. 그러나 이 방법을 사용하기 위해서는 제1면적 모멘트 정리와 제2면적 모멘트 정리를 완전히 이해하여야 한다.

그림 8은 굽힘 모멘트가 작용하는 탄성곡선 AB사이의 굽힘 모멘트 선도를 도시한 것이다. 탄성곡선에서 임의의 한 요소 ds를 택하여 그 양단에서 탄성곡선에 접하는 두 접선을 긋고, 그 사이의 각을 $d\theta$라 하면 식 (5-10)과 식 (5-11)에 의해서 다음과 같은 관계를 얻는다.

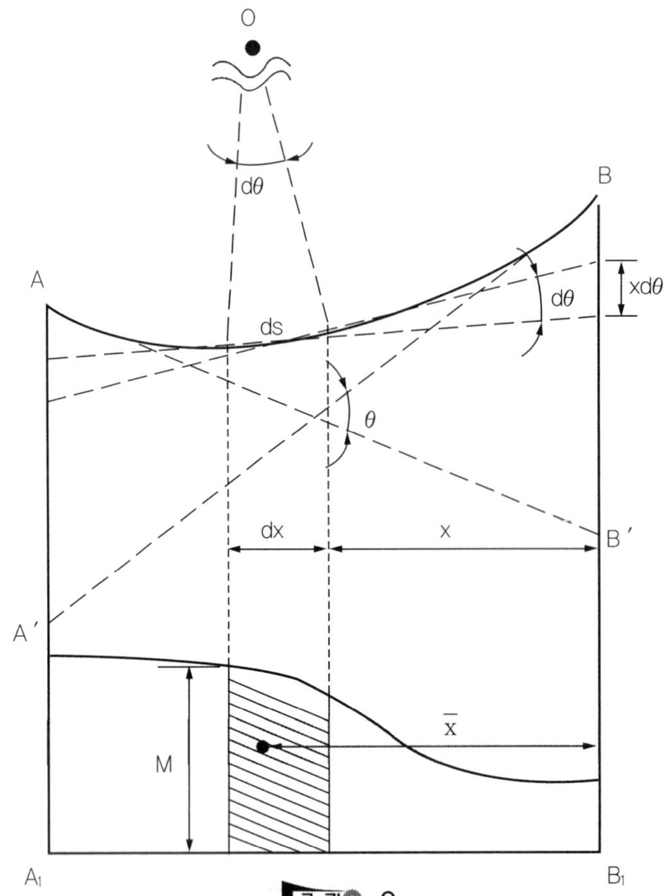

그림 8.

$$\frac{d\theta}{ds} = \frac{M}{EI} \quad \cdots\cdots (5-16)$$

탄성곡선은 재료의 탄성영역 내에서만 변화한다고 가정($ds \cong dx$)하면 식(5-16)은 식 (5-17)과 같이 표시된다.

$$d\theta = \frac{Mdx}{EI} \quad \cdots\cdots (5-17)$$

식 (5-17)에 의해서 탄성곡선의 미소길이 ds의 양쪽 끝에서 그은 두 접선사이의 미소각 $d\theta$는 미소길이에 대한 굽힘 모멘트 선도의 면적 Mdx를 EI로 나눈 값과 같고, 탄성곡선 AB 양단에 접하는 접선각 θ는 식 (5-18)과 같이 표시된다.

$$\theta = \int_A^B \frac{Mdx}{EI} = \frac{1}{EI}\int_A^B Mdx = \frac{A_m}{EI} \quad \cdots\cdots (5-18)$$

여기서 $\int_A^B Mdx$는 굽힘 모멘트 선도의 전면적 A_m이다. 그러므로 다음과 같은 결론을 얻을 수 있다.

알아두기 ● Mohr의 정리 I (제1면적 모멘트 정리)

탄성곡선 위의 임의의 두 점 A와 B에서 그은 두 접선사이의 각 θ는 그 두 점 사이에 대한 굽힘 모멘트 선도의 전면적을 EI로 나눈 값과 같다. 제1면적 모멘트 정리의 적용에서 주의하여야 할 점은 모멘트의 면적으로 계산된 기울기는 언제나 두 지점 사이의 접선의 기울기(두 지점간 기울기의 차)이며, 결코 한 점의 기울기 값이 아님을 주지하여야 한다.

다음으로 두 점 A, B에서 그은 접선과 만나는 B점 밑에서의 수직거리 BB'는 어떻게 될까? 만약 탄성곡선이 평평하다면 곡선 위의 미소길이 ds의 양쪽 끝에서 그은 접선사이의 각($d\theta$)도 미소치가 되므로, 이 접선들과 B점 밑에서의 거리는 $xd\theta$와 같고, 식 (5-17)에 의해서 식 (5-19)과 같이 표시된다.

$$xd\theta = (\frac{Mdx}{EI}) \cdot x \quad \cdots\cdots (5-19)$$

식 (5-19)은 ds의 양쪽 끝에서 그은 두 접선과 B점 밑에서 교차하는 수직거리 $xd\Theta$는 탄성곡선의 미소길이 ds에 대한 굽힘 모멘트 선도의 면적 Mdx를 B1에서 면적 모멘트를 취하여 EI로 나눈 것과 같음을 의미한다. 또한 $\frac{Mdx}{EI}$는 미소길이 ds에 대한 $\frac{M}{EI}$ 선도의 면적($\frac{Mdx}{EI}= dA$)과 같으므로 식 (5-19)은 식 (5-20)과 식 (5-21)로 변환되고,

$$xd\theta = (\frac{Mdx}{EI}) \cdot x = x \cdot dA \quad \cdots\cdots (5-20)$$

$$\int_A^B xd\theta = \int_A^B x \cdot \frac{M}{EI}dx = \int_A^B x \cdot dA \quad \cdots\cdots (5-21)$$

면적×도심($\bar{x}$)= 단면 1차 모멘트(부록 1 참조)의 조건을 적용하면 식 (5-22)을 얻게 된다.

$$BB' = \delta = [\int_A^B \frac{M}{EI}dx] \cdot \bar{x} = \frac{\bar{x} A_m}{EI} \quad \cdots\cdots (5-22)$$

그러므로 다음과 같은 결론을 얻게 된다.

알아두기 ● Mohr의 정리 II (제2면적 모멘트 정리)

탄성곡선 위의 임의의 두 점 A와 B에서 그은 두 접선이 B점 밑에서 만나는 점을 BB'라 하면, 이 거리 BB'는 두 점 AB 사이에 있는 $\frac{M}{EI}$ 선도의 전면적을 B에 관한 단면 1차 모멘트를 취한 것과 같다.

3.4.1. 면적 모멘트법에 의한 처짐 계산방법

그림 9와 같은 OB의 보에 A와 B사이에 탄성곡선의 변곡점이 있으면 굽힘 모멘트 선도가 두 부분으로 나우어지게 되고, A1D1은 (+)의 면적, D_1B_1은 (-)의 면적이 되므로 이러한 경우, 탄성곡선의 두 점 A와 B에서 그은 두 접선사이의 각과 접선간의 거리 B에서 BB'는 다음과 같다.

$$\theta = [AD\text{의 } \frac{M}{EI}\text{선도의 면적}] - [DB\text{의 } \frac{M}{EI}\text{선도의 면적}]$$

$$\delta = [AD\text{의 } \frac{M}{EI}\text{ 선도의 면적}] \times \overline{x_1} - [DB\text{의 } \frac{M}{EI}\text{ 선도의 면적}] \times \overline{x_2}$$

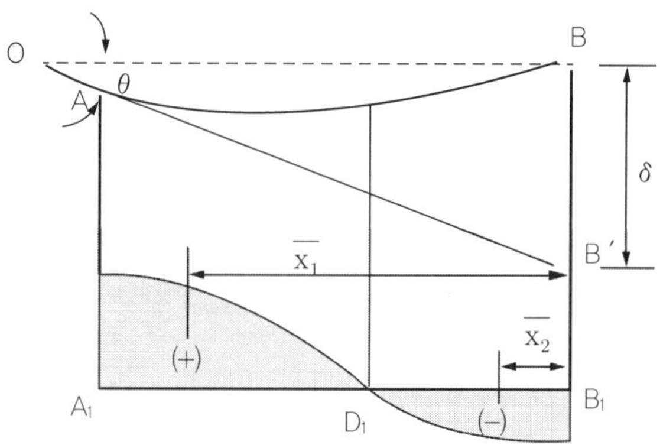

그림 9.

3.4.2. 외팔보의 자유단에 집중하중이 작용하는 경우

외팔보의 자유단에 그림 10과 같이 집중하중이 작용하는 경우 굽힘 모멘트 선도는 그림 11과 같고, 그 도심은 자유단으로부터 $\frac{2l}{3}$인 위치에 있게 된다. 그러므로 면적 모멘트 정리를 이용하면 처짐각과 처짐량을 쉽게 구할 수 있게 되고, 그 값은 다음과 같다.

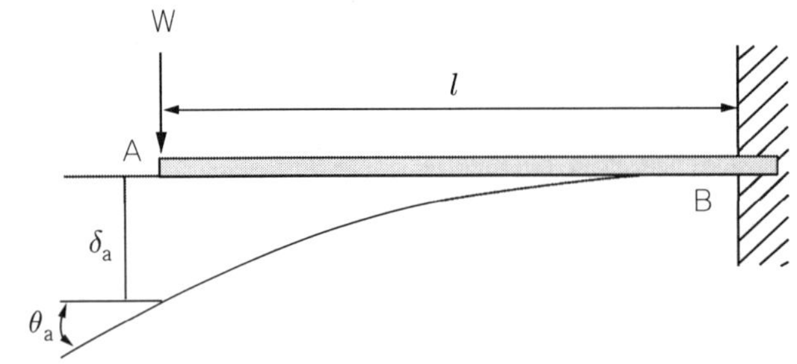

그림 10.

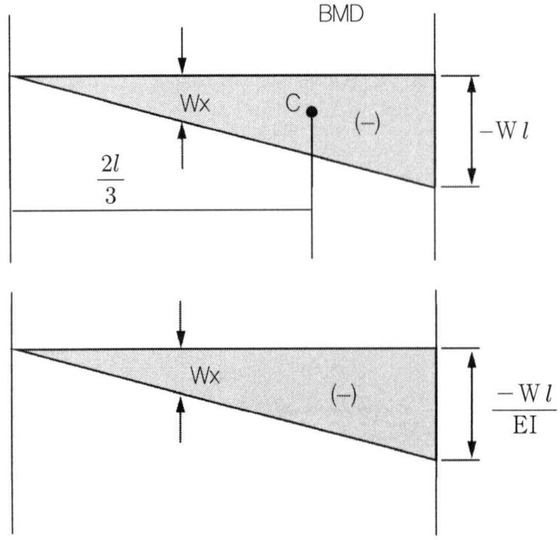

그림 11.

$$\theta_a = \frac{M}{EI} \text{ 선도의 면적} = \frac{Wl^2}{2EI}$$

$$\delta_a = \frac{M}{EI} \text{ 선도의 면적} \times \text{ 도심까지의 거리} = \frac{1}{2} \times l \times \frac{wl}{EI} \times \frac{2l}{3} = \frac{Wl^3}{3EI}$$

3.4.3. 등분포 하중을 받는 외팔보

그림 12와 같이 외팔보에 등분포하중 w가 작용할 경우, 처짐각과 처짐량을 면적 모멘트 정리를 이용하면 다음과 같이 구할 수 있다.

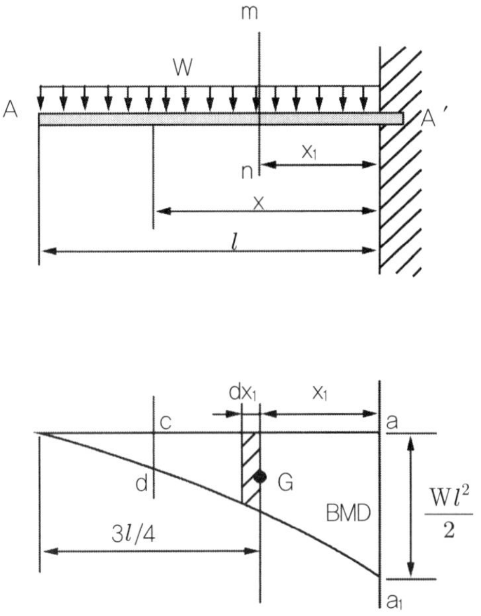

그림 12.

mn 단면의 굽힘 모멘트는 식(5-23)과 같이 표시되고 굽힘 모멘트 선도는 그림 12와 같이 포물선이 된다.

$$M = -\frac{w(l-x_1)^2}{2} \quad \cdots\cdots (5-23)$$

거리 x인 임의의 단면에서의 처짐각은 식 (5-18)에 의하여 식(5-24)과 같이 변환된다.

$$\theta = \frac{dy}{dx} = \frac{1}{EI}\int_0^x \frac{w(l-x_1)^2}{2}dx_1 = \frac{w}{2EI}(l^2x - lx^2 + \frac{x^3}{3}) \quad \cdots\cdots (5-24)$$

최대 처짐각은 $x = l$일 때, 발생하므로 최대 처짐각 θ_{max}는$(\frac{dy}{dx})_{x=l} = \theta_{max} = \frac{wl^3}{6EI}$이 된디.

굽힘 모멘트 선도의 음영으로 표시된 면적 요소의 처짐은 식 (5-22)를 이용하면 식(5-25)과 같이 구할 수 있다.

$$\delta = y = \frac{1}{EI}\frac{w}{2}\int_0^x (x - x_1)(l - x_1)^2 dx_1 \quad \cdots\cdots (5-25)$$

식(5-25)을 적분하면 고정단으로부터 거리 x에 있는 한 점에서의 처짐은 식 (5-26)과 같이 표현된다.

$$\therefore y = \frac{w}{2EI}\left(\frac{l^2x^2}{2} - \frac{lx^3}{3} + \frac{x^4}{12}\right) \quad \cdots\cdots (5-26)$$

그러므로 자유단의 처짐은 $x = l$일 때이므로

$$y_{max} = \delta_{max} = \frac{wl^4}{8EI} \quad \cdots\cdots (5-27)$$

이다.

그림 12와 식 (5-18), 식 (5-22)를 이용하면 자유단에서의 처짐각과 처짐을 직접 구할 수 있다. 식 (5-18)에 의해서 $\theta = \frac{A_m}{EI} = \frac{1}{EI} \cdot \frac{l \cdot \frac{wl^2}{2}}{3} = \frac{wl^3}{6EI}$ 이 되고(A_m은 부록 평면도형의 기하학적 성질 참조 바람), $\delta = \frac{A_m}{EI} \cdot \bar{x} = \frac{wl^3}{6EI} \cdot \frac{3l}{4} = \frac{wl^4}{8EI}$가 된다. 이 결과는 앞의 결과와 일치한다.

3.5. 중첩법(method of superposition)

몇 개의 하중들이 한 개의 보에 동시에 작용하는 경우에 보의 임의의 단면에서 발생하는 처짐과 처짐각들은 그 하중들이 각각 작용할 때 발생하는 단면의 처짐각과 처짐량들을 합하여 구한 것과 같다. 이와 같은 방법을 중첩법(method of superposition)이라 한다.

3.5.1. 여러 개의 집중하중을 받는 외팔보

그림 13과 같이 외팔보에 집중하중이 작용할 경우의 굽힘 모멘트는 각각의 힘에 의한 굽힘 모멘트들의 합으로 표시되어지고, 최대 처짐도 각각의 힘에 의한 처짐을 합한 것으로 표시될 것이다.

① W_1에 의한 굽힘 모멘트와 처짐은 $M_1 = -W_1(a-x)$이고, $(M_1)_{x=0} = -W_1 a$ 일 때 최대 굽힘 모멘트가 발생한다. 그러므로 면적 모멘트법(식 5-22)을 이용하여 최대 처짐을 구하면, $\delta_1 = \dfrac{1}{EI}\dfrac{W_1 a \cdot a}{2}(l - \dfrac{a}{3}) = \dfrac{W_1 a^2(3l-a)}{6EI}$이다.

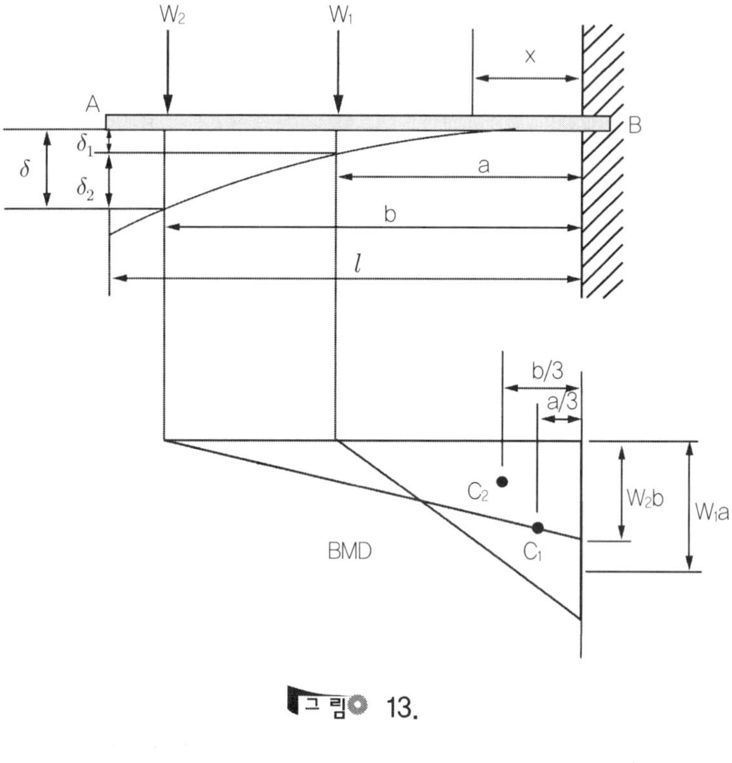

그림 13.

② W_2에 의한 굽힘 모멘트와 처짐은 $M_2 = -W_2(b-x)$이고, $(M_2)_{x=0} = -W_2 b$ 일 때 최대 굽힘 모멘트가 발생하고, 면적 모멘트법을 이용하여 최대 처짐을 구하면 $\delta_2 = \dfrac{1}{EI} \cdot \dfrac{W_2 b \cdot b}{2}(l - \dfrac{b}{3}) = \dfrac{W_2 b^2(3l-b)}{6EI}$이다. 그러므로 전체하중에 의한 최대 처짐 $\delta = \delta_1 + \delta_2$이 된다.

$$\therefore \delta = \frac{W_1 a^2 (3l - a)}{6EI} + \frac{W_2 b^2 (3l - b)}{6EI}$$

3.5.2. 등분포하중과 집중하중을 받는 외팔보

그림 14와 같이 등분포하중과 집중하중이 동시에 작용하는 경우도 중첩법을 사용하면 편리하게 처짐각과 처짐량을 구할 수 있다.

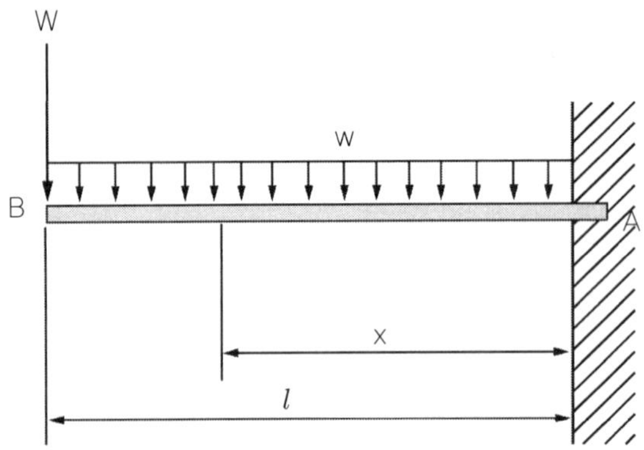

그림 14.

① 집중하중 W가 자유단에 작용하는 경우의 처짐각과 처짐량은(앞 절 참조)

$$\theta_1 = \frac{Wl^2}{2EI}$$

$$\delta_1 = \frac{Wl^3}{3EI}$$

② 등분포하중 w가 자유단에 작용하는 경우의 처짐각과 처짐량은(앞 절 참조)

$$\theta_2 = \frac{wl^3}{6EI}$$

$$\delta_2 = \frac{wl^4}{8EI}$$

①, ②를 중첩하면 다음과 같다.

$$\theta_{max} = \theta_1 + \theta_2 = \frac{Wl^2}{2EI} + \frac{wl^3}{6EI} = \frac{l^2}{6EI}(3W + wl)$$

$$\delta_{max} = \delta_1 + \delta_2 = \frac{Wl^3}{3EI} + \frac{wl^4}{8EI} = \frac{l^2}{24EI}(8W + 3wl)$$

3.6. 탄성 변형에너지

보가 그림 15와 같이 순수 굽힘 모멘트를 받는 경우 굽힘 모멘트는 보의 전 길이에 대해서 균일하고 탄성곡선은 $\frac{1}{\rho} = \frac{\theta}{l} = \frac{M}{EI}$의 곡률을 갖는 원호가 되어, 중심각 θ는 식 5-28과 같이 된다.

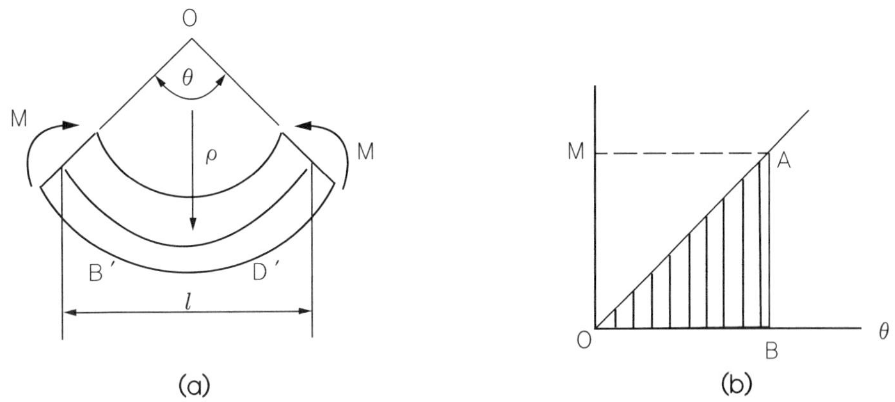

그림 15.

$$\theta = \frac{Ml}{EI} \quad \cdots\cdots (5-28)$$

굽힘 모멘트 M에 대해서 각변위 θ는 비례관계가 있으므로 모멘트가 하는 일은 그림 15(b)와 같다. 그림 15(b)의 면적은 $\frac{M\theta}{2}$로 표시되고 이는 보 속에 저장된 굽힘 변형에너지 U와 같다.

$$U = \frac{M\theta}{2} \qquad \cdots\cdots (5-29)$$

식 (5−29)을 식 (5−27)에 대입하면,

$$U = \frac{M^2 l}{2EI} \qquad \cdots\cdots (5-30)$$

$$U = \frac{\theta^2 EI}{2l} \qquad \cdots\cdots (5-31)$$

이 된다.

그리고 그림 16과 같은 분포하중의 작용에 의해서 불균일 굽힘 작용을 받는 보속에 저장되는 변형에너지는 다음과 같다.

거리 dx 사이의 미소요소에 저장되는 에너지는 식 (5−30), (5−31)에 의해서 $dU = \frac{M^2 dx}{2EI}$, $dU = \frac{EI(d\theta)^2}{2dx}$ 이 된다.

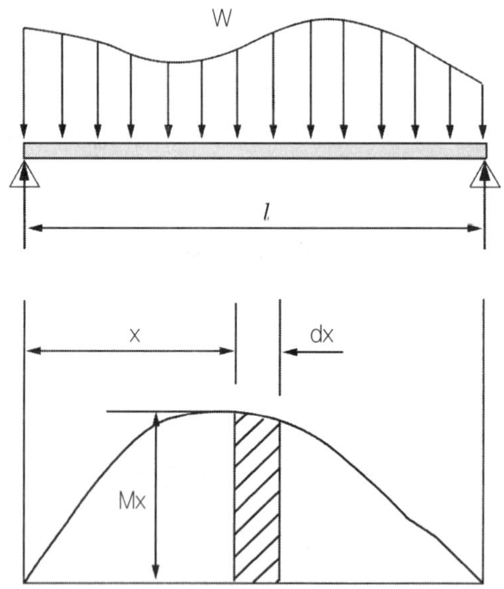

그림 16.

굽힘 모멘트 M은 x에 따라서 변화하고 $\rho d\theta = dx$, $\frac{1}{\rho} = \frac{d^2y}{dx^2}$ 이므로

$d\theta = \frac{dx}{\rho} = \left| \frac{d^2y}{dx^2} \right|$ 이 되고, 보 속에 저장된 변형에너지 U는 다음과 같다.

$$U = \int_0^l \frac{M^2 dx}{2EI}, \quad U = \int_0^l \frac{EI}{2} \left(\frac{d^2y}{dx^2}\right)^2 dx \quad \cdots\cdots (5-32)$$

3.6.1. 변형에너지를 이용한 외팔보에서의 처짐 계산

그림 17과 같이 집중하중을 받는 외팔보에서 자유단으로부터 x만큼 떨어진 임의의 단면에 작용하는 굽힘 모멘트는 $M = -Wx$ 이므로 식 5-32에 대입하면

$$U = \int_0^l \frac{M^2 dx}{2EI} = \frac{W^2 l^3}{6EI} \quad \cdots\cdots (5-33)$$

식 5-33에서 보가 굽힘을 받는 동안에 하중 W가 하는 일과 변형에너지는 같아야 하므로 $\frac{W\delta}{2} = \frac{W^2 l^3}{6EI}$ 이 되고, 자유단에서의 처짐 δ는 $\delta = \frac{Wl^3}{3EI}$ 가 된다.

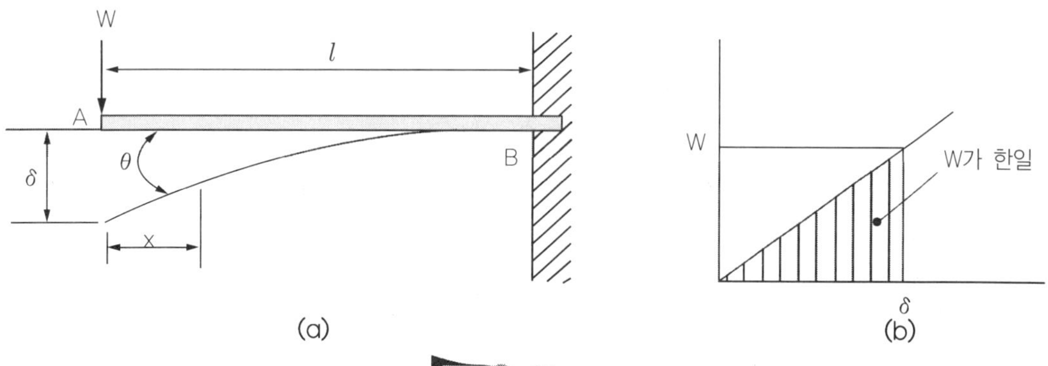

그림 17.

3.6.2. 균일단면의 단순보에서의 처짐 계산

그림 18과 같이 집중하중을 받는 단순보의 처짐 δ을 변형에너지를 이용하여 구해보자.

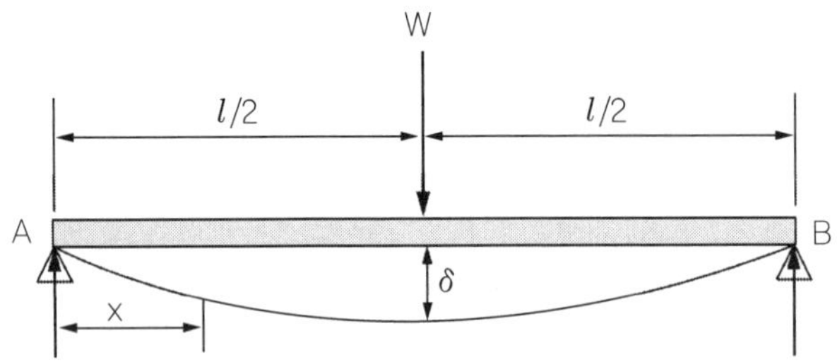

그림 18.

x의 거리에 있는 임의 단면의 굽힘 모멘트 M_x는 $M_x = \frac{Wx}{2}$이고, 이것을 식 5-32에 대입하면, $U = 2\int_0^{\frac{l}{2}} \frac{W^2x^2dx}{8EI} = \frac{W^2l^3}{96EI}$가 된다.

하중이 0에서 W까지 보에 천천히 증가하는 동안의 일과 변형에너지는 같으므로 $\frac{W\delta}{2} = \frac{W^2l^3}{96EI}$가 되므로 $\delta = \frac{Wl^3}{48EI}$가 된다.

3.7. 부정정보(statically indeterminate beam)

정역학적 평형방정식인 $\Sigma F_x = 0$, $\Sigma F_y = 0$, $\Sigma M = 0$을 사용하여 완전히 해석할 수 있는 외팔보, 단순보 및 돌출보들을 정정보(statically determinate beam)라고 부른다. 그러나 보에 작용하는 미지의 반력 및 모멘트가 3개 이상인 경우에는 정역학적 평형방정식만으로는 완전한 해를 구할 수 없다.

이러한 보에는 일단 고정 타단 지지보, 고정보 및 연속보 등이 있으며, 미지의 반력요소가 3개 보다 더 많은 수의 과잉구속을 가지고 있고, 이와 같은 보를 부정정보(statically indeterminate beam)라고 한다. 부정정보에서 미지의 과잉반력과 과잉모멘트를 결정하는 방법은 다음과 같다.

① 임의 단면에서의 굽힘 모멘트를 탄성곡선의 미분방정식에 대입하여 처짐각과 처짐량에 대한 식을 유도하고, 이를 경계조건에 대입하여 미지의 반력 및 모멘트를 결정한다(탄성곡선의 미분방정식에 의한 해법).

② 작용하는 하중을 고려하여 부정정보를 몇 가지 정정보로 분해하고, 각각에 대한 처짐각과 처짐량을 구하고 경계조건을 만족하도록 중첩시켜 반력 및 모멘트를 결정한다(중첩법에 의한 해법).

③ 면적 모멘트법을 응용하여 반력 및 모멘트를 계산한다.

그러므로 부정정보를 해석하기 위해서는 과잉구속의 수만큼 변형조건(경계조건)을 이용하여 해석해야 한다.

3.7.1. 양단고정보의 해석

그림 19와 같이 집중하중을 받고 있는 양단고정보는 각 고정단에서 3개의 반작용요소, 즉 양단에서 전부 6개의 반작용요소가 있으므로 양단고정보는 3개의 부정정요소인 과잉구속을 갖는다. 그런데 일반적으로 수평반력은 수직반력에 비하여 미소하기 때문에 무시할 수 있으므로 부정정요소는 2개가 된다.

각 반력을 R_a, R_b 각 고정모멘트를 M_a, M_b라하고 부정정보의 3가지 해석법을 사용하여 풀어보면 다음과 같다.

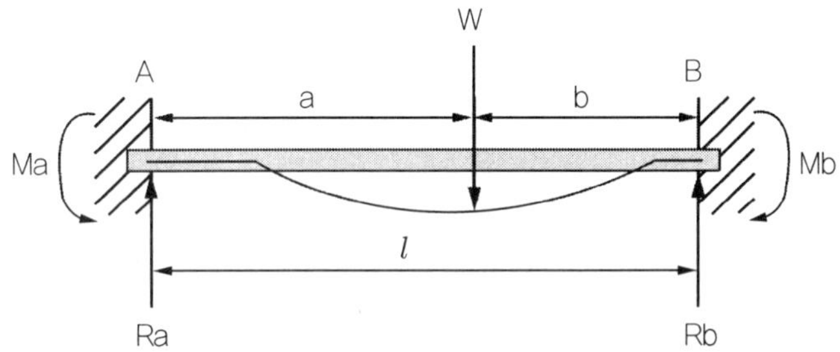

그림 19.

[1] 미분방정식에 의한 해법

그림 19에서 좌측(A지점)단으로부터 거리 x인 지점의 단면의 굽힘 모멘트는

$$0 \le x \le a, \quad M = -M_a + R_a x \quad \cdots\cdots (5-34)$$

$$a \le x \le l, \quad M = -M_a + R_a x - W(x-a) \quad \cdots\cdots (5-35)$$

이다. 식 (5-34), (5-35)를 탄성곡선의 미분방정식($\frac{d^2y}{dx^2} = -\frac{M}{EI}$)에 대입하여 적분하면

$$0 \le x \le a, \quad EI\frac{dy}{dx} = M_a x - R_a \frac{x^2}{2} + C \quad \cdots\cdots (5-36)$$

$$a \le x \le l, \quad EI\frac{dy}{dx} = M_a x - R_a \frac{x^2}{2} + \frac{W}{2}(x-a)^2 + C_1 \quad \cdots\cdots (5-37)$$

이다. 식 (5-36), (5-37)를 다시 적분하면

$$0 \le x \le a, \quad EIy = M_a \frac{x^2}{2} - R_a \frac{x^3}{6} + Cx + C_2 \quad \cdots\cdots (5-38)$$

$$a \le x \le l, \quad EIy = M_a \frac{x^2}{2} - R_a \frac{x^3}{6} + \frac{W}{6}(x-a)^3 + C_1 x + C_3 \quad \cdots\cdots (5-39)$$

이다.

경계조건 $x = 0$일 때, $\frac{dy}{dx} = 0$, $y = 0$의 조건을 식 5-36과 5-38에 대입하면 적분상수 $C = C_2 = 0$이 된다. 또, $x = a$인 하중의 작용점에서 양측의 처짐각과 처짐량이 같다(식 5-36= 5-37, 식 5-38= 5-39)는 경계조건을 이용하면, $C_1 = C_3 = 0$을 얻는다.

$x = l$인 B단에서 $\frac{dy}{dx} = 0$, $y = 0$이므로 이 경계조건을 식 5-37, 5-39에 대입하면

$$2M_a l - R_a l^2 + Wb^2 = 0$$

$$3M_a l^2 - R_a l^3 + Wb^3 = 0$$

을 얻을 수 있고, 위의 식을 연립해서 풀면. 식 5-40을 얻는다.

$$M_a = \frac{Wab^2}{l^2}, \quad R_a = Wb^2\frac{(3a+b)}{l^3} \quad \cdots\cdots (5-40)$$

반대로 B단에서 원점을 잡고 계산하면 식 5-41이 된다.

$$M_b = \frac{Wa^2b}{l^2}, \quad R_a = Wa^2\frac{(a+3b)}{l^3} \quad \cdots\cdots (5-41)$$

그리고 $x=a$인 하중작용점 C에서의 굽힘 모멘트 M_c는 어떻게 될까? 식 5-34, 5-35에 의해서($x=a$를 대입) 식 5-42가 된다.

$$M_c = -\frac{Wab^2}{l^2} + \frac{Wab^2(3a+b)}{l^3} = \frac{2Wa^2b^2}{l^3} \quad \cdots\cdots (5-42)$$

하중의 이동, 즉 작용점 b가 변화한다고 생각할 때, B, C점의 최대 굽힘 모멘트의 발생위치는 $\frac{dM_b}{db}=0$에서 $(M_b)_{\max}$를 구할 수 있고, $\frac{dM_c}{db}=0$에서 $(M_c)_{\max}$를 구할 수 있다. 그러므로 $M_b = \frac{Wa^2b}{l^2}$, $M_c = \frac{2Wa^2b^2}{l^3}$를 미분하여 구하면 식 5-43, 5-44이 된다.

$$\frac{dM_b}{db} = 0 \ ; \ 3b^2 - 4lb + l^2 = 0 \quad \cdots\cdots (5-43)$$

$$(3b-l)(b-l) = 0$$

$$\therefore b = \frac{l}{3}$$

$$\frac{dM_c}{db}=0\ ;\ 4b^3-6lb^2+2l^2b=0 \quad\cdots\cdots (5-44)$$

$$\therefore b=\frac{l}{2}$$

식 5-43, 5-44에 의해서 C점의 최대 굽힘 모멘트는$(M_c)_{\max}=\frac{Wl}{8}$이 되고, B점의 최대 굽힘 모멘트는 $(M_b)_{\max}=\frac{4}{27}Wl$이 된다.

[2] 중첩법에 의한 해법

보 양단의 고정모멘트를 과잉구속으로 보고, 기본 보로서 그림 20의 (a) 및 (b)와 같은 단순 정정보의 합으로 생각하면 중첩법을 사용하여 해석할 수 있다.

고정단 A, B에서의 처짐각은 0이므로 그림 20의 (a), (b)에서 각각의 처짐각을 구하고, 중첩시키면 식 5-45의 조건을 만족하여야 한다.

$$\theta_1+\theta'_1=0,\quad \theta_2+\theta'_2=0 \quad\cdots\cdots (5-45)$$

그림 20(b)에서 집중하중 W의 작용에 의해서 양단에 발생하는 처짐각 θ_1 및 θ_2는

$$\theta_1=\frac{Wb}{6lEI}(l^2-b^2),\ \theta_2=\frac{Wab}{6lEI}(2l-b) \quad\cdots\cdots (5-46)$$

에 의해서 구할 수 있고, 굽힘 모멘트 M_a, M_b에 의해서 발생하는 처짐각 θ_1'와 θ_2'는 식 5-47에 의해서 구할 수 있다.

$$\theta_1'=\frac{M_al}{3EI}+\frac{M_bl}{6EI},\ \theta_2'=\frac{M_bl}{3EI}+\frac{M_al}{6EI} \quad\cdots\cdots (5-47)$$

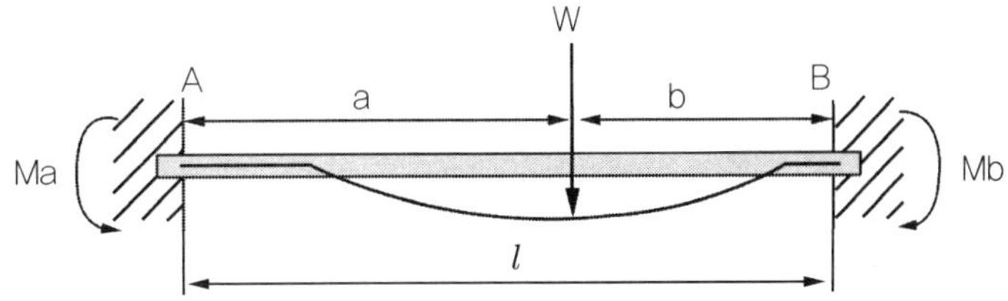

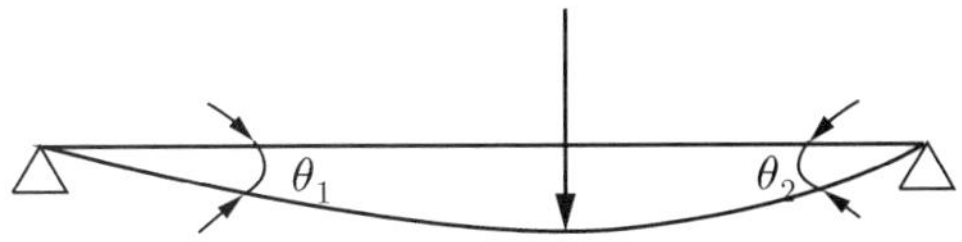

(a)

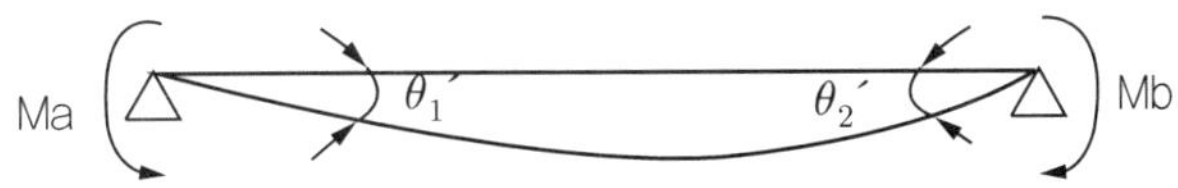

(b)

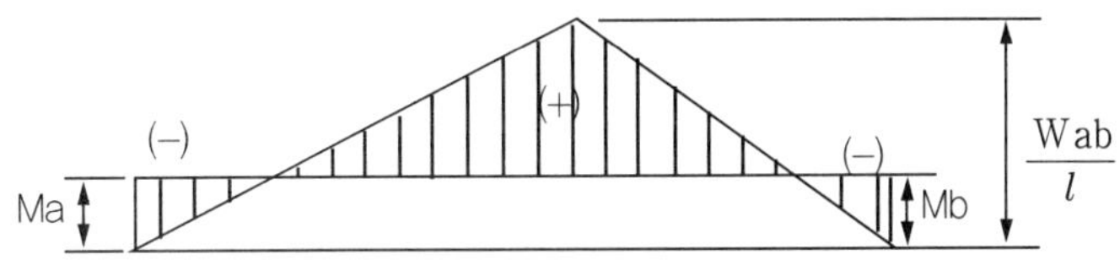

(c)

그림 20.

식 5-46, 5-47를 식 5-45에 대입하면

$$\frac{Wb(l^2-b^2)}{6lEI}+\frac{M_a l}{3EI}+\frac{M_b l}{6EI}=0$$

$$\frac{Wab(2l-b)}{6lEI}+\frac{M_b l}{3EI}+\frac{M_a l}{6EI}=0$$

가 되고, 이것을 연립하여 풀이하면

$$\therefore M_a = \frac{Wab^2}{l^2}, \quad M_b = \frac{Wa^2b}{l^2} \quad \cdots\cdots (5-48)$$

를 얻을 수 있고, 식 5-48는 식 5-40, 5-41과 동일한 결과를 나타낸다.

이 결과를 이용하여 굽힘 모멘트 선도를 그리면, 그림 20의 (c)와 같은 굽힘 모멘트 선도(굽힘 모멘트의 부호규약에 의해서 M_a, M_b는 (-)의 굽힘 모멘트를 갖는다)를 얻을 수 있고, 반력 R_a, R_b는 정역학적 평형방정식에 의해서 구할 수 있다.

[3] 면적 모멘트법에 의한 해법

면적 모멘트법의 기초 식은 다음과 같다.

$$\theta = \frac{1}{EI}\int_A^B Mdx = \frac{1}{EI}|A_M|_B^A \quad \cdots\cdots (5-49)$$

$$y = \frac{1}{EI}\int_A^B x \cdot Mdx = \frac{1}{EI} \cdot \bar{x} \cdot |A_M|_B^A \quad \cdots\cdots (5-50)$$

그림 20(c)는 (a) 및 (b)에 대한 굽힘 모멘트 선도를 중첩한 것이다.

양단 고정보의 양단(A, B점)에서는 처짐각과 처짐량이 0이므로 두 점의 접선이 이루는 각도 0이다. 그러므로 식 5-49, 5-50식에서 $x=0$에서 $x=l$까지의 굽힘 모멘트 선도의 면적의 합은 0이 되어야 한다.

$$\Theta = \frac{1}{EI}|A_M|_0^l = 0 \qquad \therefore |A_M|_0^l = 0 \quad \cdots\cdots (5-51)$$

$$y = \frac{1}{EI} \cdot \bar{x} \cdot |A_M|_0^l \qquad \therefore \bar{x} \cdot |A_M|_0^l = 0 \quad \cdots\cdots (5-52)$$

식 5-51, 5-52에 그림 20(c)의 굽힘 모멘트 선도의 면적을 대입하면

$$(\frac{Wabl}{l})(\frac{l}{2})+(\frac{M_a+M_b}{2})\cdot l=0$$

$$(\frac{Wab}{l})(\frac{b}{2})(\frac{2b}{3})+(\frac{Wab}{l})\cdot\frac{a}{2}\cdot(b+\frac{a}{3})$$

$$+M_a\frac{l}{2}\cdot\frac{l}{3}+M_b\frac{l}{2}\cdot\frac{2l}{3}=0$$

이 되고, 연립하여 풀면

$$\therefore M_a=\frac{Wab^2}{l^2},\quad M_b=\frac{Wa^2b}{l^2}$$

을 구할 수 있다.

3.7.2. 연속보의 해석

3개 이상의 지점으로 지지된 보를 연속보(continuous beam)라 하고, 주로 건축물이나 교량 등과 같은 특수 구조물에서 접할 수 있다. 지점을 3개 이상 갖는 연속보에서는 중간지점에서 한 개씩의 과잉구속을 갖게 되므로 일반적으로 중간지점이 n개이면 중간지점과 같은 수의 과잉구속 n개를 갖는 부정정보가 된다. 그러므로 중첩법에 의하여 문제를 해결하려면 과잉반력에 의한 처짐 방정식 n개와 3개의 정역학적 평형방정식을 연립하여 미지의 값을 결정할 수 있다.

그러나 이 연립방정식을 푸는데 너무 많은 시간과 복잡한 관계를 지니고 있으므로 3모멘트 정리(three moment theorem)라는 클라페이론의 방정식(clapeyron's equation)을 사용하면 편리하고 간편하게 문제를 해결할 수 있다.

그림 21(a)과 같이 여러 개의 지점 위에 지지된 균일 단면보에 하중계가 작용하고, 이 지점이 모두 같은 수평선상에 있을 때, 이 보를 중간지점 위의 단면에서 절단하여, 절단면에 작용하는 굽힘 모멘트를 과잉구속으로 고려하면 문제가 대단히 간단해진다.

그림 21(b)에서와 같이 지점 A, B, C로 지지된 보를 B 지점에서 절단하여 두 인접 스팬(span)을 각각 l_1, l_2라 하고, 절단된 양단에 작용하게 되는 과잉 굽힘 모멘트를 M_a, M_b, M_c라고 하자. 하중계가 작용에 의해서 보에 굽힘 변형이 발생할 때, 지점 B의 좌우측 처짐각을 각각 θ_b' 및 θ_b''라고 하면, 이들 처짐각은 보를 절단하기 전에는 지점 B에서 연속상태였으므로 크기가 같고 방향은 반대이다.

즉,

$$\theta_b' + \theta_b'' = 0, \quad \theta_b' = -\theta_b'' \qquad \cdots\cdots (5-53)$$

이다.

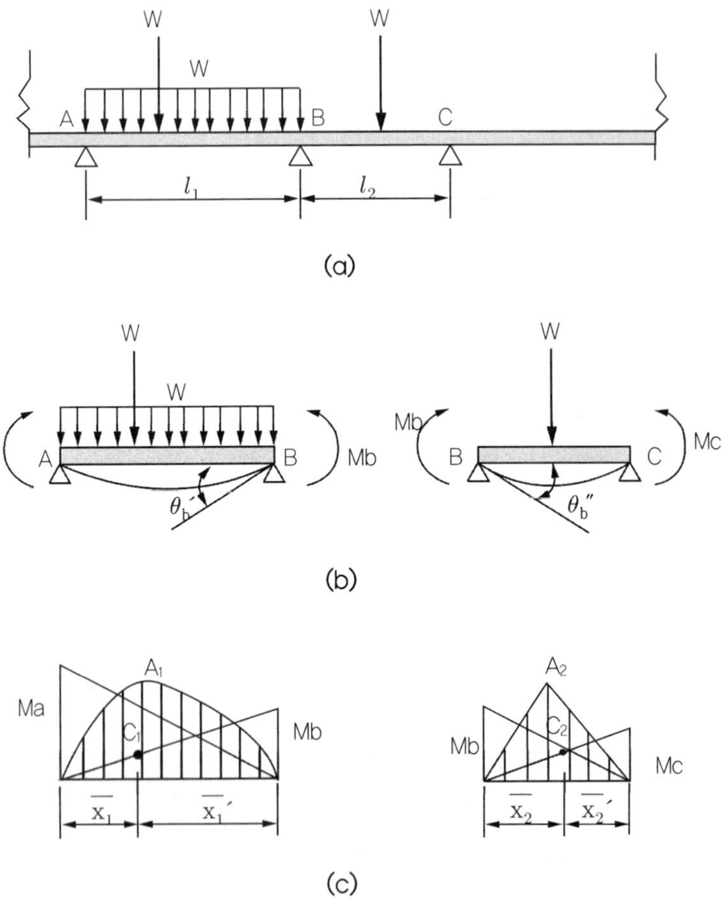

그림 21.

절단된 단순 지지보의 굽힘 모멘트 선도는 그림 21(c)과 같고, 이 굽힘 모멘트 선도를 이용하여 θ_b' 및 θ_b''를 면적 모멘트법으로 구할 수 있다. 스팬의 양단에서 과잉 모멘트로 인한 굽힘 모멘트 선도는 삼각형으로 표시되고, 외부 하중계에 의한 굽힘 모멘트 선도는 음영부분(A_1, A_2)으로 표시된다. 두 스팬의 한 쪽 끝으로부터 도심까지의 거리를 각각 $\overline{x_1}$ 및 $\overline{x_2}$라고 하면 왼쪽 보에서 θ_b'와 오른쪽 보에서 θ_b''는 다음과 같이 표시된다.

$$\theta_b' = \frac{M_b l_1}{3EI} + \frac{M_a l_1}{6EI} + \frac{A_1 \overline{x_1}}{l_1 EI} \quad \cdots\cdots (5-54)$$

$$\theta_b'' = \frac{M_b l_2}{3EI} + \frac{M_c l_2}{6EI} + \frac{A_2 \overline{x_2}}{l_2 EI} \quad \cdots\cdots (5-55)$$

식 5-54, 5-55을 식 5-53에 대입하면

$$M_a l_1 + 2M_b(l_1 + l_2) + M_c l_2 = -\frac{6A_1\overline{x_1}}{l_1} - \frac{6A_2\overline{x_2}}{l_2} \quad \cdots\cdots (5-56)$$

가 되고, 이것을 3모멘트의 정리라고 부르고, 식 5-56를 일반식으로 표시하면 식 5-57과 같이 표시된다.

$$M_{n-1}l_n + 2M_n(l_n + l_{n+1}) + M_{n+1}l_{n+1} = -\frac{6A_n\overline{x_n}}{l_n} - \frac{6A_{n+1}\overline{x_{n+1}}}{l_{n+1}} \quad (5-57)$$

이 방정식은 보의 중간지점에 대하여 하나씩 얻을 수 있고, 이를 차례로 적용하여 얻어지는 방정식을 연립으로 풀면 지점에서의 모멘트를 구할 수 있다. 만약 지점이 3개 있으면, 1개의 방정식을 얻을 수 있고, 4개가 있으면 2개의 방정식을 얻을 수 있으며, n개의 지점이 있다면 $(n-2)$개의 방정식을 얻을 수 있다.

만약 연속보의 일단 또는 양단이 고정단이라고 하면 과잉 구속수는 중간지점의 수보다 많아지므로 이때는 고정단에서 보의 회전이 일어날 수 없다는 조건(처짐각이 "0")을 추가함으로써 구할 수 있다. 또한 양쪽 끝이 단순지지되어 있다면 모멘트는 "0"이고, 돌출되어 있다면 돌출된 부분은 외팔보와 같이 취급하여 방정식을 추가할 수 있다.

예로써, 연속보의 왼쪽 끝단(A 지점)이 고정되어 있다면 그림 21(b)의 왼쪽 그림에서 보의 왼쪽 끝 접선의 처짐각 θ_a는 $\theta_a = \dfrac{M_a l_1}{3EI} + \dfrac{M_b l_1}{6EI} + \dfrac{A_1 \overline{x_1}'}{l_1 EI}$이 되고, 고정단에서는 처짐각이 없으므로 θ_a= 0으로 놓으면 왼쪽 끝단의 모멘트 M_a를 구할 수 있다.

$$M_a = -\frac{M_b}{2} - \frac{3A_1\overline{x_1}'}{l_1^2}$$

각 지점에서의 모멘트가 결정되면 모든 지점의 반력은 쉽게 구할 수 있다. 반력을 구하기 위해서 지점 A, B, C 위에 작용하는 하중상태를 생각해 보자.

외적 하중으로 단순지지보의 지점 B에서 일어나는 반력을 R_b라고 할 때, 반력 R_b는 R_b=l_1 상에 작용하는 외적하중에 의한 반력(R_b')+l_2 상에 작용하는 외적하중에 의한 반력(R_b'') + 양쪽 끝단의 모멘트에 의한 반력로 표시되고, 양쪽 끝단에서의 모멘트 M_a, M_b, M_c로 인한 반력은 다음과 같다.

$$\frac{M_a - M_b}{l_1} + \frac{-M_b + M_c}{l_2}$$

지점 B에서의 전반력은 식 5-58과 같이 된다.

$$R_b = R_b' + R_b'' + \frac{M_a - M_b}{l_1} + \frac{-M_b + M_c}{l_2} \quad \cdots\cdots (5\text{-}58)$$

[1] 균일 분포하중을 받는 부정정보

그림 22(a)는 3개의 스팬을 갖는 균일 분포하중 w를 받고 있는 연속보이다. 스팬의 길이가 같고 균일단면인 이 보의 전단력 선도와 굽힘 모멘트 선도를 그려보자.

각 지점에서 절단되었다고 생각한 단순지지보에 대한 굽힘 모멘트 선도는 포물선이고 최대 굽힘 모멘트는 그 중앙에서 $\frac{wl^2}{8}$이다. 따라서 포물선 선도의 면적 A는

$$A = \frac{2}{3}l\frac{wl^2}{8} = \frac{wl^3}{12}$$

이 되고, 도심은 스팬의 중앙($\overline{x_1} = \overline{x_2} = \frac{l}{2}$)에 있다.

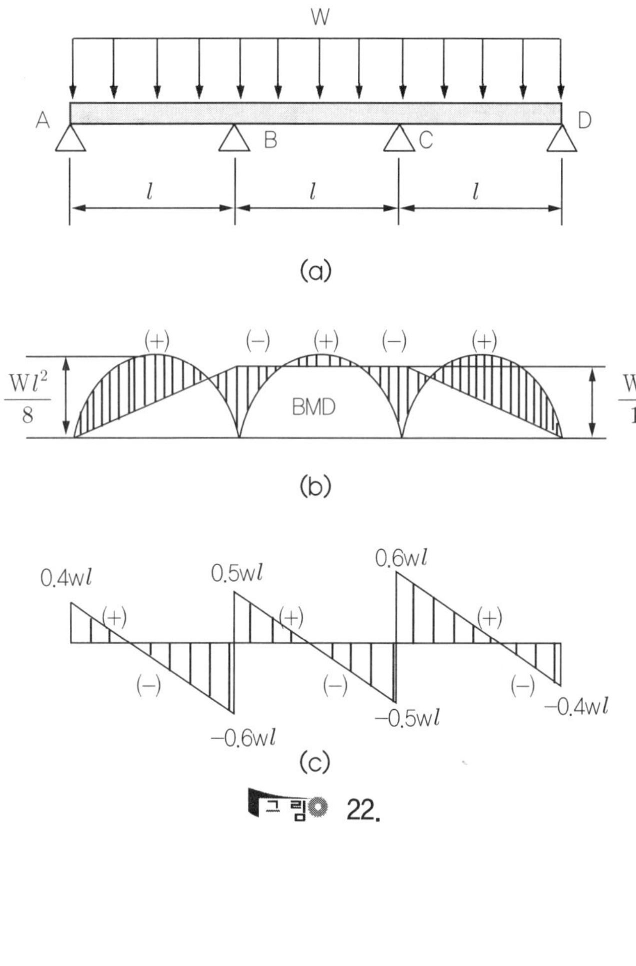

그림 22.

왼쪽의 두 스팬에 대하여 3모멘트정리(식 5-56)를 적용하고, 왼쪽 끝단 A가 자유단이므로 $M_a = 0$를 대입하여 정리하면

$$0 + 2M_b(2l) + M_c l = -\frac{wl^3}{4} - \frac{wl^3}{4}$$

이다. 여기서, 지점 B, C는 대칭적인 관계에 있으므로 $M_b = M_c$가 되어야 한다.

$$\therefore M_b = M_c = -\frac{wl^2}{10}$$

위의 결과를 굽힘 모멘트 선도에 옮기면 그림 22(b)와 같이 된다.

지점 B에서의 반력은 식 5-58에 의해서

$$R_b = R_b' + R_b'' + \frac{M_a - M_b}{l_1} + \frac{-M_b + M_c}{l_2}$$

$$= \frac{wl}{2} + \frac{wl}{2} + \frac{0 - (-\frac{wl^2}{10})}{l} + \frac{-(-\frac{wl^2}{10}) + (-\frac{wl^2}{10})}{l} = \frac{11wl}{10}$$

이고 대칭적인 관계를 이용하면 다음과 같이 된다.

$$R_b = R_c,\ R_a = R_d$$

따라서 평형방정식을 세우면

$$R_a + R_b + R_c + R_d = 3wl$$

이 되며,

$$\therefore R_b = R_d = \frac{4wl}{10}$$

이 된다. 이 값을 이용하면 그림 22의 (c)와 같은 전단력 선도를 구할 수 있다.

4. 균일강도의 보

4.1. 균일강도의 보란 ?

보의 단면에 작용하는 굽힘 모멘트의 크기는 그림 8의 굽힘 모멘트 선도에서 보는 바와 같이 전 길이에 대하여 일정하지 않다. 균일 단면을 가진 보에서 굽힘 모멘트가 최대인 단면이 위험단면이고, 이 위험단면에서부터 파괴가 발생될 것이다.

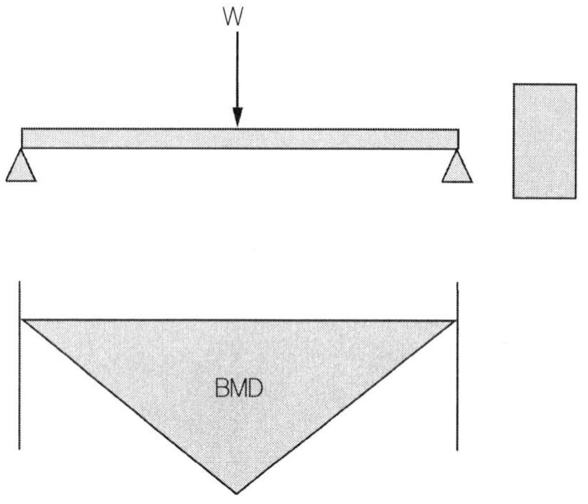

그림 23.

따라서 최대 굽힘 모멘트가 작용하는 위험단면을 기준으로 계산하여 보 전체를 제작하는 경우에는 다른 부분에서는 필요이상의 강도를 가지게 되고, 재료를 불필요하게 많이 사용하게 된다. 그래서 보의 전 길이에 대해서 일정한 굽힘응력이 발생하도록 굽힘 모멘트 M에 대응되는 단면계수 Z를 조정하면, 보 전체에 균일한 강도를 갖게 할 수 있다. 이와 같은 보를 균일 강도의 보라고 한다.

4.2. 균일강도의 보에서 Z를 구하는 방법

$M = Z\sigma_b$에서

$$\sigma_b = \frac{M}{Z} \quad \cdots\cdots (5-59)$$

결국 σ_b가 일정하게 되도록 M에 비례하도록 Z를 구하면 된다.

4.2.1. 폭이 일정하고 두께를 변화시킨 외팔보

예제 Exercise

20. 그림에 있어서 자유단에서 x의 거리에 있는 단면의 두께 h, 및 균일한 응력 σ_b를 구하시오.

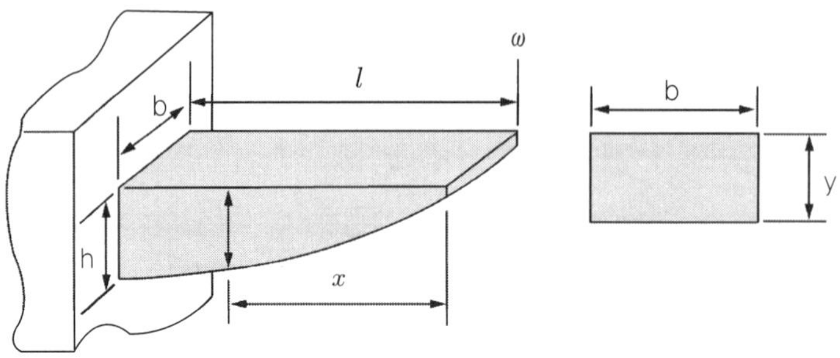

풀이 우선 자유단으로 부터 x의 거리에 있는 점의 굽힘 모멘트를 구하고 다음에 $M = \sigma_b Z = \sigma_b \frac{by^2}{6}$에서 y를 구하면 된다. σ_b를 구하는 것은 고정단에서 계산하여 구하면 된다.

(1) x의 거리에 있는 굽힘 모멘트 M은

$$M = wx \quad \cdots\cdots ①$$

(2) x의 거리에 있는 단면의 두께를 y라 하면 이 점의 단면계수는

$$Z = \frac{by^2}{6} \cdots\cdots ②$$

한편 $M = \sigma_b Z \cdots\cdots ③$

식 ①, ②, ③에 의하여

$$wx = \sigma_b \cdot \frac{by^2}{6}$$ (σ_b를 일정하게 한다)

$$\therefore y = \sqrt{\frac{6wx}{\sigma_b \cdot b}}$$ (포물선) $\cdots\cdots$ ④

(3) 고정단의 두께 h는 식 ④에 $x = l$을 대입하여

$$h = \sqrt{\frac{6w\ l}{\sigma_b \cdot b}} \cdots\cdots ⑤$$

(4) 균일응력 σ_b는

$$\sigma_b = \frac{6w\ l}{bh^2} \cdots\cdots ⑥$$

4.2.2. 두께가 일정하고 폭이 변화하는 외팔보(삼각 판스프링)

예 제 Exercise

21. 그림에 있어서 자유단에서 x의 거리에 있는 보의 폭이 y, 고정단의 폭 b 및 균일한 응력 σ_b의 식을 유도하시오.

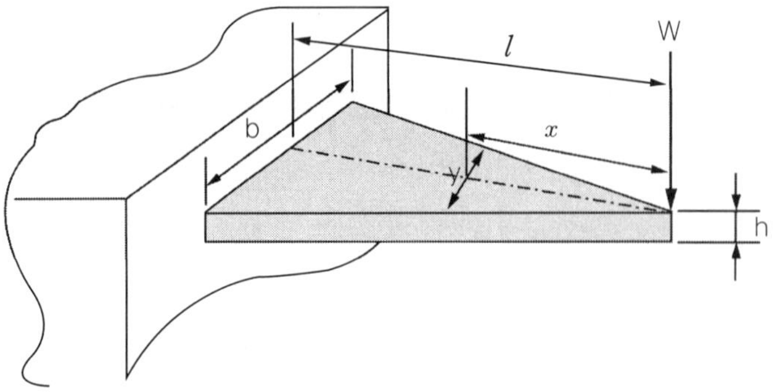

풀이

(1) 자유단에서 x의 점의 굽힘 모멘트 M은

$$M = W x \quad \cdots\cdots ①$$

(2) 한편 σ_b와 Z와 굽힘 모멘트 M과의 관계로부터

$$M = \sigma_b Z = \sigma_b \frac{yh^2}{6} \quad \cdots\cdots ②$$

식 ①과 ②로부터

$$Wx = \sigma_b \cdot \frac{yh^2}{6}$$

$$\therefore\ y = \frac{6Wx}{\sigma_b h^2} \quad \cdots\cdots ③$$

(3) 고정단의 폭 b는, 식 ③에 $x = l$을 대입하여

$$b = \frac{6Wl}{\sigma_b h^2} \quad \cdots\cdots ④$$

(4) 균일한 굽힘응력은,

$$\sigma_b = \frac{6Wl}{bh^2} \quad \cdots\cdots ⑤$$

※ 최대 처짐량 δ_{max}은 자유단에서 발생하고 아래와 같다.

$$\delta_{\max} = \frac{6Wl^3}{bEh^3}$$

4.3. 겹판 스프링

4.3.1. 겹판 스프링의 외팔 보

그림 24의 (a)와 같은 삼각스프링에 있어서 고정단의 단면계수,

$$Z = \frac{Bh^2}{6} = \frac{nbh^2}{6}$$

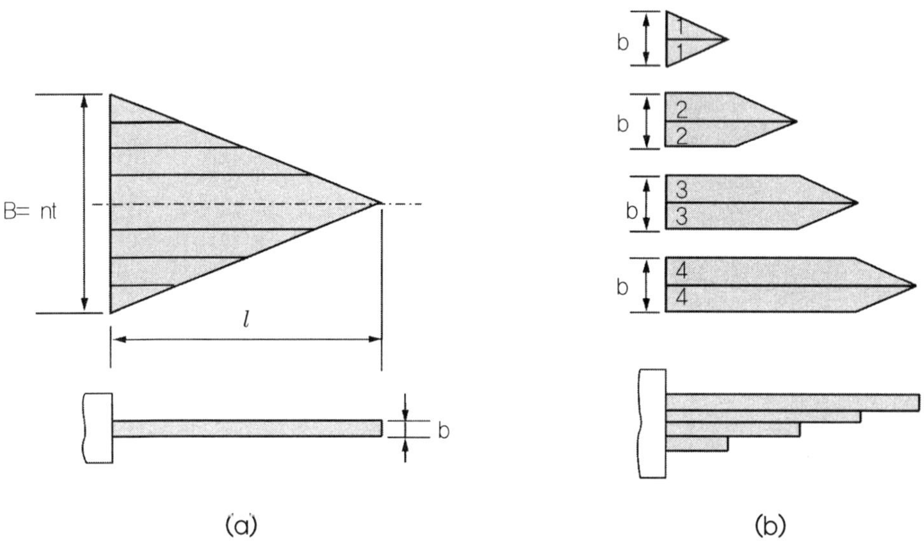

그림 24.

이 삼각 스프링을 사용상 편리하도록, 몇 개의 부분으로 나누어 이것을 겹친 것이 그림 24(b)과 같은 겹판 스프링이다. 이 스프링의 강도와 처짐량은 삼각판 스프링과 동일하다.

$$M = Wl = \sigma_b \cdot \frac{nbh^2}{6}$$

$$\sigma_b = \frac{6Wl}{nbh^2}$$

$$\delta = \frac{6Wl^3}{nbh^3E} \quad \cdots\cdots (5-60)$$

4.3.2. 겹판스프링의 양단지지 보

그림 25와 같은 겹판 스프링에서는 중앙부의 단면계수는,

$$Z = \frac{nbh^2}{6}$$

이다. 중앙의 굽힘 모멘트는,

$$M = \frac{W}{2} \times \frac{l}{2} = \sigma_b Z = \sigma_b \frac{nbh^2}{6}$$

이다. 균일응력 σ_b는,

$$\sigma_b = \frac{3Wl}{2nbh^2}$$

이다.

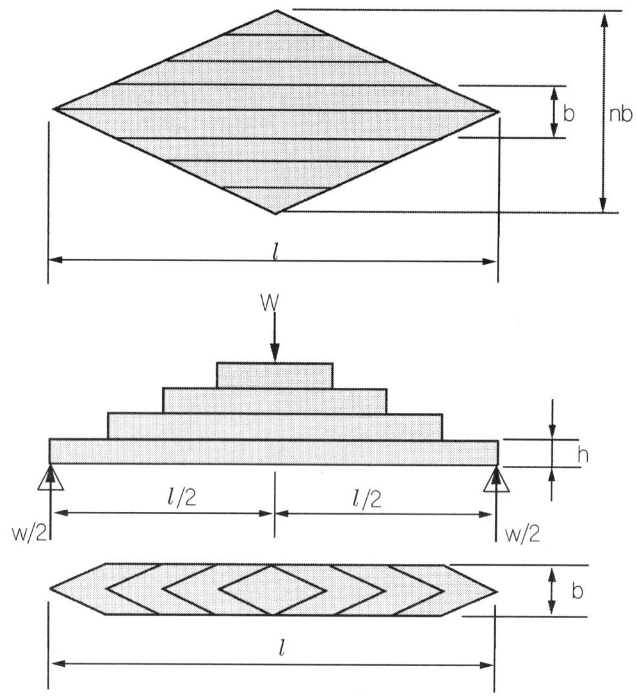

그림 25.

처짐량 δ는, 삼각스프링의 처짐방정식 (5-60)에 $W = \frac{W}{2}$, $l = \frac{l}{2}$를 대입하면,

$$\delta = \frac{6 \times \frac{W}{2} \times \frac{l^3}{8}}{nbh^3 E}$$

로 된다.

알아두기 ● **공식의 정리**

① 폭이 일정하고 두께가 변하는 경우(예제 20 그림참조)

$$y = \sqrt{\frac{6wx}{\sigma_b b}}, \quad h = \sqrt{\frac{6wl}{\sigma_b b}}$$

$$\sigma_b = \frac{6wl}{bh^2}, \quad \delta = \frac{8wl^3}{bEh^3}$$

② 삼각판 스프링의 경우(예제 21 그림참조)

$$y = \frac{6wx}{\sigma_b h^2}, \quad b = \frac{6wl}{\sigma_b h^2}$$

$$\sigma_b = \frac{6wl}{bh^2}, \quad \delta = \frac{6wl^3}{bEh^3}$$

③ 겹판스프링(외팔보)(그림 23)

$$Z = \frac{nbh^2}{6}, \quad \sigma_b = \frac{6wl}{nbh^2} = \frac{hE\delta}{l^2},$$

$$\delta = \frac{6wl^3}{nbh^3E} = \frac{l^2\sigma_b}{hE}$$

④ 겹판스프링(차량용)(그림 24)

$$Z = \frac{nbh^2}{6}, \quad \sigma_b = \frac{3wl}{2nbh^2}$$

$$\delta = \frac{3wl^3}{8nbh^3E}$$

예제 Exercise

22. 그림과 같은 균일강도의 외팔보에 있어서 자유단으로 부터 200[mm], 500[mm], 800[mm]의 개소에 고정단의 두께 및 자유단의 최대 처짐량 δ를 구하시오. 단, 허용응력 σ_b = 5[kgf/mm^2], E = 2×10^4 [kgf/ mm^2]이다.

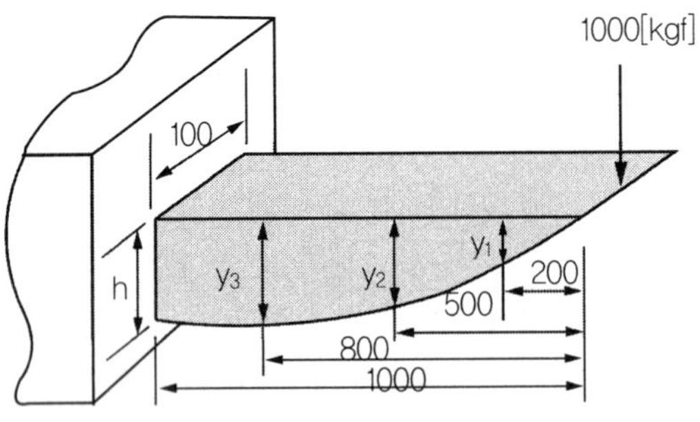

풀이 굽힘 모멘트는

$$M = Wx = 1000x \quad \cdots\cdots ①$$

$$M = \sigma_b \cdot Z = \sigma_b \cdot 100 \times \frac{y^2}{6} = 5 \times \frac{100y^2}{6} \quad \cdots\cdots\cdots\cdots\cdots\cdots ②$$

식 ①과 식 ②에 의하여

$$1000x = 5 \times \frac{100y^2}{6}$$

$$\therefore\ y = \sqrt{\frac{6 \times 1000x}{5 \times 100}} = \sqrt{12x} \quad \cdots\cdots\cdots\cdots\cdots\cdots\cdots\cdots\cdots\cdots ③$$

200mm의 점에서 $y = \sqrt{12 \times 200}$ = 49.0[mm]
500mm의 점에서 $y = \sqrt{12 \times 500}$ = 77.5[mm]
800mm의 점에서 $y = \sqrt{12 \times 800}$ = 98.0[mm]

고정단 $y = \sqrt{12 \times 1000}$ = 109.5[mm]

최대 처짐량 δ_{max}은 자유단으로서 공식에 수치를 대입하면

$$\delta_{max} = \frac{8Wl^3}{bEh^3} = \frac{8 \times 1000 \times 1000^3}{100 \times 2 \times 10^4 \times 109.5^3} = 3.05[\text{mm}]$$

23. 그림에 있어서 이 스프링의 고정단에 발생하는 응력 및 자유단의 처짐량을 구하시오.

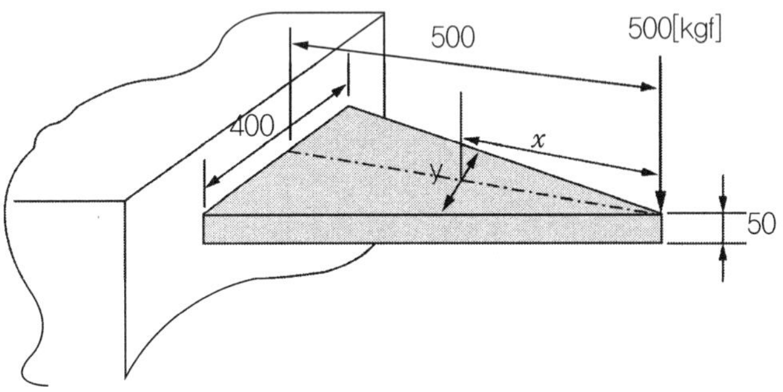

풀이 자유단에서 x의 거리에 있는 단면에 대하여,

$$M = 500x$$

$$M = \sigma_b Z = \sigma_b \cdot \frac{y \times 50^2}{6} = \sigma_b \frac{2500y}{6}$$

$$\therefore \ \sigma_b = \frac{6 \times 500x}{2500y}$$

고정단에서는 $x = 500$, $y = 400$이므로

$$\sigma_b = \frac{6 \times 500 \times 500}{2500 \times 400} = 1.5[\text{kgf/mm}^2]$$

$$\delta_{\max} = \frac{6Wl^3}{bEh^3} = \frac{l^2\sigma_b}{hE} = \frac{500^2 \times 1.5}{50 \times 2 \times 10^4} = 0.375[\text{mm}]$$

24. 그림에 있어서 l = 500[mm], 폭 b = 60[mm], 두께 h = 10[mm], 허용응력 σ_b = 20[kgf/mm^2]이고, W= 1000[kgf]의 하중을 받는 경우 판의 매수 n은 얼마인가 ?

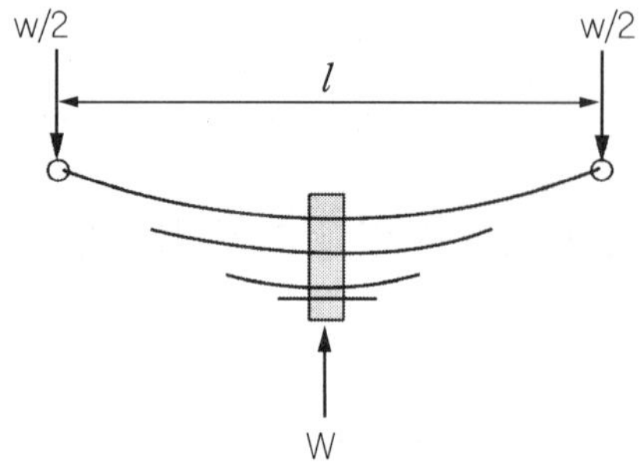

풀이 $M = \frac{W}{2} \cdot \frac{l}{2} = \sigma_b \cdot \frac{nbh^2}{6}$

$\therefore \ n = \frac{6Wl}{4\sigma_b bh^2} = \frac{3Wl}{2\sigma_b h^2}$를 유도하고 이식에 수치를 대입하여 간단히 구할 수 있다.

$$M = \frac{W}{2} \cdot \frac{l}{2} = \sigma_b \cdot \frac{nbh^2}{6}$$

$\therefore \ n = \frac{6Wl}{4\sigma_b bh^2} = \frac{3Wl}{2\sigma_b h^2}$ 여기에 각 수치를 대입하여

$$n = \frac{3 \times 1000 \times 500}{2 \times 20 \times 60 \times 10^2} = 6.25$$

25. 예제 24 그림의 차량용 겹판 스프링에서 전장 l= 1000[mm], 판 두께 h= 10[mm], 폭 b= 80[mm], 판의 매수 n= 8매, 허용응력 σ_b= 20[kgf/mm^2], E= 2.1×10^4[kgf/mm^2]이다.

(1) 중앙에 가할 수 있는 하중은 얼마인가 ?

(2) 이때 최대 처짐량은 얼마인가 ?

풀이 ① $M = \frac{Wl}{4} = \sigma_b \cdot \frac{nbh^2}{6}$에서 $W = \frac{2\sigma_b \cdot nbh^2}{3l}$을 유도하고 여기에 수치를 대입하여 구한다.

② $\delta_{max} = \frac{3Wl^3}{8nbEh^3}$에 식 ①에서 구한 W 및 각 수치를 대입하여 구한다.

(1) 하중의 계산

$$M = \frac{Wl}{4} = \sigma_b \cdot \frac{nbh^2}{6}$$

$$\therefore \ W = \frac{2\sigma_b \cdot nbh^2}{3l} = \frac{3 \times 20 \times 8 \times 80 \times 10^2}{3 \times 1000} = 853[\text{kgf}]$$

(2) 처짐량의 계산

$$\delta_{max} = \frac{3Wl^3}{8nbEh^3} = \frac{3 \times 853 \times 1000^3}{8 \times 8 \times 80 \times 10^3 \times 2.1 \times 10^4} = 23.8[\text{mm}]$$

26. 예제 24 그림의 차량용 겹판 스프링에서 전장 l= 1600[mm], 두께 h= 8[mm], 폭 b= 100[mm], 판의 매수 n= 8, E= 2.1×10^4[kgf/mm^2]인 스프링이 무부하 상태에서 δ= 76.3[mm] 만큼 휘어져 있다. 이것이 수평으로 될 때의 하중 W는 얼마인가 ?

풀이 처짐량의 식 (5-60)을 변형하여

$$W = \frac{8\delta nbh^3E}{3l^3}$$

이 식에 수치를 대입하면 된다.

$$W = \frac{8\delta nbh^3E}{3l^3} = \frac{8 \times 76.3 \times 8 \times 100 \times 8^3 \times 2.1 \times 10^4}{3 \times 1600^3} = 427[\text{kgf}]$$

연습문제 Exercises

01. 정방형 단면을 가진 보를 그림 (a)와 같이 사용하는 경우와 그림 (b)와 같이 사용하는 경우에 있어서 굽힘에 대하여 어느 쪽이 얼마만큼 강한가 ? 이것을 비교하여 나타내시오.

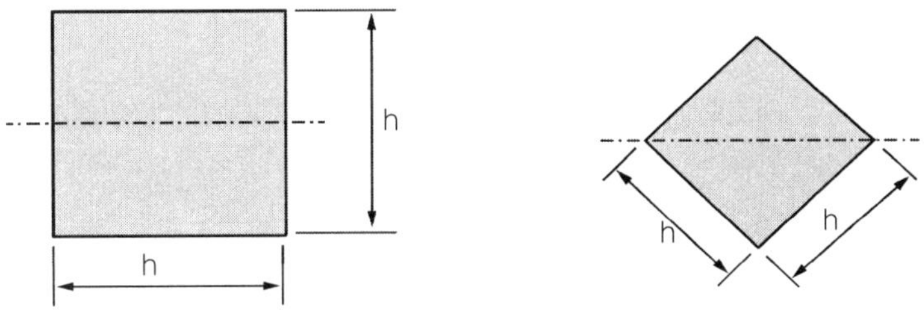

(a) (b)

풀이 $Z_a = \frac{1}{6}h^3, \quad Z_b = \frac{\sqrt{2}}{12}h^3$

$$\therefore \frac{Z_a}{Z_b} = \frac{\frac{1}{6}h^3}{\frac{\sqrt{2}}{12}h^3} = \frac{1}{6} \times \frac{12}{\sqrt{2}} = \frac{2}{\sqrt{2}} = \sqrt{2}$$

$$\therefore Z_a = \sqrt{2}\, Z_b$$

02. 동일한 단면적을 가진 정방형과 원과의 단면계수의 비를 구하시오.

풀이 $h^2 = \frac{\pi}{4}d^2$

$$\therefore\ h = \sqrt{\frac{\pi}{4}}d = 0.886d$$

원형의 단면계수 Z_1은

$$Z_1 = \frac{\pi}{32}d^3 = 0.0982d^3$$

정사각형의 단면계수 Z_2는

$$Z_2 = \frac{h^3}{6} = \frac{(0.886d)^3}{6} = 0.116d^3$$

$$\therefore\ \frac{Z_2}{Z_1} = \frac{0.116d^3}{0.0982d^3} = 1.18$$

$$\therefore\ Z_2 = 1.18Z_1$$

그러므로, 정사각형의 단면계수가 원형의 단면계수의 1.18배이다.

03. 그림과 같은 외팔보가 있다. 이 보에 허용 굽힘응력 σ_b= 6 [kgf/mm^2]이면 고정단에 필요한 단면계수는 얼마인가 ? 또한 보의 단면을 b= 50[mm]의 장방형으로 할 경우, 높이 h는 얼마인가 ?

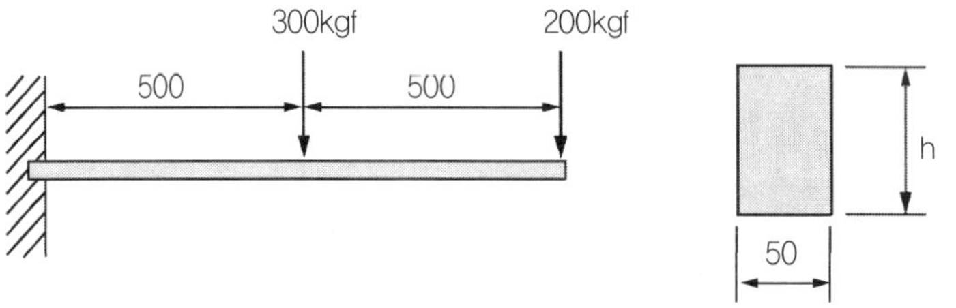

풀이 M= 200×1000+300×500= 3.5×10^5[kgf · mm](최대 굽힘 모멘트)

$M_b = \sigma_b Z$ 이므로

$$Z = \frac{M}{\sigma_b} = \frac{3.5 \times 10^5}{6} = 5.83 \times 10^4 [\text{mm}^3]$$

사각형의 단면계수 $Z = \frac{bh^2}{6}$ 이므로

$$h = \sqrt{\frac{6Z}{b}} = \sqrt{\frac{6 \times 5.83 \times 10^4}{50}} = 83.6[\text{mm}]$$

04. 그림과 같이 길이 1000[mm]의 외팔보의 자유단에 900[kgf]의 하중이 작용하고 있다. 이 단면을 폭 50[mm]의 장방형으로 하고 싶다. 단면의 높이 h를 구하시오. 그리고 고정단에서 부터 200[mm]의 곳에 직경 30[mm]의 구멍을 뚫어도 좋은가를 판단하시오. 단, 허용 굽힘 응력은 σ= 3[kgf/mm^2]이고 집중응력은 무시한다.

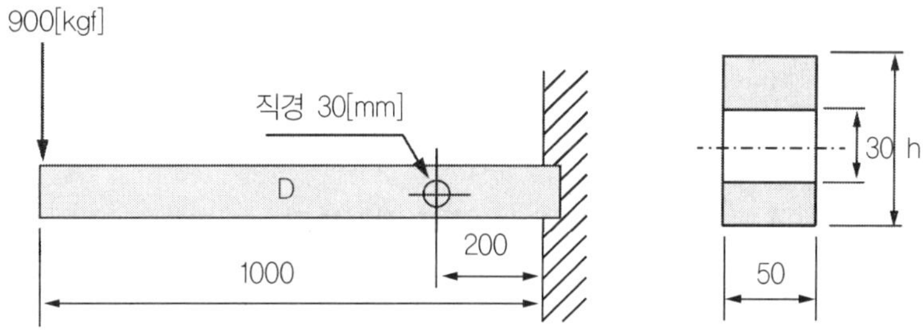

풀이

(1) 최대 굽힘 모멘트 M은

$$M = 900 \times 1000 = 9 \times 10^5[\text{kgf} \cdot \text{mm}]$$

필요 단면계수 Z는

$$Z = \frac{M}{\sigma} = \frac{9 \times 10^5}{3} = 3 \times 10^5[\text{mm}^3]$$

한편, 사각형의 단면계수 식은 $Z = \frac{bh^2}{6} = \frac{50}{6}h^2$ 이므로

$$\therefore\ h = \sqrt{\frac{6Z}{50}} = \sqrt{\frac{6 \times 3 \times 10^5}{50}} = 190[\text{mm}]$$

(2) 구멍부의 단면계수 Z

$$Z = \frac{1}{6} \cdot \frac{b(h_2^3 - h_1^3)}{h_2} = \frac{1}{6} \cdot \frac{50(190^3 - 30^3)}{190}$$

$$= 3 \times 10^5 [\text{mm}^3]$$

구멍부의 작용 굽힘 모멘트 M은

$$M = 900 \times 800 = 7.2 \times 10^5 [\text{kgf} \cdot \text{mm}]$$

구멍부의 굽힘응력 σ는

$$\sigma = \frac{M}{Z} = \frac{7.2 \times 10^5}{3 \times 10^5} = 0.2 [\text{kgf/mm}^2]$$

05. 그림과 같이 스팬 5[m]의 I형강의 양단 지지보의 중앙에 2000[kgf]의 집중 하중이 작용할 때 최대 처짐량은 얼마인가 ? 단, E = 2×10^4[kgf /mm^2]이다.

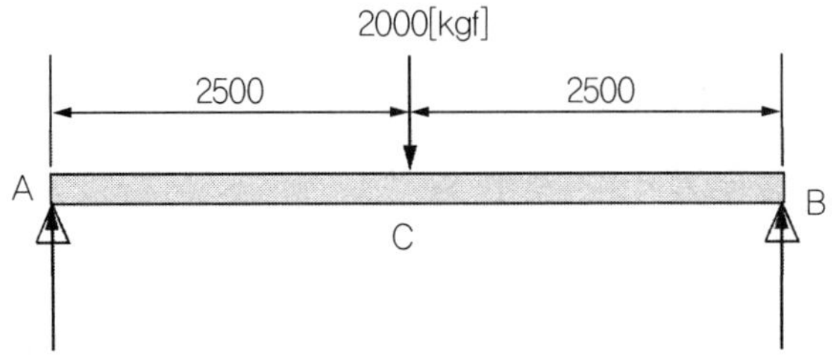

풀이 식 (5–5)에서 $\delta_{\max} = \beta \dfrac{Wl^3}{EI}$

표에서 $\beta = \dfrac{1}{48}$ 이므로

$$\delta_{\max} = \frac{1}{48} \cdot \frac{2000 \times 5000^3}{2.1 \times 10^4 \times 1.52 \times 10^8} = 1.63 [\text{mm}]$$

06. 문제 5의 단순지지 보를 아래 그림과 같이 고정보로 만들었을 경우 최대 처짐은 얼마인가 ?

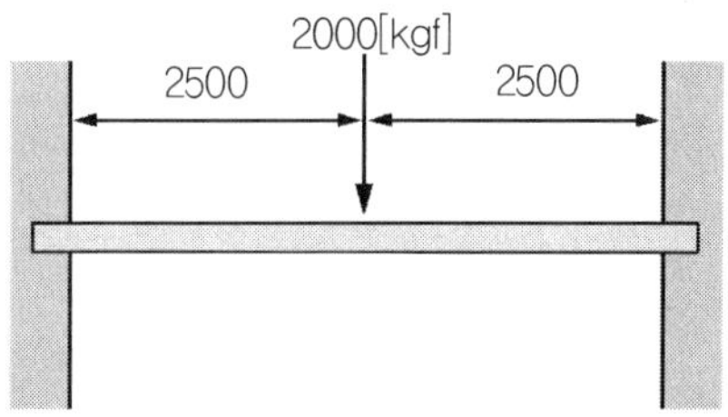

풀이 표에서, $\beta = \dfrac{1}{192}$ 이므로

$$\delta_{max} = \frac{1}{192} \cdot \frac{2000 \times 5000^3}{2.1 \times 10^4 \times 1.52 \times 10^8} = 0.408[mm]$$

07. 아래 그림의 양단 지지보의 중앙에 집중하중이 작용하고 있을 때 최대 처짐량을 δ_{max} = 1[mm]으로 고정하고 싶다. 보에 가할 수 있는 하중은 어느 정도인가 ? 단, 이 보는 외경 d_2 = 45[mm], 내경 d_1 = 30[mm]인 중공축이고, 허용 굽힘 응력은 σ_b = 8[kgf/mm^2], 종 탄성계수 E= 2.1×10^4 [kgf/mm^2]이다.

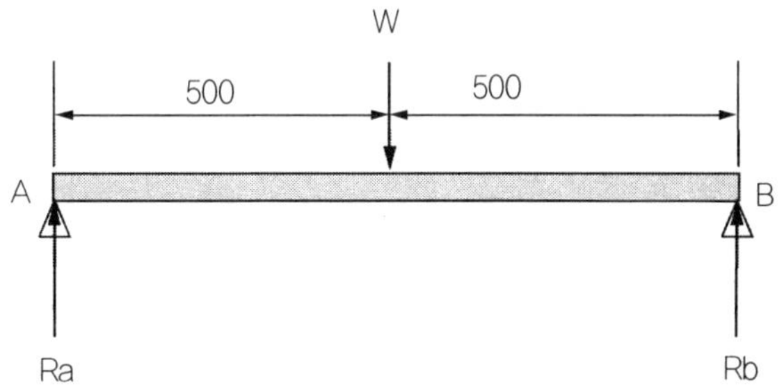

풀이 최대 처짐량의 식 $\delta_{max} = \beta \dfrac{Wl^3}{EI}$

$$\therefore\ W = \frac{\delta_{max} \cdot EI}{\beta l^3}$$

표에서 중앙 집중하중이 작용하는 경우의 양단 지지인 경우 $\beta = \frac{1}{48}$

한편 $I = \frac{\pi}{64}(d_2^4 - d_1^4) = \frac{\pi}{64}(45^4 - 30^4) = 1.615 \times 10^5 [mm^4]$

$$\therefore\ W = \frac{1 \times 2.1 \times 10^4 \times 1.615 \times 10^5}{\frac{1}{48} \times 1000^3}$$

$$= \frac{48 \times 2.1 \times 10^4 \times 1.615 \times 10^5}{1000^3}$$

$$= 163 [kgf]$$

08. 그림과 같이 장방형 단면에서 길이 2[m]의 외팔보에 500[kgf]의 집중하중을 가한 경우, 최대 처짐량을 10[mm] 이하로 하고 싶다. 단면의 높이 h와 폭 b를 구하시오. 단, $h = 2b$로 하고 종 탄성계수 E = 2.1×10^4 [kgf/mm^2]이다.

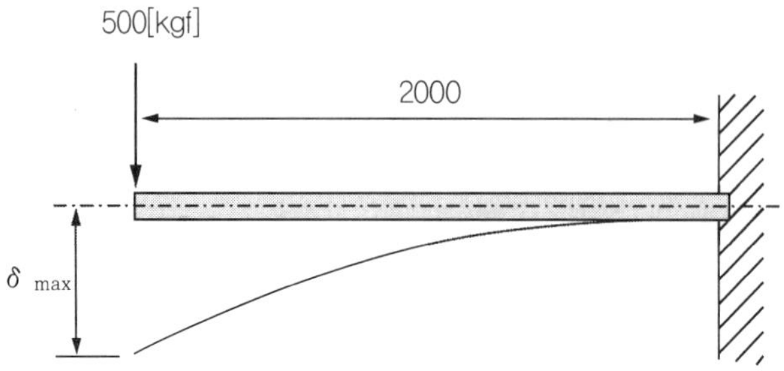

풀이 $\delta_{max} = \beta \frac{Wl^3}{EI}$ 이므로 $I = \beta \frac{Wl^3}{E\delta_{max}}$, 표에서 $\beta = \frac{1}{3}$ 이므로

$$I = \frac{1}{3} \cdot \frac{500 \times 2000^3}{2.1 \times 10^4 \times 10} = 6.35 \times 10^6 [mm^4]$$

한편, $I = \frac{b}{12}h^3 = \frac{b}{12}(2b)^3 = \frac{2}{3}b^4$

$$\therefore\ b = \sqrt[4]{\frac{3I}{2}} = \sqrt[4]{\frac{3 \times 6.35 \times 10^6}{2}} = 55.6 [mm]$$

$h = 2b = 2 \times 55.6 = 111.2[\text{mm}]$

09. 그림과 같이 등분포 하중을 받고 있는 외팔보가 있다. 자유단의 최대 처짐량 $\delta_{\max}$를 구하시오. 단, 종 탄성계수 $E = 2.1 \times 10^4[\text{kgf/mm}^2]$이다.

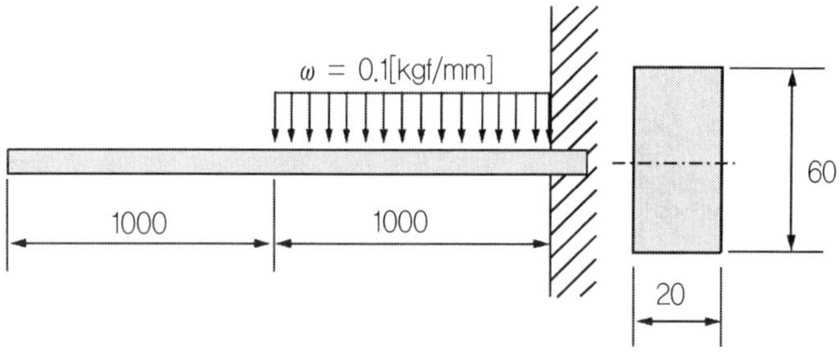

풀이 $\delta = \dfrac{1}{8} \cdot \dfrac{W\left(\dfrac{l}{3}\right)^3}{EI}$, $\quad i = \dfrac{w\left(\dfrac{l}{2}\right)^2}{6EI}$

단면 2차 모멘트 I

$$I = \frac{b}{12}h^3 = \frac{20}{12} \times 60^3 = 3.6 \times 10^5[\text{mm}^4]$$

하중 W는

$$W = w \cdot \frac{l}{2} = 0.1 \times 1000 = 100[\text{kgf}]$$

$$\delta_{\max} = \frac{1}{8} \cdot \frac{W\left(\frac{l}{2}\right)^3}{EI} + \frac{w\left(\frac{l}{2}\right)^2}{6EI} \times \left(\frac{l}{2}\right)$$

$$= \frac{1}{8} \cdot \frac{100 \times 1000^3}{2.1 \times 10^4 \times 3.6 \times 10^5} + \frac{100 \times 1000^3}{6 \times 2.1 \times 10^4 \times 3.6 \times 10^5}$$

$$= 1.65 + 2.20 = 3.85[\text{mm}]$$

10. 그림의 한쪽 고정 겹판 스프링에서 전장 $l = 400$[mm], 폭 $b = 60$[mm], 두께 $h = 6$[mm], 판의 매수 $n = 6$매, 허용 굽힘응력 $\sigma_b = 20$[kgf/mm^2]. 종탄성계수 $E = 2.1\times10^4$[kgf/mm^2]이다.

(1) 자유단에 가할 수 있는 최대하중은 얼마인가 ?

(2) 이 때 최대 처짐량 δ_{max}은 얼마인가 ?

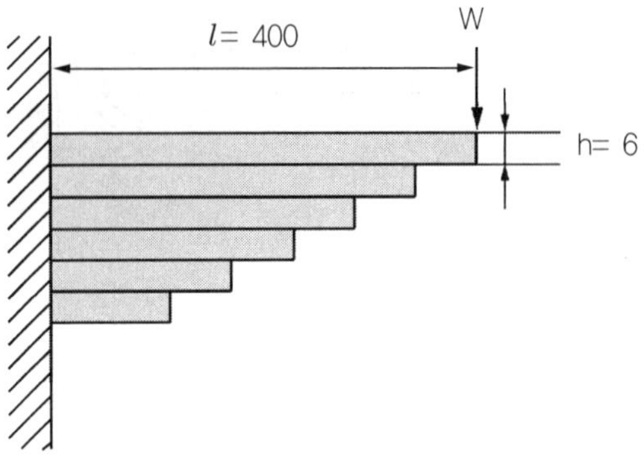

풀이 $M = Wl$ ······ ①

$$M = \sigma_b Z = \sigma_b \frac{nbh^2}{6} \quad \cdots\cdots ②$$

식 ①과 식 ②에서

$$Wl = \sigma_b \frac{nbh^2}{6}$$

$$\therefore\ w = \frac{\sigma_b nbh^2}{6l} = \frac{20 \times 6 \times 60 \times 6^2}{6 \times 400} = 108[\text{kgf}]$$

$$\delta = \frac{l^2\sigma_b}{hE} = \frac{400^2 \times 20}{6 \times 2.1 \times 10^4} = 25.4[\text{mm}]$$

11. 두께 8[mm]인 판재 10매를 겹친 스팬 1000[mm]인 차량용 스프링에서 800[kgf]의 하중을 지지하려고 한다. 허용응력은 20[kgf/mm^2]이다. 판의 폭을 구하여라.

풀이 $\sigma_b = \dfrac{3Wl}{2nbh^2}$

$$\therefore\ b = \frac{3Wl}{2nh^2\sigma_b} = \frac{3 \times 800 \times 1000}{2 \times 10 \times 8^2 \times 20} = 93.8[\text{mm}]$$

12. 문제 11에서 최대 처짐량은 얼마인가? 단, 종 탄성계수를 E = 2.1×10^4[kgf/mm^2]이다.

풀이 $\delta = \dfrac{3Wl^3}{8nbh^3E} = \dfrac{3 \times 800 \times 1000^3}{8 \times 10 \times 94 \times 8^3 \times 2.1 \times 10^4} = 29.7[\text{mm}]$

Mechanics of Materials

CHAPTER 06 비틀림

torsion

1. 축의 비틀림

1.1. 축의 비틀림

1.1.1. 축

비틀림 하중이 작용하는 부재의 형상은 다양하게 있을 수 있다. 그러나 대부분의 기계나 구조물에 사용되는 비틀림을 받는 부재의 형상은 원형 축을 이루고 있으며, 축은 비틀림 하중을 받는 가늘고 긴 부재를 말하며, 주로 동력을 전달하는데 사용된다.

1.1.2. 비틀림 모멘트 또는 토크

축에 가해진 우력 모멘트를 비틀림 모멘트 또는 토크(torque)라고 한다.

비틀림 모멘트 WL(또는 토크 T)

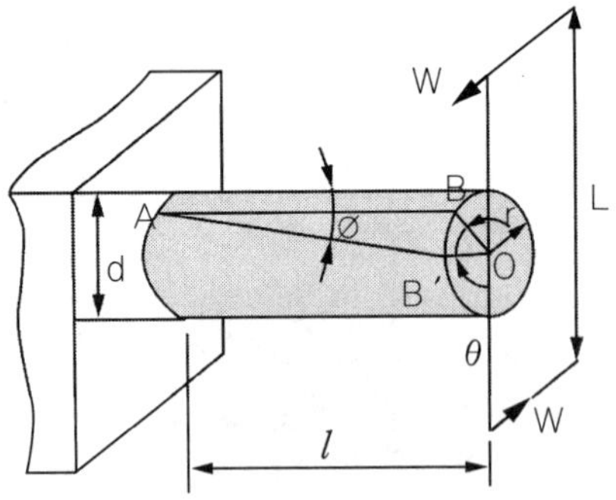

φ : 전단각[rad].
θ : 비틀림각[rad]
d : 직경[mm]
W : 회전력[kgf]
l : 길이[mm]
WL : 비틀림 모멘트(토크)[kgf · mm]

그림 1.

1.1.3. 비틀림에 의한 응력과 변형률

[1] 비틀림에 의하여 생기는 변형률

그림 1에 있어서 축의 원통 표면에 대하여 고려해 보기로 하자. 축을 비틀면, 직선 AB가 AB'로 이동한다. 이것은 단면에 전단이 작용하여 BB'의 변형량을 발생했다고 생각할 수 있다.

예제 Exercise

01. 아래 그림은 그림 1의 원통표면을 펼친 것이다. 전단변형률을 구하여라. 단, 비틀림 각을 θ, 원통의 반경을 r로 한다(그림 1을 참조할 것).

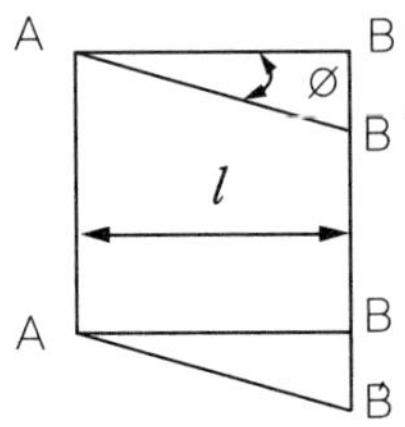

풀이 $\gamma = \tan\varnothing = \dfrac{BB'}{AB} = \dfrac{BB'}{l} \fallingdotseq \varnothing = r\theta$

[2] 비틀림에 의하여 발생하는 전단응력

축이 원판형상의 극히 얇은 층으로 이루어져 있다고 가정하면, 축이 외부로부터 비틀림 모멘트 T를 받았을 때 각 층의 면이 조금씩 미끄럼을 발생하여 전체의 축이 비틀어지는 것이다. 이 때 각층의 면에는 식 (6-1)과 같은 전단응력을 발생한다.

$$\tau = G\varnothing = G \cdot \frac{r\theta}{l} [\mathrm{kgf/mm^2}] \quad \cdots\cdots (6-1)$$

전단응력은 위 식에서도 알 수 있듯이

① 동일 단면상에서는 중심 O로부터의 거리 r에 비례한다(그림 2).

② 동일 원통면 상에서는 어느 곳에서도 같은 응력이 발생한다.

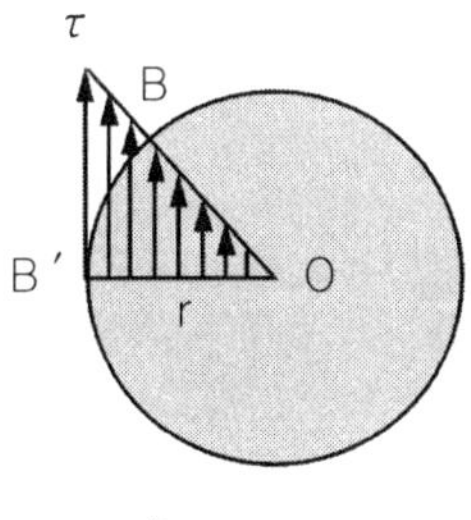

그림 2.

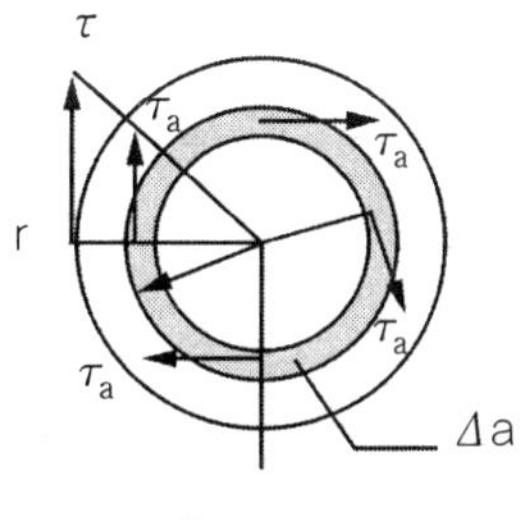

그림 3.

1.1.4. 비틀림 모멘트와 극단면계수

예제 Exercise

02. 그림 3의 축의 단면에 있어서 반경 r의 표면상에 발생하는 응력을 τ라 하면, 중심에서 임의의 반경 ρ에 발생하는 응력 τ_ρ는 얼마인가 ?

풀이 축의 전단응력은 중심에서의 거리에 비례한다.
그림 3의 중심에 있는 삼각형에 대하여

$$\tau_\rho : \tau = \rho : r$$

$$\therefore \tau_\rho = \tau \frac{\rho}{r}$$

03. 그림 3에 있어서 중심 O에서 반경ρ의 위치에 미소면적 Δa의 원환을 고려할 경우, 이 원환에 발생하는 하중을 구하시오.

풀이 하중은 응력과 단면적의 곱이다.

원환에 발생한 하중 $W = \tau_\rho \cdot \Delta a = \tau \cdot \frac{\rho}{r} \Delta a$

04. 그림 3에 있어서 원환에 발생하고 있는 전응력에 의한 중심 O에 대한 모멘트 $\Delta T'$를 구하시오.

풀이 모멘트 = 힘 × 거리(힘은 $t_\rho \cdot \Delta a$, 거리는 ρ)

$$\Delta T' = \tau_\rho \cdot \rho \cdot \Delta a = \tau \cdot \frac{\rho}{r} \rho \Delta a = \frac{\tau}{r} \rho^2 \Delta a$$

ΔT'를 중심 O로부터 축의 반경 r에 이르는 단면전체의 총합을 비틀림 저항 모멘트라고 하며 T'로 표시한다.

$$T' = \Sigma \Delta T' = \Sigma \frac{\tau}{r} \rho^2 \cdot \Delta a = \frac{\tau}{r} \Sigma \rho^2 \cdot \Delta a$$

$\Sigma\rho^2 \cdot \Delta a$는 단면의 형상, 크기에 따라서 일정한 값을 가지므로 계수로 생각하여 I_p로 표시한다. 즉, $I_p = \Sigma\rho^2 \cdot \Delta a$, 이것을 단면 2차 극모멘트(극관성 모멘트)라고 한다. 가하여진 토크 T와 발생한 비틀림 저항모멘트 T'는 크기가 같고 방향이 반대이므로 그 크기는

$$T = T' = \frac{\tau}{r} I_p = \tau \cdot \frac{I_p}{r}$$

이다.

$\frac{I_p}{r}$도 일정한 값이므로 상수로서 취급하여 이것을 Z_p로 표시한다. 즉, $Z_p = \frac{I_p}{r}$이고, 이것을 극 단면계수라고 한다.

비틀림의 기본식 $T = \tau Z_p$ ·· (6-2)

식 (6-2)는 토크와 단면계수와의 관계를 나타내는 중요한 식이다.

1.1.5. 단면 2차 극모멘트와 극단면계수

[1] 단면 2차 극모멘트

단면 2차 극모멘트는 Z축(X, Y, Z 축은 상호 직각인 축으로서, Z축은 O점에서 지면에 세운 수직선)에 관한 단면 2차 모멘트이다. 또는 축심에 관한 단면 2차 모멘트이다. 그림 4에 의하여

$$I_p = \Sigma\rho^2\Delta a = \Sigma(x^2 + y^2)\Delta a = \Sigma x^2\Delta a + \Sigma y^2\Delta a = I_x + I_y$$

단면 2차 극모멘트는 X축 및 Y축에 관한 단면 2차 모멘트의 합이다.

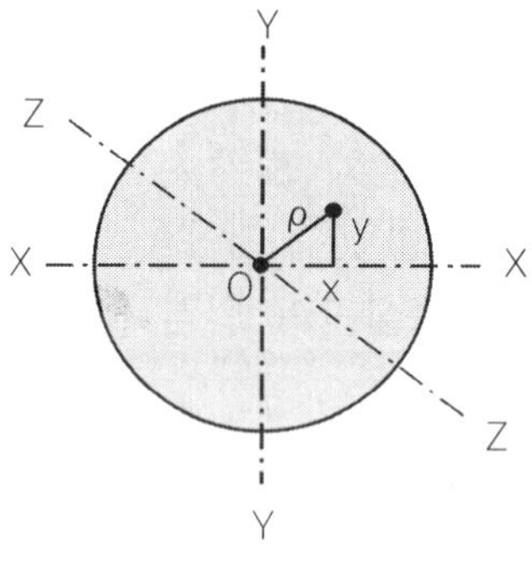

그림 4.

[2] 원형단면의 I_p와 Z_p

원형단면에서는 $I_x = I_y$ 에서 이것을 I 라고 하면

$$I_p = I_x \times I_y = 2I$$

이다.

① 단면이 중실원인 경우는 $I = \frac{\pi}{64}d^4$(chapter 05. 표 1참조)이므로

$$I_p = 2I = \frac{\pi}{32}d^4[\text{mm}^4]$$

$$Z_p = \frac{I_p}{\frac{d}{2}} = \frac{\pi}{32}d^4 \times \frac{2}{d} = \frac{\pi}{16}d^3[\text{mm}^3] \quad \cdots\cdots (6-3)$$

② 단면이 중공원인 경우(d_2 : 외경, d_1 : 내경)

$$I_p = 2I = 2 \times \frac{\pi}{64}(d_2^4 - d_1^4) = \frac{\pi}{32}(d_2^4 - d_1^4)$$

$$Z_p = \frac{I_p}{\frac{d_2}{2}} = \frac{\pi}{16} \cdot \frac{d_2^4 - d_1^4}{d_2}[\text{mm}^3] \quad \cdots\cdots (6-4)$$

예제 Exercise

05. 직경 60[mm]의 중실원과 외경 80[mm], 내경 60[mm]의 중공원의 I_p와 Z_p를 구하시오.

풀이 식 (6-3), 식 (6-4)을 이용한다.

(1) 중실원

$$I_p = \frac{\pi}{32}d^4 = \frac{\pi}{32} \times 60^4 = 1.272 \times 10^6[\text{mm}^4]$$

$$Z_p = \frac{\pi}{16}d^3 = \frac{\pi}{16} \times 60^3 = 4.24 \times 10^4[\text{mm}^3]$$

(2) 중공원

$$I_p = \frac{\pi}{32}(d_2^4 - d_1^4) = \frac{\pi}{32}(80^4 - 60^4) = 2.75 \times 10^6[\text{mm}^4]$$

$$Z_p = \frac{\pi}{16}\frac{d_2^4 - d_1^4}{d_2} = \frac{\pi}{16}\frac{80^4 - 60^4}{80} = 6.87 \times 10^4[\text{mm}^3]$$

06. 20000[kgf · mm]인 비틀림 모멘트가 작용하는 직경 60[mm]인 환봉 축의 최대 전단응력을 구하시오.

풀이 $T = \tau Z_p$ 에 의하여 $\tau = \dfrac{T}{Z_p}$, 이 식에 의하여 간단히 구할 수 있다.

$$Z_p = \frac{\pi}{16}d^3 = \frac{\pi}{16} \times 60^3 = 4.24 \times 10^4 [\text{mm}^3]$$

$$\tau = \frac{T}{Z_p} = \frac{20000}{4.24 \times 10^4} = 0.472 [\text{kgf/mm}^2]$$

2. 축의 강도

2.1. 축의 강도와 축경의 계산

2.1.1. 토크와 축경

[1] 중실원 단면

$$T = \tau Z_p = \tau \cdot \frac{\pi d^3}{16}$$

$$\tau = \frac{T}{Z_p} = \frac{16T}{\pi d^3}$$

축경 d는

$$\therefore d = \sqrt[3]{\frac{16T}{\pi\tau}} \quad \cdots\cdots (6-5)$$

[2] 중공원 단면

$$T = \tau Z_p = \tau \cdot \frac{\pi}{16}\frac{d_2^4 - d_1^4}{d_2} \quad \cdots\cdots (6-6)$$

예 제 Exercise

07. 2.0 × 10^5[kgf · mm]의 비틀림 모멘트를 받고 있는 축의 직경을 구하시오. 단, 허용 비틀림 응력은 τ= 4[kgf/mm^2]이다.

풀이 식 (6-5)에 수치를 대입하여 구한다.

$$d = \sqrt[3]{\frac{16T}{\pi\tau}} = \sqrt[3]{\frac{16\times2\times10^5}{\pi\times4}} = 63.4[\text{mm}]$$

08. 2.0 × 10^5[kgf · mm]의 비틀림 모멘트를 받는 외경 80[mm]인 중공축의 내경을 얼마로 하면 좋은가 ? 단, 허용 비틀림 응력은 τ= 2 [kgf/mm^2]이다.

풀이 식 (6-6)을 이용한다.

$$Z_p = \frac{\pi}{16}\frac{d_2^4 - d_1^4}{d_2}$$

$$\therefore \frac{d_2^4 - d_1^4}{d_2} = \frac{16T}{\pi\tau}$$

$$\therefore d_1^4 = d_2^4 - \frac{16Td_2}{\pi\tau}$$

$$\therefore d_1 = \sqrt[4]{d_2^4 - \frac{16Td_2}{\pi\tau}} = \sqrt[4]{80^4 - \frac{16\times2\times10^5\times80}{\pi\times2}}$$

$$= 21.6[\text{mm}]$$

09. 외경 40[mm], 내경 20[mm]의 중공축에 60000[kgf · mm]의 비틀림 모멘트가 작용하고 있다. 발생하는 비틀림 응력을 구하시오.

풀이 식 (6-6)에 의하여 구한다.

$$T = \tau\ \frac{\pi}{16}\cdot\ \frac{d_2^4 - d_1^4}{d_2}$$

$$\therefore \tau = \frac{16Td_2}{\pi(d_2^4 - d_1^4)} = \frac{16\times60000\times40}{\pi(40^4 - 20^4)} = 5.09[\text{kgf/mm}^2]$$

10. 동일한 재료로 만들고 같은 크기의 비틀림 모멘트에 대한 강도를 가지는 중실축과 중공축에 대하여 무게를 비교하시오. 단, 중공축의 내경을 외경의 1/2로 한다.

풀이 강도가 같다고 하는 것은 Z_p가 같은 것이다.

동일한 재료, 동일한 비틀림 모멘트, 동일한 강도이므로 Z_p는 같다. 중실 축경을 d, 중공축 외경을 d_2, 중공축 내경을 d_1, 중실축 중량을 W, 중공축 중량을 W'라고 하면

$$\frac{\pi d^3}{16} = \frac{\pi}{16}\frac{d_2^4 - d_1^4}{d_2}$$

$$\therefore \pi d^3 = \frac{d_2^4 - d_1^4}{d_2}$$

$d_1 = \frac{1}{2}d_2$ 이므로

$$d^3 = \frac{d_2^4 - (\frac{1}{2}d_2)^4}{d_2} = \frac{15}{16}d_2^3$$

$$\therefore d = \sqrt[3]{\frac{15}{16}}d_2 = 0.979d_2$$

$$\frac{W}{W'} = \frac{\frac{\pi}{4}d^2}{\frac{\pi}{4}(d_2^2 - d_1^2)}$$

$$= \frac{d^2}{d_2^2 - d_1^2} = \frac{(0.979d_2)^2}{d_2^2 - (\frac{1}{2}d_2)^2} = \frac{0.979^2}{(1 - \frac{1}{4})} = 1.278$$

중실축의 경우가 1.28배 무겁다.

2.1.2. 축의 전달동력과 축경

[1] T[kgf · mm]와 동력 [KW], [PS](마력)와의 관계

동력의 환산

$$1[KW] = 102[kgf \cdot m/s] = 102000[kgf \cdot mm/s]$$

$$1[P]S = 75[kgf \cdot m/s] = 75000[kgf \cdot mm/s]$$

예제 Exercise

11. 그림과 같이 반경 r[mm]인 축이 원주상에 F의 회전력을 받아 N [rpm]으로 회전하고 있다. 동력 P[KW] 및 H[PS]의 식을 만드시오.

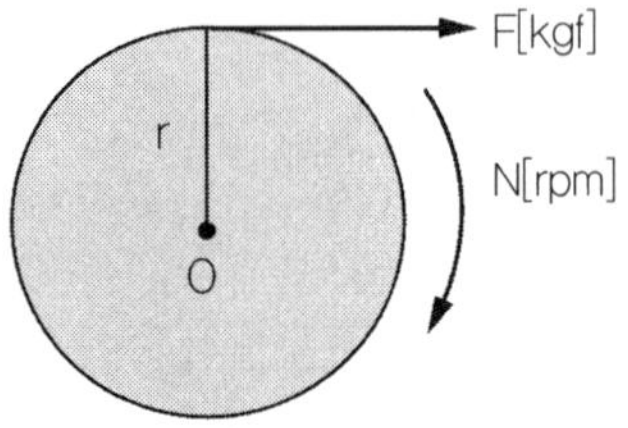

풀이 동력이란 단위 시간당의 일량이다. 또 일은 {힘 × 힘 방향의 변위}, 즉, 일량은 $Q = F \times 2\pi r N$[kgf · mm/min]이다.

$$P = \frac{Q}{102000t} = F \times \frac{2\pi r N}{102000 \times 60} = \frac{NT}{9.74 \times 10^5}[KW]$$

$$H = \frac{Q}{75000t} = \frac{F \times 2\pi r N}{75000 \times 60}$$

$$= \frac{2\pi F r N}{4.5 \times 10^6} = \frac{2\pi TN}{4.5 \times 10^6} = \frac{NT}{7.162 \times 10^5}[PS]$$

※ Q는 일량, N을 1분간의 회전이라 하면 1초간의 회전수는 $\frac{N}{60}$, $T = Fr$[kgf · mm]. 위의 사실을 염두에 두고 다시한번 생각해 보시오.

■ 공식의 정리

$$P\ [\mathrm{KW}] = \frac{NT}{9.74 \times 10^5}[\mathrm{kw}] \quad \cdots\cdots (6-7)$$

T : [kgf · mm]

$$H\ [\mathrm{PS}] = \frac{NT}{7.162 \times 10^5}[\mathrm{PS}] \quad \cdots\cdots (6-8)$$

T : [kgf · mm]

식 (6−7)에 의하여

$$T = 9.74 \times 10^5 \times \frac{P}{N}[\mathrm{kgf \cdot mm}] \quad \cdots\cdots (6-9)$$

이다. 식 (6−8)에 의하여

$$T = 7.162 \times 10^5 \times \frac{H}{N}[\mathrm{kgf \cdot mm}] \quad \cdots\cdots (6-10)$$

이다.

예제 Exercise

12. 직경 50[mm]인 축이 600[rpm]으로 회전하고 있다. 전달 가능한 동력은 최대 몇 [PS]인가 ? 단, 허용 전단응력은 τ= 5[kgf/mm^2]이다.

풀이 우선 $T = \tau Z_p$로서 전달 가능한 토크를 구하고, 이것을 식 (6-8)에 대입하여 동력을 구하면 된다.

(1) 전달 가능한 토크의 계산

식 (6-2)에 의하여

$$T = \tau Z_p = \tau \cdot \frac{\pi d^3}{16} = 5 \times \frac{\pi 50^3}{16}$$

$$= 1.227 \times 10^5[\mathrm{kgf \cdot mm}]$$

(2) 전달 가능한 동력의 계산

식 (6-8)에 의하여

$$H = \frac{NT}{7.162 \times 10^5} = \frac{600 \times 1.227 \times 10^5}{7.162 \times 10^5} = 102.8[PS]$$

13. 직경 50[mm]인 축이 매 분당 120회전하고 15[KW]의 동력을 전달하고 있다. 축에 생기는 최대 응력은 얼마인가 ?

풀이 식 (6-9)에 의하여 토크를 구하고, 이것을 $T = \tau Z_p$에 대입하여 τ를 구하면 된다.

■ 토크의 계산

$$T = 9.74 \times 10^5 \frac{P}{N} = 9.74 \times 10^5 \times \frac{15}{120} = 1.218 \times 10^5 [kgf \cdot mm]$$

다음에 $T = \tau Z_p$에 의하여 τ를 구한다.

$$\tau = \frac{T}{Z_p} = \frac{T}{\frac{\pi}{16} d^3} = \frac{16T}{\pi d^3} = 16 \times 1.218 \times \frac{10^5}{\pi \times 50^3}$$

$$= 4.96[kgf/mm^2]$$

[2] 동력과 회전수로부터 축경의 계산

$T = \tau Z_p$로 부터 d의 식을 구하고 이것을 식 (6-9) 및 (6-10)식에 대입하면, 다음과 같은 식을 얻을 수 있다.

$$d = \sqrt[3]{\frac{16T}{\pi\tau}} = \sqrt[3]{\frac{16 \times 9.74 \times 10^{5P}}{\pi \tau N}} = 170.5 \sqrt[3]{\frac{P}{\tau N}} [mm] \quad \cdot (6-11)$$

$$d = \sqrt[3]{\frac{16T}{\pi\tau}} = \sqrt[3]{\frac{16 \times 7.162 \times 10^5 P}{\pi \tau N}} = 153.9 \sqrt[3]{\frac{H}{\tau N}} [mm] \quad \cdot (6-12)$$

예 제 Exercise

14. 1200[rpm]에서 3[KW]의 동력을 전달하고 있는 축이 받는 비틀림 모멘트와 축경을 구하시오. 단, 허용 비틀림 응력은 τ= 2[kgf/mm^2]이다.

풀이 토크 계산식인 (6-10)을 사용하여, 축경의 계산은 식 (6-12)에 의하여 계산되어진다. 또는 축경을 구할 수 있는 토크식인 $d = \sqrt[3]{\frac{16T}{\pi\tau}}$ 에 대입하여도 된다.

■ 토크의 계산

$$T = 9.74\times10^5 \frac{P}{N} = 9.74\times10^5\times\frac{3}{1200} = 2440[\text{kgf}\cdot\text{mm}]$$

축경 d는

$$d = 170.5\sqrt[3]{\frac{P}{\tau N}} = 170.5\sqrt[3]{\frac{3}{2\times1200}} = 18.4[\text{mm}]$$

15. 200[rpm]으로 10[PS]를 전달하는 축이 있다. 이 축의 직경을 구하시오. 단, 허용 비틀림 응력은 τ= 2[kgf/mm^2]이다.

풀이 식 (6-12)에 각각의 수치를 대입하면 된다.

$$d = 153.9\sqrt[3]{\frac{H}{\tau N}} = 153.9\sqrt[3]{\frac{10}{2\times200}} = 45[\text{mm}]$$

16. 외경 60[mm], 내경 50[mm]인 중공축이 273[rpm]으로 회전하고 있다. 전달 가능한 동력은 최대 몇 PS인가 ? 단, 허용 비틀림 응력은 τ= 4.8[kgf/mm^2]이다.

풀이 단면의 치수 및 허용응력이 주어져 있으므로 우선 전달 가능한 토크 T를 구하고, 이것을 식 (6-8)에 대입하여 동력을 구하면 된다.

(1) 전달 가능한 토크의 계산

$$T = \tau Z_p = \tau\frac{\pi}{16}\frac{d_2^4 - d_1^4}{d_2} = 4.8\times\frac{\pi}{16}\cdot\frac{60^4-50^4}{60}$$
$$= 1.054\times10^5[\text{kgf}\cdot\text{mm}]$$

(2) 전달 가능한 동력의 계산

$$H = \frac{NT}{7.162\times10^5} = \frac{273\times1.054\times10^5}{7.162\times10^5} = 40.2[\text{PS}]$$

2.2. 비틀림 각과 전달동력

2.2.1. 비틀림 동력계

비틀림 동력계란 일정한 길이 l에 대하여 비틀림 각 θ를 측정하고, 토크와 동력을 산출하는 측정기이다. 그 원리는 다음과 같다.

[1] 비틀림 각과 토크

양단의 비틀림 각을 θ라 하면

$$\tau = G\gamma = G \cdot \frac{r\theta}{l} \quad \cdots\cdots (6-13)$$

이다. 따라서

$$\theta = \frac{\tau \cdot l}{rG} \quad \cdots\cdots (6-14)$$

한편 $T = \tau Z_p = \tau \cdot \frac{\pi d^3}{16}$ 식 (6-13)과 (6-14)에 의하여

$$\theta = \frac{\tau \cdot l}{rG} = \frac{\frac{16Tl}{\pi d^3}}{rG} = \frac{16Tl}{\pi d^3 rG} = \frac{16Tl}{\pi d^3 \cdot \frac{d}{2}G}$$

$$= \frac{32Tl}{\pi d^4 G} = \frac{Tl}{\frac{\pi d^4}{32}G} = \frac{Tl}{GI_p}\text{[rad](비틀림각의 기본공식)} \quad \cdots (6-15)$$

θ를 도(°)로 표시하면 1[rad]은 약 57.3° 이므로

$$\theta = 57.3 \times \frac{Tl}{GI_p}\text{[도]} \quad \cdots\cdots (6-16)$$

이다.

[2] 비틀림 각과 동력

식 (6-15) 및 (6-16)에 $T = 7.162 \times 10^5 \times \frac{H}{N}$ 또는 $T = 9.74 \times 10^5 \times \frac{P}{N}$을 대입하고, 비틀림 각과 동력과의 관계를 나타내는 식을 만들면

$$\theta = 9.74 \times 10^5 \times \frac{P}{N} \cdot \frac{l}{GI_p} = 5.58 \times 10^7 \times \frac{Pl}{NGI_p} [\text{도}] \quad \cdots\cdots (6-17)$$

$$\theta = 7.162 \times 10^5 \times \frac{H}{N} \cdot \frac{l}{GI_p} = 4.1 \times 10^7 \times \frac{Hl}{NGI_p} [\text{도}] \quad \cdots\cdots (6-18)$$

이다. 즉, 비틀림 동력계에서 측정한 θ와 회전수 N으로 부터, 다음의 식을 사용하여 동력을 구하는 것이 가능하다.

식 (6-17)로 부터

$$P = \frac{GI_pN\theta}{5.58 \times 10^7 l} [\text{kw}] \quad \cdots\cdots (6-19)$$

식 (6-19)에 의하여

$$H = \frac{GI_pN\theta}{4.1 \times 10^7 l} [\text{PS}] \quad \cdots\cdots (6-20)$$

단, θ의 단위는 [도]이다.

예제 Exercise

17. 200[rpm]으로 5[kw]의 동력을 전달하는 길이 1[m], 직경 40[mm]인 축이 있다. 발생하는 비틀림 각은 얼마인가 ? 단, G = 0.8×10^4 [kgf/mm^2]이다.

풀이 식 (6-17)의 $\theta = 5.58 \times 10^7 \times \frac{Pl}{NGI_p}$에 수치를 대입하면 된다.

식 (6-17)로 부터

$$\theta = 5.58\times10^7\times\frac{Pl}{NGI_p} \quad \cdots\cdots\cdots\cdots\cdots\cdots\cdots\cdots\cdots\cdots\cdots\cdots \text{①}$$

여기서 $I_p = \frac{\pi d^4}{32} = \frac{\pi\times 40^4}{32} = 2.51\times10^5[\text{mm}^4]$

식 ①에 각각의 수치를 대입하여

$$\theta = 5.58\times10^7\times\frac{5\times1000}{200\times0.8\times10^4\times2.51\times10^5} = 0.695[^\circ]$$

18. **길이 2000[mm], 직경 60[mm], G= 0.8×10^4[kgf/mm^2]의 재료에 비틀림 모멘트를 가하였을 때 비틀림 각 $\frac{1}{300}$[rad]을 발생하였다. 최대 전단응력 τ를 구하시오.**

풀이 $\tau = G\gamma = G\,\frac{r\theta}{l}$ 에 수치를 대입하여 구한다.

$$\tau = G\gamma = G\,\frac{r\theta}{l}$$

$$= 8\times10^3\times \ = \frac{30\times\frac{1}{300}}{2000} = 8\times\frac{10^2}{2000} = 0.4[\text{kgf/mm}^2]$$

19. **허용응력 2[kgf/mm^2]인 재료로 직경 50[mm]인 축을 만들어 10[KW]를 전달할 때의 회전수 N[rpm]을 구하시오.**

풀이 $T = \tau Z_p = \tau\frac{\pi d^3}{16}$에서 축이 받을 수 있는 T를 구하고 $T = 9.74\times10^5\frac{P}{N}$ 에 먼저 구한 T를 대입하여 정리하면 된다.

$$T = \tau Z_p = \tau\cdot\frac{\pi d^3}{16} = \frac{2\times\pi\times50^3}{16} = 4.91\times10^4[\text{kgf}\cdot\text{mm}]$$

한편 $T = 9.74\times10^5\frac{P}{N}$

$$N = 9.74\times10^5\times\frac{P}{T} = 9.74\times10^5\times\frac{10}{4.91\times10^4} = 198.4[\text{rpm}]$$

20. 직경 60[mm], 길이 1[m], 1[°]의 비틀림 각을 발생하고 있는 축이 240[rpm]으로 회전하고 있다. 이때의 전달동력 P[KW]를 구하시오. 단, G = 0.8 × 10^4[kgf/mm^2]이다.

풀이 식 (6-19)에 수치를 대입하여 구한다.
식 (6-19)에서 P의 식을 구하면

$$P = \frac{GI_p N\theta}{5.58 \times 10^7 l} \quad \cdots\cdots \text{①}$$

또한 $I_p = \frac{\pi}{32}d^4 = \frac{\pi}{32} \times 60^4 = 1.272 \times 10^6 [mm^4]$ ⋯⋯ ②

식 ② 및 각 수치를 식 ①에 대입하여

$$P = \frac{0.8 \times 10^4 \times 1.272 \times 10^6 \times 240 \times 1}{5.58 \times 10^7 \times 1000} = 43.8[KW]$$

2.2.2. 축의 강성과 축경

비틀림 각과 토크, 비틀림 각과 동력의 식에 있어서, 단위 길이에 대한 비틀림 각 $\frac{\theta}{l}$을 축의 강성이라고 한다. 이 한도는 축의 길이 1[m]에 대하여 $\frac{1}{4}$°로 하는 것이 표준이다.

[1] 축의 강성으로부터 구한 축경

예제 Exercise

21. 축의 길이 1[m]에 대한 비틀림 각 $\frac{1}{4}$° 전달동력 P[KW]의 축의 직경을 구하는 식을 만들어 보시오.

풀이 식 (6-17)인 $\theta = 5.58 \times 10^7 \times \frac{Pl}{NGI_p}$에 $\theta = \frac{1}{4}$, $l = 1000$[mm]을 대입하고, 식을 변형하여 구하면 된다.

식 (6-17)에 의하여

$$\frac{1}{4} = 5.58 \times 10^7 \times \frac{P \times 1000}{NGI_p} = 5.58 \times 10^7 \times \frac{P \times 1000}{NG \times \frac{\pi}{32} d^4}$$

$$= 5.58 \times 10^7 \times \frac{32 \times P \times 1000}{NG\pi d^4}$$

이 식으로부터 d에 대하여 풀면

$$d = \sqrt[4]{4 \times 5.58 \times 10^7 \times 32 \times 1000 \times \frac{P}{\pi NG}} = \sqrt[4]{2.27 \times 10^{12} \times \frac{P}{GN}} \text{ [mm]}$$

22. 축의 길이 1[m]에 대하여 비틀림각 1/4[°], 전달동력 H[PS]의 축경을 구하는 식을 구하시오.

풀이 식 (6-18)을 사용하면 된다.
예제 21과 같은 방법으로 풀 것.

$$d = \sqrt[4]{1.67 \times 10^{12} \times \frac{H}{GN}} \text{ [mm]}$$

[2] 표준축의 강성으로부터 구하여진 축직경 공식

$$d = \sqrt[4]{2.27 \times 10^{12} \times \frac{P}{GN}} \quad \cdots\cdots (6-21)$$

$$d = \sqrt[4]{1.67 \times 10^{12} \times \frac{H}{GN}} \quad \cdots\cdots (6-22)$$

P : [KW]
H : [PS]

예제 Exercise

23. 허용응력 2[kgf/mm^2], G = 0.8 × 10^4[kgf/mm^2]인 재료로 축을 만들어 240[rpm], 20[PS]를 전달하기 위해서는 축경을 얼마로 하면 되는가 ? 이때 축의 강성은 1[m]에 대하여 1/4[°]로 한다.

풀이 강성으로부터 계산한 축경의 공식 (6-12)로 부터

$$d = 153.9 \sqrt[3]{\frac{H}{\tau N}} [\mathrm{mm}]$$

표준 축의 강성으로 부터 계산한 축경의 식 (6-22)으로 부터

$$d = \sqrt[4]{1.67 \times 10^{12} \times \frac{H}{GN}} [\mathrm{mm}]$$

여기서 2개의 축경을 비교하여 굵은 것을 취한다.

(1) 강성으로 부터 축경을 계산하면

$$d = 153.9 \sqrt[3]{\frac{H}{\tau N}} = 153.9 \sqrt[3]{\frac{20}{2 \times 240}} = 53.4[\mathrm{mm}]$$

(2) 표준축의 강성으로부터 축경을 계산하면

$$d = \sqrt[4]{1.67 \times 10^{12} \times \frac{H}{GN}} = \sqrt[4]{1.67 \times 10^{12} \times \frac{20}{0.8 \times 10^4 \times 240}}$$

$$= 64.6[\mathrm{mm}]$$

3. 코일스프링

3.1. 코일스프링의 변형

그림 5와 같은 코일 스프링을 구성하는 소재의 단면에 대하여 조사하여 보면 다음과 같다.

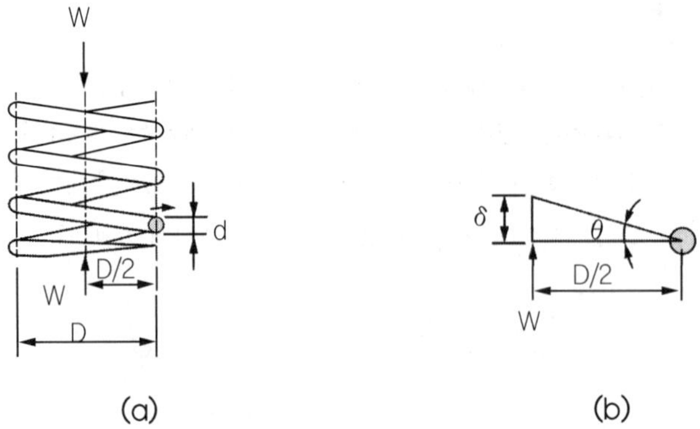

그림 4.

① 압축하중 W에 의한 비틀림 모멘트 T는

$$T = W \times \frac{D}{2}$$

D : 평균 유효경

② 스프링 1감기에 대한 변형량 δ는

$$\delta = \frac{D}{2}\theta \quad \cdots\cdots (6-23)$$

θ : 비틀림각

한편 비틀림 각 θ는 식 (6-16)에 의하여

$$\theta = \frac{Tl}{GI_p} \quad \cdots\cdots (6-24)$$

이다.

식 (6-24)를 식 (6-23)에 대입하여

$$\delta = \frac{D}{2} \times \frac{Tl}{GI_p} = \frac{D}{2} \times \frac{W \cdot \frac{D}{2} l}{GI_p}$$

1감기에 대한 스프링의 길이 $l = \pi D$ 이므로

$$\delta = \frac{D}{2} \times \frac{W \cdot \frac{D}{2} \pi D}{GI_p} = \frac{\pi W D^3}{4 G I_p} \quad \cdots\cdots (6-25)$$

③ 스프링의 n회 감기에 대한 변형량 △에 대하여

$$\varDelta = n\delta = \frac{n\pi W D^3}{4 G I_p} = \frac{n\pi W D^3}{4 G \frac{\pi}{32} d^4} = \frac{8n W D^3}{G d^4} \quad \cdots\cdots (6-26)$$

d : 선재의 직경

예제 Exercise

24. 직경 d = 30[mm], 평균 유효경 D = 120[mm], 감김 수 n = 10의 코일 스프링에 하중 1000[kgf]를 가했을 때 전단응력 및 처짐량 Δ를 구하시오. 단, G = 0.8 × 10^4[kgf/mm^2]이다.

풀이 ① τ 의 계산은, 우선 비틀림 모멘트 T를 $T = W \times \frac{D}{2}$에서 구한다. 다음에 $T = \tau Z_p$에서 $\tau = \frac{T}{Z_p}$로 τ를 산출하면 된다.

② Δ의 계산은 식 (6-26)에 수치를 대입하면 된다.

$T = \tau Z_p$

$$\therefore \tau = \frac{T}{Z_p} = \frac{\frac{W \times D}{2}}{\frac{\pi d^3}{32}} = 8 \times 1000 \times \frac{120}{\pi \times 30^3} = 11.32[\text{kgf/mm}^2]$$

처짐량 Δ는

$$\varDelta = n\delta = \frac{8n W D^3}{G d^4} = \frac{8 \times 10 \times 120^3 \times 1000}{0.8 \times 10^4 \times 30^4} = 21.3[\text{mm}]$$

25. 코일의 직경이 100[mm]인 코일 스프링이 하중 1000[kgf]에서 40[mm]로 늘어났을 때 선재의 직경 d와 유효권수n을 결정하시오. 단, 선재의 허용응력을 40[kgf/mm^2], G = 0.8 × 10^4[kgf/mm^2]이다.

풀이 ① d의 계산은 $d = \sqrt[3]{\frac{16T}{\pi\tau}}$와 $T = W \times \frac{D}{2}$의 두 식에서 구한다.

② n의 계산식은 식 (6-26)에서 $n = \frac{\Delta \times Gd^4}{8D^3W}$을 유도하고 여기에 먼저 구한 d를 대입하면 된다.

$$T = W \times \frac{D}{2} = 1000 \times \frac{100}{2} = 5\times10^4[\text{kgf}\cdot\text{mm}]$$

$$d = \sqrt[3]{\frac{16T}{\pi\tau}} = \sqrt[3]{\frac{16 \times 5 \times 10^4}{\pi \times 40}} = 18.5[\text{mm}]$$

식 (6-26)의 $\Delta = \frac{8nWD^3}{Gd^4}$에서

$$n = \frac{\Delta \times Gd^4}{8D^3W} = \frac{40 \times 0.8 \times 10^4 \times 18.5^4}{8 \times 100^3 \times 1000} = 4.7$$

∴ 선재의 직경 18.5[mm], 유효권수 5

연습문제 Exercises

01. 240[rpm]으로 8[KW]를 전달하는 외경 70[mm], 내경 60[mm], 길이 2[m]의 중공환축이 있다. 다음의 각 항의 물음에 대답하시오. 단, 허용 비틀림 응력을 τ_a = 2[kgf/mm²], 횡 탄성계수 G = 0.81 × 10^4[kgf/mm²]이다.

(1) 토크 T를 구하시오.

(2) 단면 2차 극모멘트 I_p를 구하시오.

(3) 비틀림각 $\theta°$를 구하시오.

(4) 극단면계수 Z_p를 구하시오.

(5) 발생하는 최대 비틀림 응력 τ를 구하시오.

풀이

(1) 토크

$$T = 9.74 \times 10^5 \frac{P}{N} = 9.74 \times 10^5 \times \frac{8}{240} = 3.25 \times 10^4 [\text{kgf} \cdot \text{mm}]$$

(2) 극단면 2차 모멘트

$$I_p = \frac{\pi}{32}(d_2^4 - d_1^4) = \frac{\pi}{32}(70^4 - 60^4) = 1.08 \times 10^6 [\text{mm}^4]$$

(3) 비틀림 각

$$\theta = 57.3 \times \frac{Tl}{GI_p} = 57.3 \times \frac{3.25 \times 10^4 \times 2000}{0.81 \times 10^4 \times 1.08 \times 10^6}$$

$$= 0.426[\text{rad}] = 25° 33'$$

(4) 극단면계수

$$Z_p = \frac{\pi}{16} \cdot \frac{d_2^4 - d_1^4}{d_2} = \frac{\pi}{16} \cdot \frac{70^4 - 60^4}{70} = 3.1 \times 10^4 [mm^3]$$

(5) 전단저항

$$\tau = \frac{T}{Z_p} = \frac{3.25 \times 10^4}{3.1 \times 10^4} = 1.05 [kgf/mm^2]$$

02. 회전수 N = 180[rpm]으로 동력 P = 10[KW]를 전달하는 축의 토크 T 및 축경 d를 구하시오. 단, 허용 비틀림 응력은 τ_a = 2[kgf/mm^2]이다.

풀이

(1) 토크의 계산

$$T = 9.74 \times 10^5 \frac{P}{N} = 9.74 \times 10^5 \times \frac{10}{180} = 5.41 \times 10^4 [kgf \cdot mm]$$

(2) 축의 직경 계산

$$T = \tau Z_p = \tau \frac{\pi}{16} d^3$$

$$\therefore\ d = \sqrt[3]{\frac{16T}{\pi\tau}} = \sqrt[3]{\frac{16 \times 5.41 \times 10^4}{\pi \times 2}} = 51.6 [mm]$$

03. 문제 02에서 허용 비틀림각 θ를 길이 1m에 대하여 1/4°로 할 때 축 직경은 얼마로 하면 되는가 ?

풀이 비늘림 각 θ는

$$\theta = \frac{Tl}{GI_p} = [rad] = 57.3 \times \frac{Tl}{GI_p} [^\circ]$$

$T = 9.74 \times 10^5 \frac{P}{N}$ 이므로

$$\theta = 57.3 \times 9.74 \times 10^5 \times \frac{Pl}{NGI_p} = 5.58 \times 10^7 \times \frac{Pl}{NGI_p}$$

$\theta = \frac{1}{4}^\circ$, $I_p = \frac{\pi}{32} d^4$, $l = 1000$을 대입하면

$$\frac{1}{4} = 5.58 \times 10^7 \times \frac{P \times 1000}{NG \ \frac{\pi}{32} d^4} = 5.68 \times 10^{11} \times \frac{P}{NGd^4}$$

$$\therefore \ d = \sqrt[4]{\frac{2.27 \times 10^{12} P}{NG}} = \sqrt[4]{\frac{2.27 \times 10^{12} \times 10}{180 \times 0.8 \times 10^4}} = 63[\text{mm}]$$

04. 그림과 같은 벨트 풀리에 120[rpm]으로 20[KW]의 동력을 전달하고, 이때 벨트 풀리 B가 12[KW]를, C가 8[KW]를 받을 때 축경을 얼마로 하면 좋은가 ? 단, 허용 비틀림 응력을 τ_a = 2[kgf/mm^2], 횡 탄성계수 G = 0.81 × 10^4[kgf/mm^2]이다.

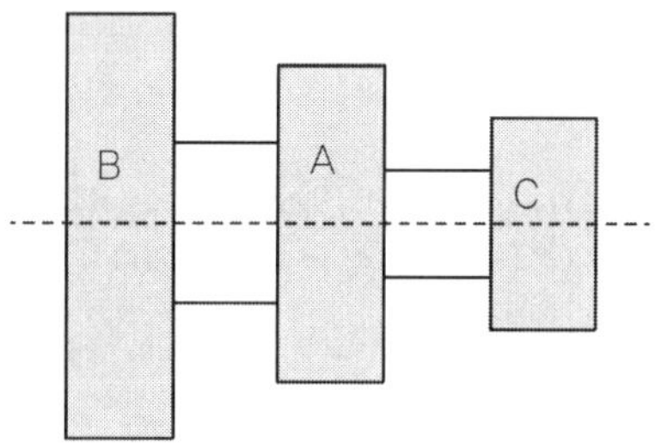

풀이

(1) B

$$T_b = 9.74 \times 10^5 \times \frac{P}{N} = 9.74 \times 10^5 \times \frac{12}{120}$$
$$= 9.74 \times 10^4 [\text{kgf} \cdot \text{mm}]$$

$$\text{축직경 } d = \sqrt[3]{\frac{16 T_b}{\pi \tau}} = \sqrt[3]{\frac{16 \times 9.74 \times 10^4}{\pi \times 2}} = 62.9[\text{mm}]$$

(2) C

$$T = 9.74 \times 10^5 \times \frac{P}{N} = 9.74 \times 10^5 \times \frac{8}{120}$$
$$= 6.49 \times 10^4 [\text{kgf} \cdot \text{mm}]$$

$$\text{축직경 } d = \sqrt[3]{\frac{16 T}{\pi \tau}} = \sqrt[3]{\frac{16 \times 6.49 \times 10^4}{\pi \times 2}} = 54.9[\text{mm}]$$

05. 코일의 유효경 D = 50[mm]인 코일스프링이 하중 W = 200[kgf]을 받아서 변형량 Δ = 25[mm]을 발생하도록 선재의 직경 d와 유효권수 n을 구하시오. 단, 선재의 허용응력을 45[kgf/mm^2], G = 0.8 × 10^4[kgf/mm^2]이다.

풀이

(1) 선재의 직경의 계산

모멘트 계산 : $T = W \times \dfrac{D}{2} = 200 \times \dfrac{50}{2}$ = 5000[kgf · mm]

선재의 직경 : $d = \sqrt[3]{\dfrac{16T}{\pi\tau}} = \sqrt[3]{\dfrac{16 \times 5000}{\pi \times 45}}$ = 8.3[mm]

(2) 권수의 계산

$$\Delta = \frac{8nD^3W}{Gd^4}$$

$$\therefore\ n = \frac{\Delta G d^4}{8D^3W} = \frac{25 \times 0.8 \times 10^4 \times 8.3^4}{8 \times 50^3 \times 200} = 4.74\text{권}$$

Mechanics of Materials

CHAPTER 07 조합응력

combined stress

1. 주 평면(principal plane)과 주 응력(principal stress)

1.1. 경사면에 발생하는 응력

그림 1(a)과 같은 짧은 봉을 압축하면 비스듬이 파괴된다. 왜 그럴까? 이것은 비스듬하게 전단응력이 작용하고 있다고 생각할 수 있다. 즉, 압축력의 분력의 하나가 전단력으로 된 것이다.

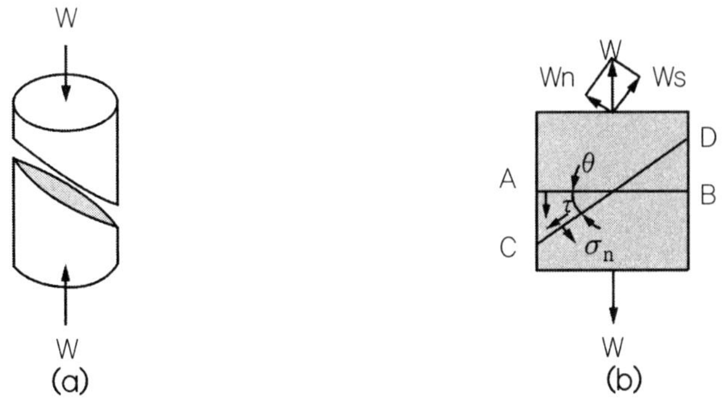

그림 1.

여기서, 그림 1(b)와 같이 인장응력 W를 가했을 때 수직단면 AB와 θ의 경사를 이루는 경사면 CD면에 발생하는 응력상태를 조사해 보도록 하자. 그림 (b)에 있어서 (두께를 1로 한다) 축방향의 하중 W를 CD단면에 수직인 하중 W_n과 CD단면에 평행하는 방향(접선방향)의 하중 W_s로 분해하면

$$W_n = W\cos\theta$$

$$W_s = W\sin\theta$$

이다.

다음에 축에 수직인 횡단면 AB에 발생하는 응력을 σ, CD면에 수직인 응력을 σ_n, CD면과 접선방향의 응력(전단응력)을 τ라고 하면

$$\sigma_n = \frac{W_n}{CD} = \frac{W\cos\theta}{\dfrac{AB}{\cos\theta}} = \frac{W}{AB}cos^2\theta$$

이다. 그런데 AB면에 작용하는 응력 $\sigma = \dfrac{W}{AB}$이므로

$$\sigma_n = \sigma\cos^2\theta \quad \cdots\cdots (7-1)$$

$$\tau = \frac{W_s}{CD} = \frac{W\sin\theta}{\dfrac{AB}{\cos\theta}} = \frac{W}{AB}sin\theta \cdot \cos\theta = \frac{\sigma}{2}sin2\theta \quad \cdots\cdots (7-2)$$

σ_n의 최대치는 식 (7-1)로 부터 $\theta = 0°$일 때 $\sigma_n = \sigma$로 된다.

τ의 최대치는 식 (7-2)로부터 $\sin2\theta = 1$일 때 즉, $\theta = 45°$일 때 $\tau_{max} = \dfrac{\sigma}{2}$로 된다.

알아두기

$\sin 2\theta = 2\sin\theta \cdot \cos\theta$

따라서 $\sigma\sin\theta \cdot \cos\theta = \frac{\sigma}{2} \times 2\sin\theta \cdot \cos\theta = \frac{\sigma}{2} sin2\theta$로 된다.

표 1. 경사단면에 발생하는 응력

θ	0°	45°	90°
$\sigma_n = \sigma\cos^2\theta$	σ	$\frac{\sigma}{2}$	0
$\tau = \frac{\sigma}{2}sin2\theta$	0	$\frac{\sigma}{2}$	0

예제 Exercise

01. 단면적 400[mm^2]인 환봉에 1200[kgf]의 인장하중이 작용하고 있을 때 축선과 직각인 단면에 대하여 30[°]경사진 단면에 발생하는 수직응력과 전단응력은 얼마인가 ?

풀이 식 (7-1), (7-2)를 사용하면 된다.
단면적을 A[mm^2]로 하면 식 (7-1), (7-2)에 의하여

$$\sigma_n = \sigma\cos^2\theta = \frac{W}{A}cos^2\theta = \frac{1200}{400}cos^2 30°$$

$$= 3(\frac{\sqrt{3}}{2})^2 = 2.25[kgf/mm^2]$$

$$\tau = \frac{\sigma}{2}sin2\theta = \frac{W}{2A}sin(2 \times 30°) = \frac{1200}{2 \times 400}sin60°$$

$$= 1.3[kgf/mm^2]$$

1.2. 상호 직각인 하중을 받는 경우의 경사면에 발생하는 응력

2개의 서로 직각인 하중을 받고 있는 것에 의하여 재료에는 그림 2(a)와 같이 상호 직각인 응력 σ_x, σ_y를 발생한다.

또한 경사단면 BD상에 발생하는 수직응력을 σ_n, 전단응력을 τ라 하면 힘의 삼각형 △ABD는 σ_x, σ_y, σ_n, τ의 4가지 응력으로 평형을 이루고 있는 것과 같다. 즉, 물체 ABCD의 일부분도 평형을 이룬다. 이 상태는 그림 2(b)에서 자세히 알아보고 σ_n과 τ의 값을 구해보자.

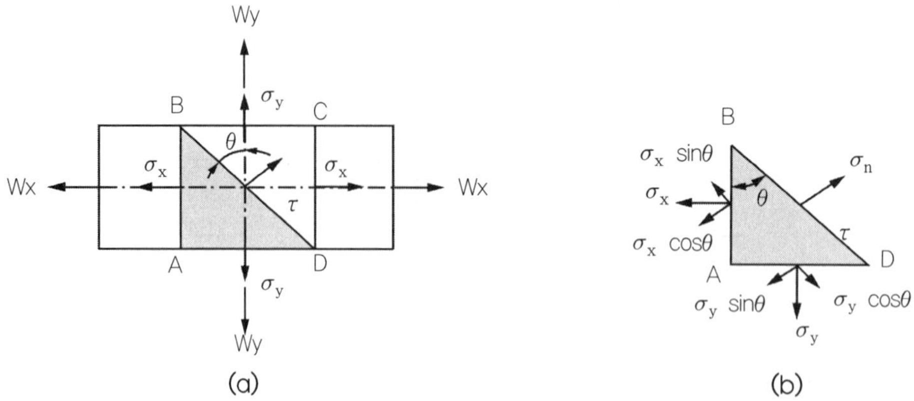

그림 2.

[1] σ_n의 값

BD의 수직인면의 평형으로부터

$$\sigma_n BD = \sigma_x AB\cos\theta + \sigma_y AD\sin\theta$$

$$\sigma_n = \sigma_x \times \frac{AB}{BD} cos\theta + \sigma_y \times \frac{AD}{BD} sin\theta$$

$$\therefore \ \sigma_n = \sigma_x \cos^2\theta + \sigma_y \sin^2\theta = \sigma_x \times \frac{1+\cos 2\theta}{2} + \sigma_y \times \frac{1-\cos 2\theta}{2}$$

$$= \frac{\sigma_x + \sigma_y}{2} + \frac{\sigma_x - \sigma_y}{2} cos2\theta \quad \cdots\cdots \ (7-3)$$

이다.

[2] τ의 값

BD방향의 힘의 평형으로부터

$$\tau BD = \sigma_x AB\sin\theta - \sigma_y AD\cos\theta$$

$$\tau = \sigma_x \times \frac{AB}{BD} sin\theta - \sigma_y \times \frac{AD}{BD} cos\theta = \sigma_x \sin\theta \cdot \cos\theta - \sigma_y \sin\theta \cdot \cos\theta$$

$$= (\sigma_x - \sigma_y)\sin\theta\cos\theta = \frac{(\sigma_x - \sigma_y)}{2} sin2\theta \quad \cdots\cdots\cdots\cdots (7-4)$$

[3] σ_n 및 τ의 최대치

(1) σ_n의 최대치($\sigma_x > \sigma_y > 0$)

식 (7-3)에 의하여 $\sigma_n = \frac{\sigma_x + \sigma_y}{2} + \frac{\sigma_x - \sigma_y}{2} cos2\theta$가 최대값으로 되는 것은 $\cos 2\theta =$ 1, 최소값으로 되는 것은 $\cos 2\theta = -1$일 때이다. 즉, $\theta = 0°$일 때가 최대로서 $\sigma_{max} = \sigma_x$이고, $\theta = 90°$일 때가 최소로서 $\sigma_{min} = \sigma_y$로 된다.

(2) τ의 최대치

식 (7-4)에서 $\sin 2\theta = 1$일 때, 즉, $\theta = 45°$일 때 $\tau_{max} = \frac{\sigma_x - \sigma_y}{2}$로 된다.

1.2.1. 주평면과 주응력

전단응력이 작용하지 않는 단면을 주면(주평면)이라 하고, 이 단면에 작용하는 수직응력을 주응력이라고 한다(표 2를 참조할 것).

표 2. 상호 직각인 수직응력 ($\sigma_x > \sigma_y > 0$)

	0°	45°	90°
$\sigma_n = \dfrac{\sigma_x + \sigma_y}{2} + \dfrac{\sigma_x - \sigma_y}{2} cos2\theta$	σ_x (최대)	$\dfrac{(\sigma_x + \sigma_y)}{2}$	σ_y (최소)
$\tau = \dfrac{(\sigma_x - \sigma_y)}{2} sin2\theta$	0	$\dfrac{(\sigma_x - \sigma_y)}{2}$ (최대)	0

1.3. 상호 직각인 수직하중과 전단하중을 받고 있을 때 경사단면에 발생하는 응력

그림 3과 같이 주면을 가상하여 주면을 포함한 △ABC에 대하여 고려한다. 즉, θ는 전단응력이 작용하지 않는 면의 방향이다(주면에 발생하는 응력은 수직응력만 고려한다).

1.3.1. 주면의 위치와 주응력

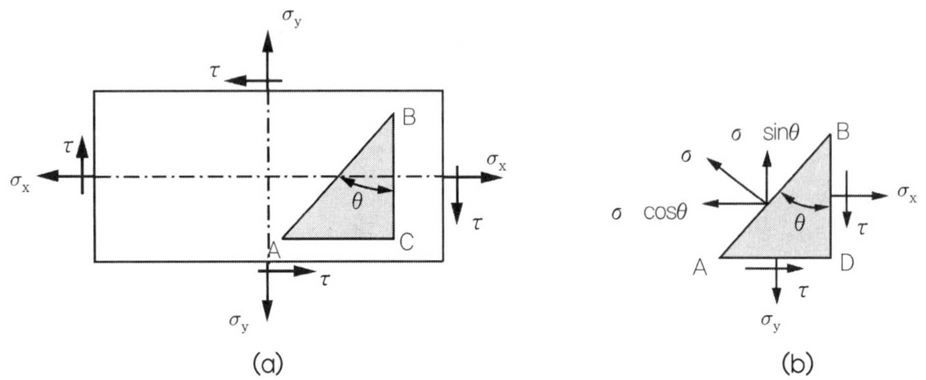

그림 3.

[1] σ_x 방향의 평형

$$\sigma AB\cos\theta = \sigma_x BC + \tau AC = \sigma_x AB\cos\theta + \tau AB\sin\theta$$

양변을 AB로 나누면

$$\sigma\cos\theta = \sigma_x\cos\theta + \tau\sin\theta$$

$$\sigma\cos\theta - \sigma_x\cos\theta = \tau\sin\theta$$

$$(\sigma - \sigma_x)\cos\theta = \tau\sin\theta$$

$$\sigma = \sigma_x + \tau\tan\theta$$

$$\therefore\ \sigma - \sigma_x = \tau\tan\theta \quad \cdots\cdots (7-5)$$

이다.

[2] σ_y방향의 평형

$$\sigma AB\sin\theta = \sigma_y AC + \tau BC = \sigma_y AB\sin\theta + \tau AB\cos\theta$$

$$\sigma\sin\theta = \sigma_y\sin\theta + \tau\cos\theta$$

$$\sigma\sin\theta - \sigma_y\sin\theta = \tau\cos\theta$$

$$(\sigma - \sigma_y) = \frac{\tau}{\tan\theta}$$

$$\sigma = \sigma_y + \tau\cot\theta$$

$$\therefore\ \sigma - \sigma_y = \tau\cot\theta \quad \cdots\cdots (7-6)$$

주면의 위치는 식 (7-6) - 식 (7-5)에 의하여

$$\sigma_x - \sigma_y = \tau(\cot\theta - \tan\theta) = \tau\times\frac{1-\tan^2\theta}{\tan\theta} = 2\tau\times\frac{1-\tan^2\theta}{2\tan\theta}$$

$$= \frac{2\tau}{\dfrac{2\tan\theta}{1-\tan^2\theta}} = \frac{2\tau}{\tan 2\theta}$$

주면의 위치 $\tan 2\theta = \dfrac{2\tau}{\sigma_x - \sigma_y}$ ………………………………………… (7-7)

주 응력은 식 (7-3) × 식 (7-4)에 의하여

$$(\sigma - \sigma_x)(\sigma - \sigma_y) = \tau^2$$

σ는 미지수이므로 σ에 대한 방정식을 만들면

$$\sigma^2 - (\sigma_x + \sigma_y)\sigma + \sigma_x\sigma_y - \tau^2 = 0 \quad \cdots\cdots (7\text{-}8)$$

σ에 대한 2차 식을 풀면

주응력 $\sigma = \dfrac{1}{2}(\sigma_x + \sigma_y) \pm \sqrt{\dfrac{(\sigma_x - \sigma_y)^2}{4} + \tau^2}$ ……………………… (7-9)

이다.

알아두기

$ax^2 + bx + c = 0$를 x에 대하여 풀면 $x = \dfrac{-b \pm \sqrt{b^2 - 4ac}}{2a}$로 된다.

σ_x , σ_y가 동시에 인장 또는 압축이 작용하는 경우

$$\sigma_{max} = \frac{1}{2}(\sigma_x + \sigma_y) + \sqrt{\frac{(\sigma_x - \sigma_y)^2}{4} + \tau^2}$$

$$\sigma_{min} = \frac{1}{2}(\sigma_x + \sigma_y) - \sqrt{\frac{(\sigma_x - \sigma_y)^2}{4} + \tau^2} \quad \cdots\cdots (7\text{-}10)$$

이다.

알아두기

$$\tan(\alpha \pm \beta) = \frac{\tan\alpha \pm \tan\beta}{1 \pm \tan\alpha \times \tan\beta}, \quad \tan 2\theta = \frac{2\tan\theta}{1 - \tan^2\theta}$$

최대 전단응력 τ_{max}은(표 2. 참조)

$$\tau_{max} = \frac{\sigma_{max} - \sigma_{min}}{2} = \sqrt{\frac{(\sigma_x - \sigma_y)^2}{4} + \tau^2} \quad \cdots\cdots\cdots (7\text{-}11)$$

1.3.2. 조합응력 문제를 푸는 기본식

식 (7-9, 10, 11)은 조합응력 문제를 풀 때의 기본식이다. 예를 들면 압축응력과 인장응력의 조합인 경우 압축응력을 부(-), 인장응력을 정(+)으로 하여 이것을 식에 대입하면 된다. σ_x, σ_y의 상호 직각인 응력만이 작용하는 경우, 기본식의 τ에 0을 대입하여 계산하면 된다.

예제 Exercise

02. 어떤 재료에 직각인 2개의 인장응력 6[kgf/mm^2], 3[kgf/mm^2]이 작용하고 있을 때, 주 응력, 주면의 위치, 최대 전단응력을 구하시오.

풀이 주면의 위치는 $\tau = 0$인 각도이므로 $\tau = \frac{(\sigma_x - \sigma_y)}{2} sin2\theta = 0$로하여, θ를 구하면 된다.

주응력은 $\sigma_n = \frac{\sigma_x + \sigma_y}{2} + \frac{\sigma_x - \sigma_y}{2} cos2\theta$에, 먼저 구한 θ를 대입한다.

최대 전단응력은 $\tau = \frac{\sigma_x + \sigma_y}{2} sin2\theta$의 sin2θ= 1일 때이다.

■ $\sigma_x > \sigma_y > 0$일 때

① 주면의 위치

$$\tau = \frac{\sigma_x + \sigma_y}{2} sin2\theta$$

τ= 0이기 위해서는 sin2θ= 0

$\therefore \quad \theta = 0^\circ$ or 90°

② 주응력

$$\sigma_n = \frac{\sigma_x + \sigma_y}{2} + \frac{\sigma_x - \sigma_y}{2} cos2\theta$$

여기에 $\theta = 0^\circ$ 및 90°를 대입하면

$\sigma_{\max} = \sigma_x = 6[\text{kgf/mm}^2]$
$\sigma_{\min} = \sigma_y = 3[\text{kgf/mm}^2]$

③ 최대 전단응력

$$\tau = \frac{(\sigma_x - \sigma_y)}{2} = \frac{6-3}{2} = 1.5[\text{kgf/mm}^2]$$

[별해]

① 주면의 위치
식 (7-7)에 의하여

$$\tan 2\theta = \frac{2\tau}{\sigma_x - \sigma_y} = \frac{2 \times 0}{6-3} = 0$$

$\therefore \ \theta = 0^\circ$ 및 90°

② 주응력
식 (7-9)에 의하여

$$\sigma = \frac{1}{2}(\sigma_x + \sigma_y) \pm \sqrt{\frac{(\sigma_x - \sigma_y)^2}{4} + \tau^2}$$

$$\therefore \ \sigma_{\max} = \frac{1}{2}(6+3) + \sqrt{\frac{(6-3)^2}{4} + 0} = 6[\text{kgf/mm}^2]$$

$$\therefore \ \sigma_{\min} = \frac{1}{2}(6+3) - \sqrt{\frac{(6-3)^2}{4} + 0} = 3[\text{kgf/mm}^2]$$

③ 최대 전단응력

$$\tau_{max} = \frac{\sigma_{max} - \sigma_{min}}{2} = \frac{6-3}{2} = 1.5[kgf/mm^2]$$

⁂ 주면의 위치 6[kgf/mm^2]의 응력의 방향을 세로로 하면, 그 횡단면 및 동일방향 주응력 σ_{max} = 6[kgf/mm^2], σ_{min} = 3[kgf/mm^2], 최대 전단응력 1.5[kgf/mm^2]

03. **상호 직각인 6[kgf/mm^2]의 인장응력과 3[kgf/mm^2]의 압축응력이 발생하고 있는 재료의 최대 수직응력 및 최대 전단응력을 구하여라.**

풀이 기본식 (7-10) 및 식 (7-11)을 이용한다.

(1) 최대 수직응력

σ_x = 6[kgf/mm^2], σ_y = -3[kgf/mm^2]로 한다.

$$\sigma = \frac{1}{2}(\sigma_x + \sigma_y) \pm \sqrt{\frac{(\sigma_x - \sigma_y)^2}{4} + \tau^2}$$

$$= \frac{1}{2}(6-3) + \sqrt{\frac{(6+3)^2}{4} + 0}$$

$$= 1.5 + 4.5 = 6[kgf/mm^2]$$

(2) 최소 수직응력

$$\sigma_{min} = 1.5 - 4.5 = -3[kgf/mm^2]$$

(3) 최대 전단응력

$$\tau_{max} = \frac{\sigma_{max} - \sigma_{min}}{2} = \frac{6-(-3)}{2} = 4.5[kgf/mm^2]$$

04. **인장응력 3[kgf/mm^2], 압축응력 4[kgf/mm^2]이 직각으로 발생하고, 이것에 직각으로 교차하는 전단응력 2[kgf/mm^2]가 발생하고 있는 경우의 σ_{max} , τ_{max}을 구하시오.**

풀이 식 (7-9)의 $\sigma = \frac{1}{2}(\sigma_x + \sigma_y) \pm \sqrt{\frac{(\sigma_x - \sigma_y)^2}{4} + \tau^2}$

식 (7-11)의 $\tau_{\max} = \sqrt{\frac{(\sigma_x - \sigma_y)^2}{4} + \tau^2}$ 를 사용하면 된다.

식 (7-9)에 의하여

$$\sigma = \frac{1}{2}(\sigma_x + \sigma_y) \pm \sqrt{\frac{(\sigma_x - \sigma_y)^2}{4} + \tau^2} \cdots\cdots\cdots\cdots\cdots\cdots ①$$

여기서 σ_x= 3[kgf/mm^2], σ_y= -4[kgf/mm^2] τ= 2[kgf/mm^2]를 식 ①에 대입하면

$$\sigma = \frac{1}{2}(3-4) \pm \sqrt{\frac{(3-(-4))^2}{4} + 2^2}$$

= -0.5 ± 4.031= -4.531 or 3.531[kgf/mm^2]

$$\tau_{\max} = \sqrt{\frac{(\sigma_x - \sigma_y)^2}{4} + \tau^2} = 4.031[\text{kgf/mm}^2]$$

※$\sigma_{\max}$= 4.531[kgf/mm^2](압축응력), $\tau_{\max}$= 4.031[kgf/mm^2]

2. 모어 원(mohr's circle)

1.에서는 계산으로 경사단면의 응력을 구 하였지만, 그림을 그려서 구할 수도 있다. 이 그림을 모어 원(mohr's circle)이라 한다.

2.1. 상호 직각인 수직응력의 경우

그림 4(a) 단, $\sigma_x > \sigma_y > 0$

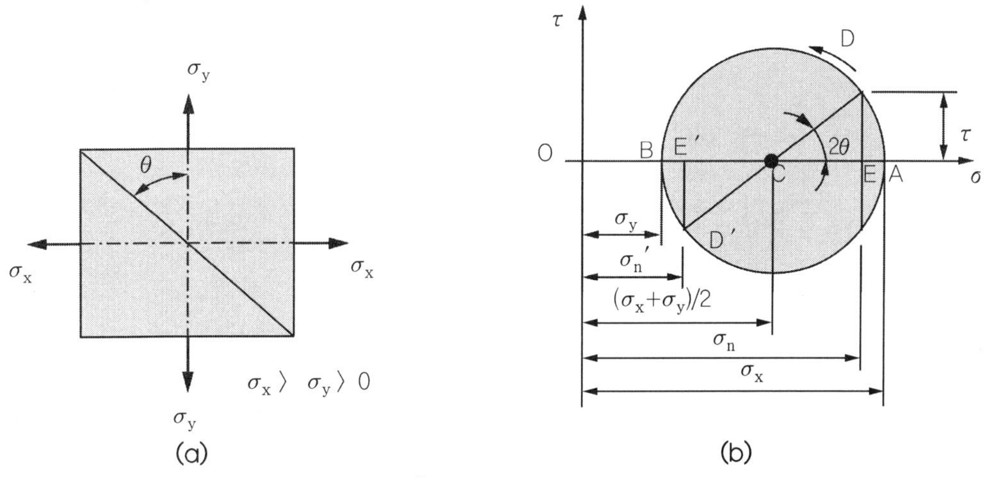

그림 4.

2.1.1. 작도법

그림 4(b)를 참조할 것

① O을 원점으로 하는 동일 축척을 가지는 (σ , τ)의 직교 좌표축을 설정한다.

② 횡축상에 $\sigma_x = OA$, $\sigma_y = OB$ 를 그린다.

③ AB를 직경으로 하는 원을 그리고 그 중심을 C로 한다.

④ CA에서 좌측으로 회전하는 $\angle ACD = 2\theta$로 되는 점 D를 원주상에 취한다.

⑤ D, D'에 의한 횡축에 수직선을 내려서 E, E'라 한다. 이 때 OE는 θ의 경사면 상의 수직응력 σ_n을 나타내고 DE는 경사면 상의 전단응력을 나타낸다.

그림으로부터 σ_{max} 및 σ_{min}은

σ_{max}은 $2\theta = 0°$ 즉, $\theta = 0°$일 때로서 σ_x로 된다.

σ_{min}은 $2\theta = 180°$ 즉, $\theta = 90°$일 때로서 σ_y로 된다.

τ_{max}은 $2\theta = 90°$ 즉, $\theta = 45°$일 때로서 $\frac{\sigma_x - \sigma_y}{2}$이다.

따라서 모어 원의 상부 반원은 $\theta = 0°$에서 $\theta = 90°$까지의 경사면상의 응력을 나타낸다. 모어의 응력원을 사용하면 간단하게 경사면상의 응력상태를 알 수가 있다.

2.1.2. 증명

$$\sigma_n = OE = OC + CE$$

$$= \frac{1}{2}(OA + OB) + CD\cos 2\theta$$

$$= \frac{1}{2}(\sigma_x + \sigma_y) + \frac{1}{2}(\sigma_x - \sigma_y)\cos 2\theta$$

이것은 식 (7-3)과 동일하다.

$$\tau = DE = CD\sin 2\theta = \frac{1}{2}(\sigma_x - \sigma_y)\sin 2\theta$$

이것은 식 (7-4)와 동일하다.

예 제 Exercise

05. 그림과 같이 상호직각인 압축 응력의 경우 모어 원은 어떻게 되는지 작도하시오.

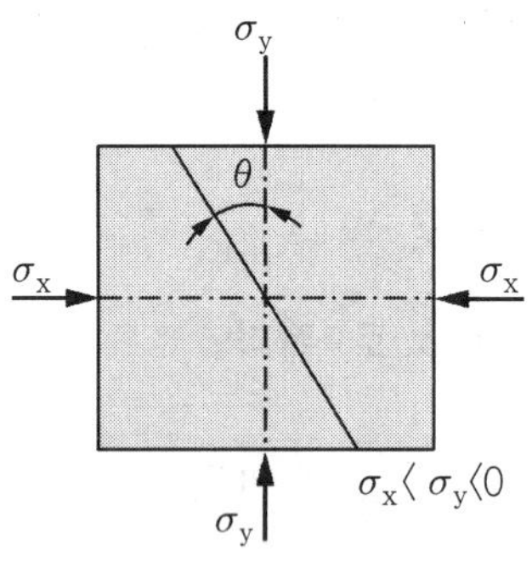

(a)

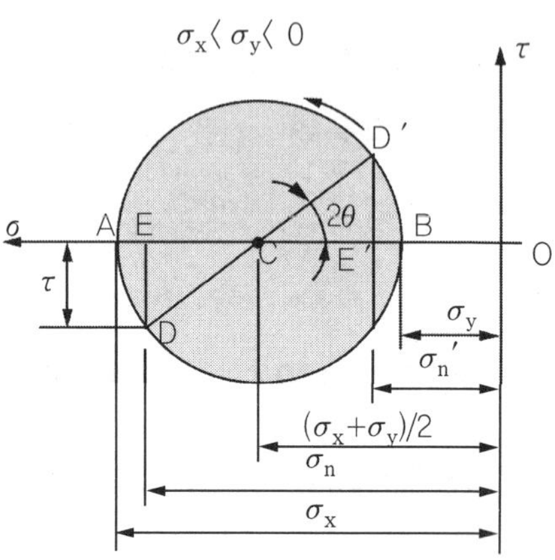

(b)

풀이 양 수직응력이 인장인 경우는 chapter 06 연습문제 04번 그림과 같이 비틀림을 받는 경우이다. 단, (+), (-)에 주의 할 것. 직각 좌표축에서 원점 O보다 좌측을 (-)로 하고 압축응력을 표시한다.
그림 (b)와 같다.

06. 그림 (a)에 있어서의 모어의 응력원은 어떻게 되는지 작도하시오.

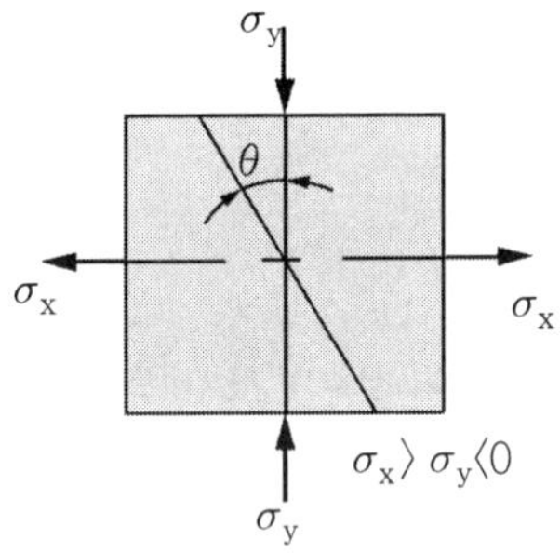

(a)

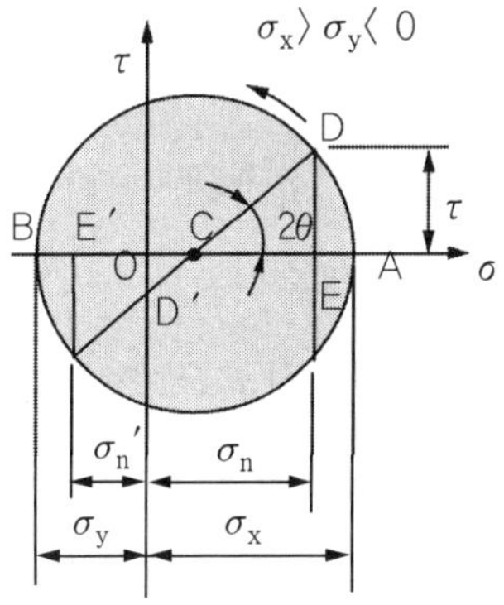

(b)

풀이 그림 (b)와 같이 된다.

07. 그림 (a)의 경우 모어의 응력원은 어떻게 되는지 작도하시오.

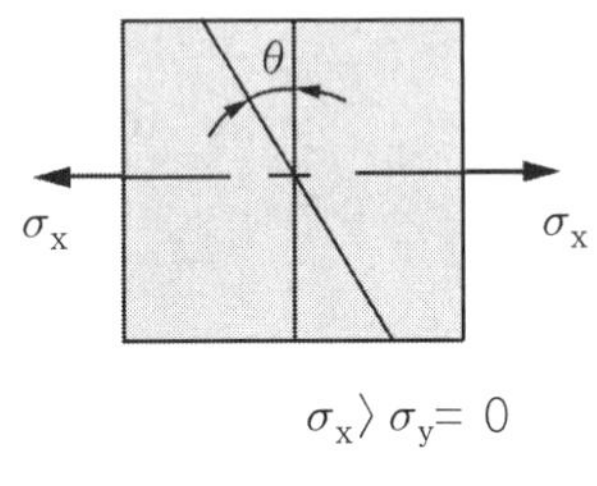

(a)

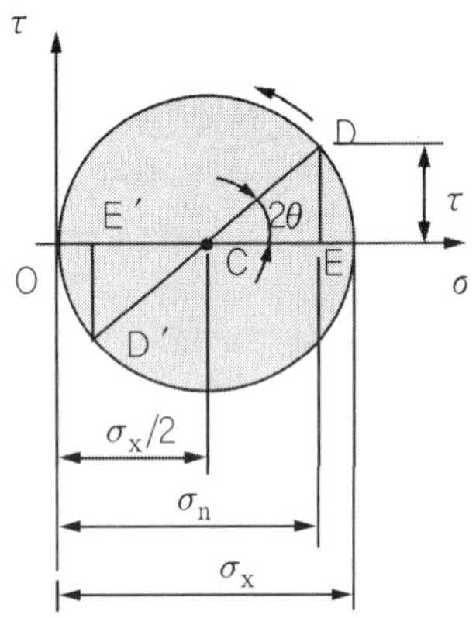

(b)

풀이 그림 (b)와 같이 된다.

2.2. 2개의 수직응력과 전단응력이 동시에 발생하고 있는 경우

[1] 작도

그림 5(a)에서

① 횡축상에 $\sigma_x = OE$, $\sigma_y = OE'$를 취한다.

② E, E'에 의하여 전단응력 τ_0에 상당하는 길이를 선분 OA상에 수직으로 ED, E'D'를 세운다.

③ D와 D'를 직선으로 연결한다.

④ C를 중심으로 반경 CD로서 원을 그린다. 이것이 모어의 응력원이다.

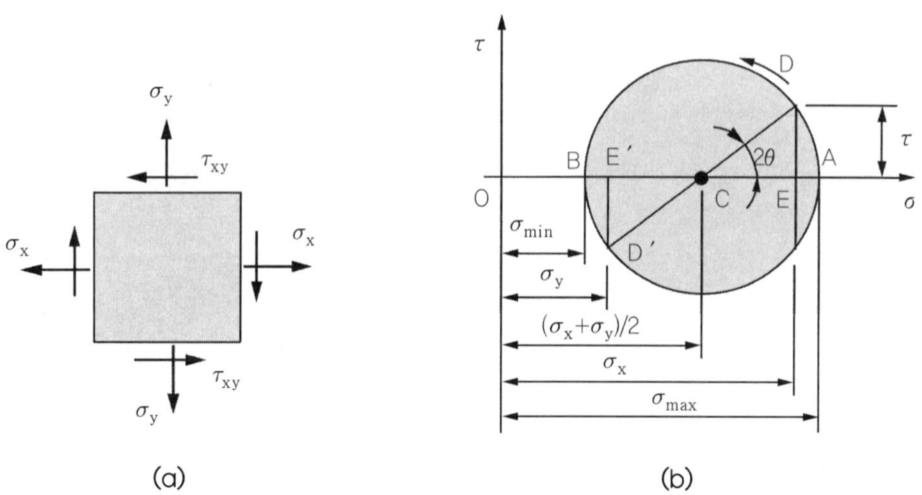

그림 5.

$$\sigma_{max} = OA = OC + CA = OC + CD = \frac{1}{2}(OE + OE') + \sqrt{CE^2 + DE^2}$$

$$= \frac{1}{2}(\sigma_x + \sigma_y) + \sqrt{\{\frac{1}{2}(OE - OE')\}^2 + \tau^2}$$

$$= \frac{1}{2}(\sigma_x + \sigma_y) + \sqrt{\frac{(\sigma_x + \sigma_y)^2}{4} + \tau^2}$$

$$\sigma_{min} = OB = OC - CB = OC + CD'$$

$$= \frac{1}{2}(\sigma_x + \sigma_y) - \sqrt{\frac{(\sigma_x + \sigma_y)^2}{4} + \tau^2}$$

이것은 식 (7-10)과 동일하다.

τ_{max}은 모어 원의 반경과 동일하므로

$$\tau_{max} = CD = \sqrt{\frac{(\sigma_x + \sigma_y)^2}{4} + \tau^2}$$

이 식은 역시 식 (7-11)과 동일하다.

2.3. 최대 전단응력을 발생하는 단면

지금까지의 모어의 응력원에서 알 수 있듯이 최대 전단응력이 발생하는 단면은 주응력이 발생하는 단면에 $2\theta = 90°$ 즉, $\theta = 45°$인 경사진 단면에서 발생한다.

3. 굽힘과 비틀림을 동시에 받는 축

3.1. 상당 굽힘 모멘트와 상당 비틀림 모멘트

그림 6(a)와 같이 굽힘 모멘트와 비틀림을 동시에 받는 축의 표면에 길이방향의 미소단면에는 굽힘에 의한 수직응력 σ_b와 비틀림에 의한 전단응력 τ가 발생하고 있다. 이 결과 축에는 σ_b와 τ 의 조합응력으로서 σ_{max}, τ_{max}이 발생한다.

(a) (b)

그림 6.

축의 굵기를 결정하기 위해서는 편의상 우선 σ_{max}만을 발생하는데 필요로 하는 굽힘 모멘트 $M_e = \sigma_{max}Z$를 가상하여(이것을 상당 굽힘 모멘트라고 한다) 축경을 계산하고, 다음에 τ_{max}만을 발생하는데 필요한 비틀림 모멘트 $T_e = \tau_{max}Z_p$를 가상하여(상당 비틀림 모멘트라고 한다) 축경을 계산하여 그 둘을 비교하여 굵은 축경을 그 축의 직경으로 결정한다.

[1] 상당 굽힘 모멘트(M_e)와 상당 비틀림 모멘트(T_e)의 계산》

조합응력의 기본 식 (7-10) 및 식 (7-11)에, $\sigma_x = \sigma_b$, $\sigma_y = 0$, τ를 대입하면

$$\sigma_{max} = \frac{1}{2}\sigma_b + \sqrt{\frac{1}{4}\sigma_b^2 + \tau^2} \quad \cdots\cdots (7-12)$$

$$\tau_{max} = \sqrt{\frac{1}{4}\sigma_b^2 + \tau^2} \quad \cdots\cdots (7-13)$$

이다.

(1) M_e의 계산

$$M_e = \sigma_{max} \cdot Z = \frac{1}{2}\sigma_b Z + \sqrt{\frac{1}{4}\sigma_b^2 Z^2 + \tau^2 Z^2}$$

$$= \frac{1}{2}\sigma_b Z + \sqrt{\frac{1}{4}\sigma_b^2 Z^2 + \tau^2 \frac{Z_p}{2}^2}$$

$$= \frac{1}{2}M + \sqrt{\frac{1}{4}M^2 + \frac{1}{4}T^2}$$

$$= \frac{1}{2}M + \frac{1}{2}\sqrt{M^2 + T^2} = \frac{M}{2}\left\{1 + \sqrt{1 + (\frac{T}{M})^2}\right\} \quad \cdots\cdots (7-14)$$

(2) T_e의 계산

$$T_e = \tau_{max} Z_p = \sqrt{\frac{1}{4}\sigma_b^2 (2Z)^2 + \tau^2 Z_p^2}$$

$$= \sqrt{M^2 + T^2} = M\sqrt{1 + (\frac{T}{M})^2} \quad \cdots\cdots (7-15)$$

예 제 Exercise

08. 5×10^5[kgf · mm]의 굽힘 모멘트와 8×10^5[kgf · mm]인 비틀림 모멘트를 동시에 받고 있는 축의 상당 굽힘 모멘트 및 상당 비틀림 모멘트를 구하시오.

풀이 식 (7-14), (7-15)에 수치를 대입하면 된다.

$$\frac{T}{M} = \frac{8 \times 10^5}{5 \times 10^5} = \frac{8}{5}$$

① $M_e = \frac{M}{2}\left\{1 + \sqrt{1 + (\frac{T}{M})^2}\right\} = \frac{5 \times 10^5}{2}\left\{1 + \sqrt{1 + (\frac{8}{5})^2}\right\}$

$= 7.22 \times 10^5$[kgf · mm]

② $T_e = M\sqrt{1 + (\frac{T}{M})^2} = 5 \times 10^5 \cdot \sqrt{1 + (\frac{8}{5})^2}$

$= 9.43 \times 10^5$[kgf · mm]

09. 그림과 같이 길이 1200[mm]의 외팔 보의 자유단에 300[kgf]의 하중과 1.8×10^5[kgf · mm]의 비틀림 모멘트가 작용하고 있다. 상당 굽힘 모멘트 및 상당 비틀림 모멘트를 구하시오.

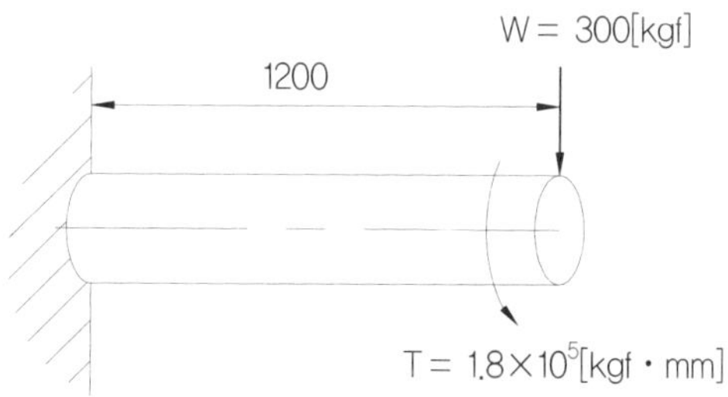

풀이 예제 8을 참조할 것

우선 M= 300×1200= 3.6×10^5[kgf · mm]

$$\frac{T}{M} = \frac{1.8 \times 10^5}{3.6 \times 10^5} = \frac{1}{2}$$

$$① \ M_e = \frac{M}{2}\left\{1 + \sqrt{1 + (\frac{T}{M})^2}\right\} = \frac{3.6 \times 10^5}{2}\left\{1 + \sqrt{1 + (\frac{1}{2})^2}\right\}$$

= 3.81×10^5[kgf · mm]

$$② \ T_e = M\sqrt{1 + (\frac{T}{M})^2} = 3.6 \times 10^5\sqrt{1 + (\frac{1}{2})^2}$$

= 4.02×10^5[kgf · mm]

3.2. 축 직경의 결정방법

[1] 상당 굽힘 모멘트로부터 축 직경 계산

$$M_e = \sigma_{\max} Z = \sigma_{\max} \cdot \frac{\pi d^3}{32}$$

$$\therefore \ d = \sqrt[3]{\frac{32 M_e}{\pi \sigma_{\max}}} \fallingdotseq \sqrt[3]{\frac{10 M_e}{\sigma_{\max}}} \quad \cdots\cdots (7-16)$$

[2] 상당 비틀림 모멘트로부터의 축 직경 계산

$$T_e = \tau_{\max} Z_p = \tau_{\max} \frac{\pi d^3}{16}$$

$$\therefore \ d = \sqrt[3]{\frac{16 T_e}{\pi \tau_{\max}}} \fallingdotseq \sqrt[3]{\frac{5 T_e}{\tau_{\max}}} \quad \cdots\cdots (7-17)$$

예제 Exercise

10. 1×10^5[kgf·mm]의 비틀림 모멘트와 5×10^4[kgf·mm]의 굽힘 모멘트를 동시에 받고 있는 축이 있다. 허용 전단응력을 3[kgf/mm^2], 허용 비틀림 응력을 5[kgf/mm^2]로 하고 축 직경을 계산하시오.

풀이 우선 M_e와 T_e를 구하고 다음에 $d = \sqrt[3]{\dfrac{10M_e}{\sigma_{\max}}}$, $d = \sqrt[3]{\dfrac{5T_e}{\tau_{\max}}}$ 로부터 축경을 산출하고 이들 중 굵은 쪽을 선택한다.

(1) 상당 굽힘 모멘트로부터 축 직경의 계산

$$\frac{T}{M} = \frac{1 \times 10^5}{5 \times 10^4} = 2$$

$$M_e = \frac{M}{2}\left\{1 + \sqrt{1 + (\frac{T}{M})^2}\right\} = \frac{5 \times 10^4}{2}(1 + \sqrt{1 + 2^2})$$

$$= 8.09 \times 10^4 \text{[kgf·mm]}$$

$$d = \sqrt[3]{\frac{10M_e}{\sigma_{\max}}} = \sqrt[3]{\frac{10 \times 8.09 \times 10^4}{5}} = 54.5\text{[mm]}$$

(2) 상당 비틀림 모멘트로부터의 축 직경 계산

$$T_e = M\sqrt{1 + (\frac{T}{M})^2} = 5 \times 10^4\sqrt{1 + 2^2}$$

$$= 1.118 \times 10^5 \text{[kgf·mm]}$$

$$d = \sqrt[3]{\frac{5T_e}{\tau_{\max}}} = \sqrt[3]{51.118 \times \frac{10^5}{3}} = 57.1\text{[mm]}$$

3.3. 크랭크축의 직경

크랭크축과 벨트 풀리는 굽힘과 비틀림을 동시에 받는다. 그림 7은 크랭크축의 한 예이나.

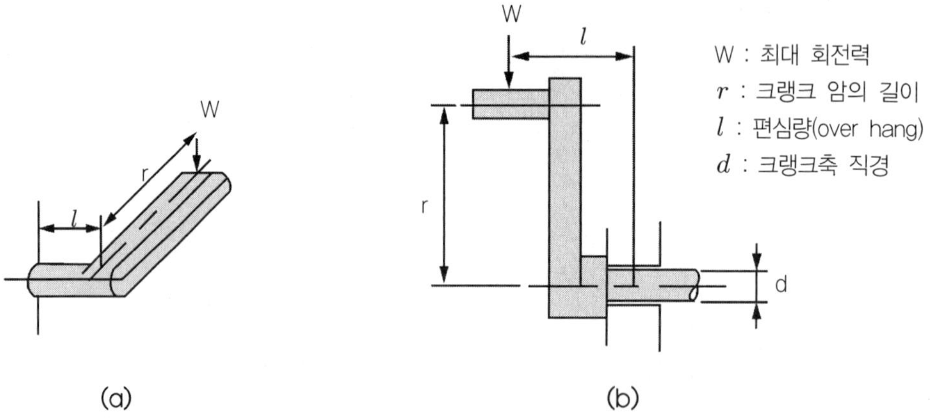

그림 7.

$$M = Wl$$

$$T = Wr$$

이것으로부터 M_e, T_e를 구하고, 축 직경을 계산하면 된다.

예 제 Exercise

11. 최대 회전력 W = 1000[kgf], 크랭크 암의 길이 r = 200[mm], 편심량 l = 100[mm]인 크랭크 축경을 구하시오. 단, 허용 굽힘응력은 4[kgf/mm^2], 허용 전단응력은 2[kgf/mm^2]이다.

풀이 우선 굽힘 모멘트 M과 비틀림 모멘트 T를 구하고 다음에 예제 10을 따라서 축 직경을 구한다.

(1) 굽힘 모멘트 M과 비틀림 모멘트 T

$$M = Wl = 1000\times100 = 1\times10^5[\text{kgf}\cdot\text{mm}]$$

$$T = Wr = 1000\times200 = 2\times10^5[\text{kgf}\cdot\text{mm}]$$

(2) 상당 굽힘 모멘트 M_e와 상당 비틀림 모멘트 T_e

$$\frac{T}{M} = \frac{2\times10^5}{1\times10^5} = 2$$

$$M_e = \frac{M}{2}\{1 + \sqrt{1 + (\frac{T}{M})^2}\} = \frac{1 \times 10^5}{2}(1 + \sqrt{1 + 2^2})$$

$= 1.1618 \times 10^5$[kgf · mm]

$$T_e = M\sqrt{1 + (\frac{T}{M})^2} = 1 \times 10^5 \sqrt{1 + 2^2}$$

$= 2.24 \times 10^5$[kgf · mm]

(3) 축 직경 d

M_e로부터

$$d = \sqrt[3]{\frac{10M_e}{\sigma_{\max}}} = \sqrt[3]{\frac{10 \times 1.1618 \times 10^5}{4}} = 74[\text{mm}]$$

T_e로부터

$$d = \sqrt[3]{\frac{5T_e}{\tau_{\max}}} = \sqrt[3]{5 \times 2.24 \times \frac{10^5}{2}} = 82.4[\text{mm}]$$

연습문제 Exercises

01. 그림 (a)와 같이 재료에 상호 직각인 인장응력 σ_x= 4[kgf/mm^2], 및 σ_y= 3[kgf/mm^2]가 작용하고 있을 때, 주평면의 위치, 주응력 및 최대 전단응력을 구하시오.

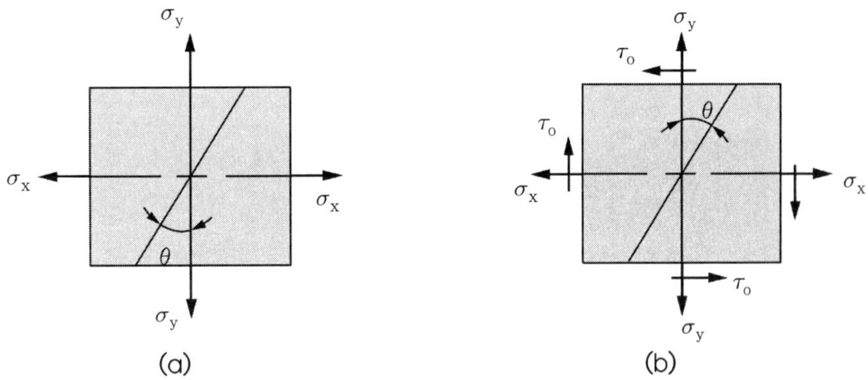

◉풀이

(1) 주면의 위치

$$\tau = \frac{\sigma_x - \sigma_y}{2} sin2\theta = 0$$

$$\sigma_x > \sigma_y$$

sin2θ= 0

2θ= 0° or 180°

θ= 0° or 90°

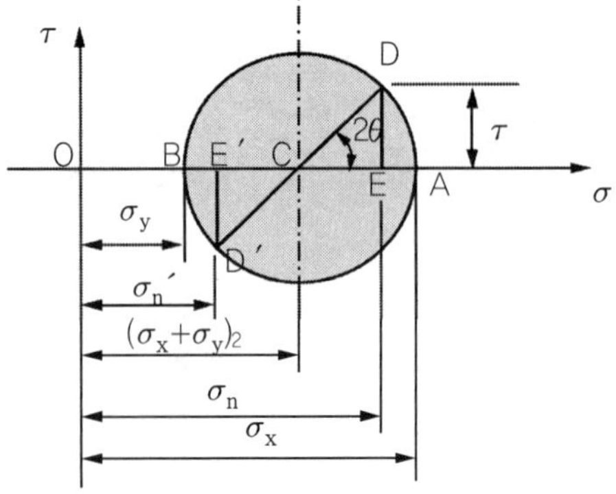

(2) 주응력

$$\sigma_n = \frac{\sigma_x + \sigma_y}{2} + \frac{\sigma_x - \sigma_y}{2} cos2\theta$$

θ= 0 ° 와 90° 를 대입

θ= 0 ° 일 때, $\sigma_n = \sigma_x$= 4[kgf/mm²]

θ= 90 ° 일 때, $\sigma_n = \sigma_y$= 3[kgf/mm²]

(3) 최대 전단응력

$$\tau = \frac{\sigma_x - \sigma_y}{2} sin2\theta$$

θ= 45 ° 일 때, 최대 전단응력 발생

$$\tau_{\max} = \frac{\sigma_x - \sigma_y}{2} sin90^\circ = \frac{4-3}{2} \times 1 = 0.5[kgf/mm^2]$$

02. 문제 1 그림 (b)와 같이 재료에 상호 직각인 인장응력 σ_x= 4[kgf/ mm²], 압축응력 σ_y= -3[kgf/mm²] 그리고 전단응력 τ_0= 2[kgf/ mm²] 등이 작용하고 있을 때 최대 응력, 최소 응력, 최대 전단응력과 그 위치를 구하시오.

풀이

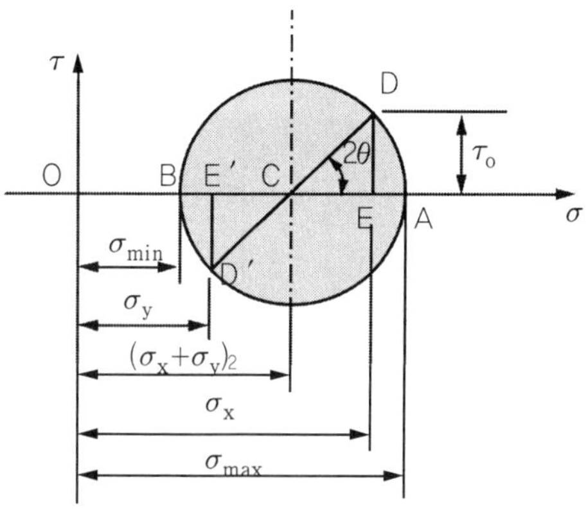

(1) 주응력의 계산

$$\sigma_n = \frac{\sigma_x + \sigma_y}{2} \pm \sqrt{\left(\frac{\sigma_x - \sigma_y}{2}\right)^2 + \tau_0^2}$$

$$\therefore\ \sigma_{max} = \frac{4+(-3)}{2} + \sqrt{\left(\frac{4-(-3)}{2}\right)^2 + 2^2}$$

$= 4.53[kgf/mm^2]$(인장응력)

$$\therefore\ \sigma_{min} = \frac{4+(-3)}{2} - \sqrt{\left(\frac{4-(-3)}{2}\right)^2 + 2^2}$$

$= -3.53[kgf/mm^2]$(압축응력)

(2) 최대 전단응력의 계산

$$\tau = \frac{\sigma_{max} - \sigma_{min}}{2} sin2\theta = \sqrt{\left(\frac{\sigma_x - \sigma_y}{2}\right)^2 + \tau_0^2}\, sin2\theta$$

$$\therefore\ \tau_{max} = \sqrt{\left(\frac{4-(-3)}{2}\right)^2 + 2^2}\, sin90^\circ = 4.03[kgf/mm^2]$$

($\theta = 45^\circ$ 인 면에서 발생)

03. 그림과 같은 크랭크축에 500[kgf]의 하중이 작용하고 있는 경우에 크랭크 축의 직경을 얼마로 하면 되는가 ? 단, 허용 굽힘 응력은 σ= 5[kgf/mm^2], 허용 전단응력 τ= 3.5[kgf/mm^2]이다.

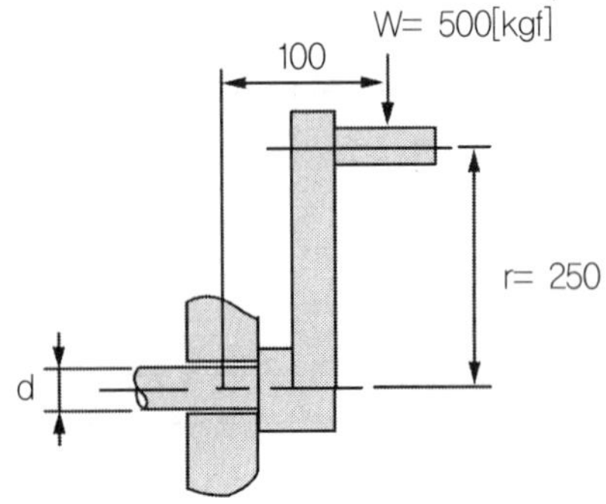

풀이

(1) 굽힘 모멘트 M과 비틀림 모멘트 T의 계산

$$M = Wl = 500\times100 = 5\times10^4[\text{kgf}\cdot\text{mm}]$$

$$T = Wr = 500\times250 = 1.25\times10^5[\text{kgf}\cdot\text{mm}]$$

(2) 상당 굽힘모멘트 M_e와 상당 비틀림 모멘트 T_e의 계산

$$\frac{T}{M} = \frac{1.25\times10^5}{5\times10^4} = 2.5$$

$$M_e = \frac{M}{2}\left\{1+\sqrt{1+\left(\frac{T}{M}\right)^2}\right\} = \frac{5\times10^4}{2}\{1+\sqrt{1+2.5^2}\}$$

$$= 9.23\times10^4[\text{kgf}\cdot\text{mm}]$$

$$T_e = M\sqrt{1+\left(\frac{T}{M}\right)^2} = 5\times10^4\sqrt{1+2.5^2} = 1.346\times10^5[\text{kgf}\cdot\text{mm}]$$

(3) 축의 직경 계산

M_e에 대해서

$$d = \sqrt[3]{\frac{32M_e}{\pi\sigma}} = \sqrt[3]{\frac{32\times9.23\times10^4}{\pi\times5}} = 57.3[\text{mm}]$$

T_e에 대해서

$$d = \sqrt[3]{\frac{16T_e}{\pi\tau}} = \sqrt[3]{\frac{16 \times 1.346 \times 10^5}{\pi \times 3.5}} = 58.1[\text{mm}]$$

그러므로 두 개를 비교하여 큰 쪽을 선택.

04. 그림과 같은 벨트 전동장치가 있다. 벨트의 장력은 인장측에서 600[kgf], 이완측에서 300[kgf]일 때 전동축의 직경을 얼마로 하면 되는가 ? 단, 축의 허용 굽힘 응력은 σ= 4[kgf/mm^2], 허용 전단응력은 τ= 2[kgf/mm^2]이다.

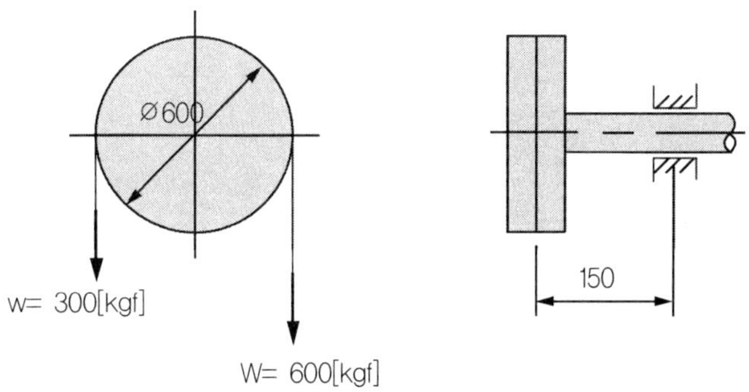

풀이

(1) 굽힘 모멘트 M과 비틀림 모멘트 T의 계산

M= (300+600)×150= 1.35×10^5[kgf · mm]

T= (600–300)×300= 9×10^4[kgf · mm]

(2) 상당 굽힘모멘트 M_e와 상당 비틀림 모멘트 T_e의 계산

$$\frac{T}{M} = \frac{9 \times 10^4}{1.35 \times 10^5} = \frac{2}{3}$$

$$M_e = \frac{M}{2}\left\{1 + \sqrt{1 + \left(\frac{T}{M}\right)^2}\right\} = \frac{1.35 \times 10^5}{2}\left\{1 + \sqrt{1 + \left(\frac{2}{3}\right)^2}\right\}$$

$$= 1.486 \times 10^5[\text{kgf} \cdot \text{mm}]$$

$$T_e = M\sqrt{1+\left(\frac{T}{M}\right)^2} = 1.35 \times 10^5\sqrt{1+\left(\frac{2}{3}\right)^2}$$

$$= 1.622 \times 10^5[\text{kgf} \cdot \text{mm}]$$

(3) 축의 직경 계산

M_e에 대해서

$$d = \sqrt[3]{\frac{32M_e}{\pi\sigma}} = \sqrt[3]{\frac{32 \times 1.486 \times 10^5}{\pi \times 4}} = 72.3[\text{mm}]$$

T_e에 대해서

$$d = \sqrt[3]{\frac{16T_e}{\pi\tau}} = \sqrt[3]{\frac{16 \times 1.622 \times 10^5}{\pi \times 2}} = 74.5[\text{mm}]$$

그러므로 두 개를 비교하여 큰 쪽을 선택.

Mechanics of Materials

CHAPTER 08

좌굴응력

buckling stress

1. 기 둥

1.1. 기둥의 좌굴

1.1.1. 좌굴(buckling)

단면이 작고 길이가 긴 부재라는 점에서는 보와 같으나 하중이 작용하는 방향이 보에서는 축에 수직이고, 기둥에서는 축방향인 점이 다르다. 일반적인 부재의 경우(극히 짧은 봉), 압축하중을 받으면 단면에는 압축응력이 발생하며 이 압축응력이 그 재료의 압축강도를 초과할 때 그 봉은 파괴된다.

기둥이나 긴 봉(길이가 직경의 4배 이상)에서는 압축력에 의한 파괴이전에 압축강도 보다 낮은 응력에서 굽힘을 일으키고 파괴된다. 이와 같이 기둥이 압축을 받아 갑자기 굽어져 주저앉는 현상을 좌굴(buckling)이라고 한다.

1.1.2. 기둥(column)

단면의 치수에 비해 길이가 긴 부재가 축방향으로 압축하중을 받게되는 경우, 이 부재를 기둥(column) 또는 장주(long column)라 한다.

1.1.3. 세장비

기둥은 길이가 길수록 단면이 작을수록 즉, 길이에 비해 가는 부재일수록 좌굴이 쉽게 일어난다. 기둥의 가는 정도를 표시하기 위해 기둥의 길이 l 과 단면의 최소회전반경 k와의 비 $\frac{l}{k}$를 사용하며, 이 $\frac{l}{k}$을 세장비라고 한다. 이 세장비는 기둥 강도의 계산에 있어서 사용할 식의 선택의 기준이 되며, 기둥을 분류하는데 사용되는 중요한 상수이다.

좌굴은 굽힘 작용이 가해져 파괴되므로 보의 경우와 마찬가지로 단면적보다도 단면 2차 모멘트를 고려해야만 한다. 또한 굽힘 방향은 단면의 축을 취하는 방법에 따라 단면 2차 모멘트가 다른 경우는 단면 2차 모멘트가 최소로 되는 방향으로 굽게 된다(그림 1).

여기서, 최소 단면 2차 모멘트 I를 단면적 A로 나눈 값을 k^2이라 하면

$$k = \sqrt{\frac{I}{A}}\,[\text{mm}] \quad \cdots\cdots (8-1)$$

여기서 k를 최소 단면 2차 반경이라 한다.

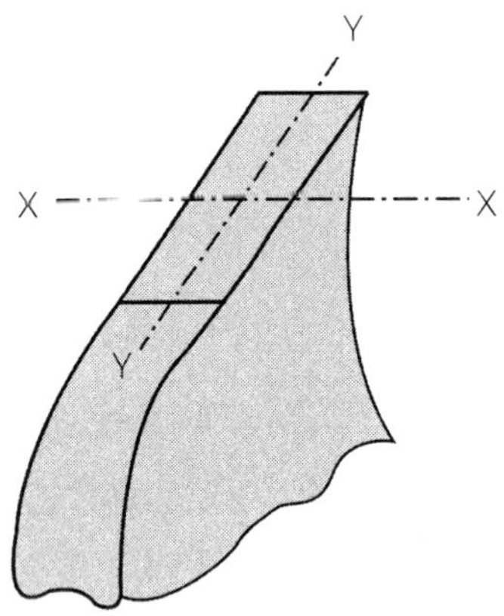

그림 1.

1.1.4. 끝단조건과 끝단계수

기둥에서 일어나는 좌굴은 세장비뿐만 아니라 기둥이 지지되고 있는 끝단에서의 지지조건에 의해 크게 달라지게 된다. 기둥의 지지단에는 자유단(free end), 회전단(roller end), 고정단(fixed end)이 있다. 이와 같은 기둥의 끝단에서의 상태를 조합하여 다음과 같이 기둥을 분류할 수 있다(그림 2).

① 일단고정 타단 자유기둥(column of one end fixed and the other end free)

② 양단 회전기둥(column of both end rounded)

③ 일단 고정 타단 회전기둥(column of one end rounded and the other end fixed)

④ 양단 고정기둥(column of both end fixed)

여기서 n은 끝단계수(단말 조건계수)이고 일반적으로 끝단계수는 기둥이 휘어지는 정도와 관계가 있으며, 끝단에서의 지지상태에 따라 n값은 그림 2와 같고, n이 클수록 견고한 기둥이 되며, 하중에 대해 처짐이 적다.

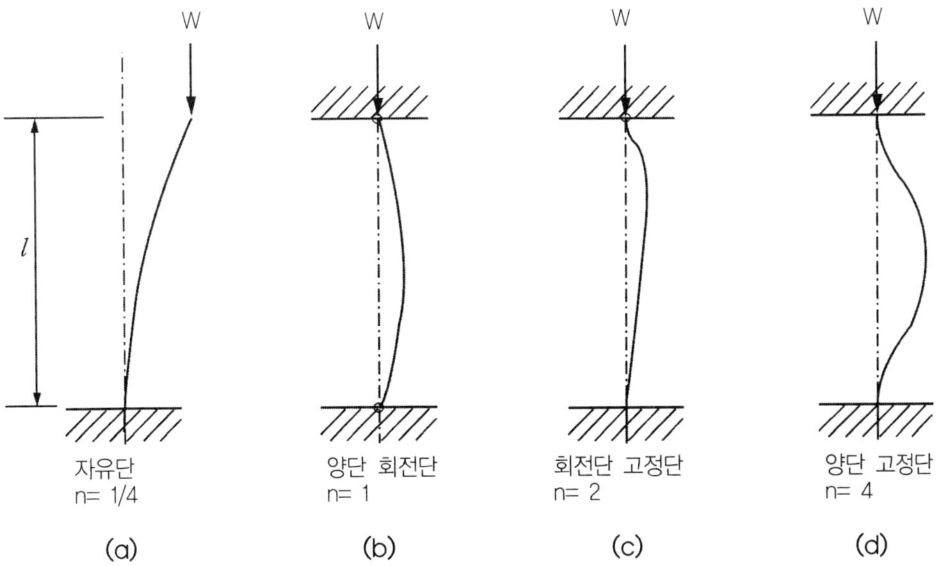

그림 2.

1.1.5. 좌굴하중

좌굴현상은 압축하중이 어떤 한계하중을 넘으면 갑자기 생기게 되는데 이때의 좌굴을 일으키는 최소의 하중을 좌굴하중 또는 임계하중(critical Load)이라 한다.

2. 기둥의 강도

대표적인 식으로서 오일러와 랭킨의 식이 있다. 여기서는 이러한 식의 사용방법을 생각하는 것에 주목적을 둔다.

2.1. 긴 기둥의 계산

긴 기둥의 계산에서는 오일러의 식을 사용한다(식을 선택하는 것은 세장비 $\frac{l}{k}$를 구하고 그 값이 표 1의 값보다 큰 경우에 오일러 식을 사용하도록 한다).

2.1.1. 오일러의 식

- 좌굴하중

$$W = n\pi^2 \frac{EI}{l^2} \quad \cdots\cdots (8-2)$$

- 좌굴응력

$$\sigma = \frac{W}{A} = n\pi^2 \frac{E}{l^2} \cdot \frac{I}{A} = n\pi^2 \frac{E}{l^2} \cdot k^2 = n\pi^2 \frac{E}{(\frac{l}{k})^2} \quad \cdots\cdots (8-3)$$

I : 최소 단면 2차 모멘트　　n : 끝단계수(그림 2)

$\frac{l}{k}$: 세장비　　l : 기둥의 길이

2.2. 짧은 기둥의 계산

장주에서의 좌굴하중을 구하는데 있어 오일러 식은 기둥에 작용되는 압축응력은 고려하지 않고 굽힘응력만을 고려하여 유도한 식이다. 따라서 세장비가 큰 기둥에 있어서는 비교적 정확하지만, 짧은 기둥과 같이 세장비가 작은 기둥에서는 오일러 공식은 정확하지 않다. 보통 압축하중에 의해 기둥이 구부러지면 기둥의 안쪽에서는 굽힘응력에 의한 응력과 압축응력과 합해져 응력이 크게 되고, 바깥쪽에서는 감소한다.

따라서 압축응력은 기둥의 응력에 영향을 미치며, 특히 짧은 기둥에서는 이러한 영향이 크다. 따라서 고든과 랭킨은 압축의 효과를 고려하여 짧은 기둥에도 적용될 수 있는 실험식을 만들어 실용화하였으므로 짧은 기둥에 대한 계산은 랭킨의 식을 사용한다(세장비가 표 1의 범위에 있는 경우).

표 1.

	주 철	연 강	경 강	목 재
σ_c[kgf/mm^2]	56	34	49	5
a	1/1600	1/7500	1/5000	1/750
세장비의 범위	〈80 $\sqrt{n}$	〈90 $\sqrt{n}$	〈85 $\sqrt{n}$	〈60 $\sqrt{n}$

2.2.1. 고든-랭킨의 식(gordon-rankin`s formula)

•좌굴하중

$$W = \frac{\sigma_c A}{1 + \frac{a}{n}(\frac{l}{k})^2} \quad \cdots\cdots (8-4)$$

•좌굴응력

$$\sigma = \frac{W}{A} = \frac{\sigma_c}{1 + \frac{a}{n}(\frac{l}{k})^2} \quad \cdots\cdots (8-5)$$

σ_c : 재료에 의한 정수(표 1참조)

a : 기둥의 재료에 의한 실험정수(표 1참조)

예제 Exercise

01. 길이 2[m]인 장방형 단면 90[mm] × 40[mm]의 연강제로서 양단 회전단의 기둥이 있다. 안전하게 가할 수 있는 하중은 얼마인가 ? 단, 안전율 S= 4, E = 2 × 10^4[kgf/mm^2]이다.

풀이 ① 최소 단면 2차 모멘트를 구한다.

② $\frac{I}{A} = k^2$에서 최소 단면 2차 반경 k를 구한다.

③ 세장비 $\frac{l}{k}$에 의하여 오일러의 식과 랭킨식 중 어느 것을 사용할 것인가를 결정한다.

④ 좌굴하중 W를 구하고 이것을 안전율 4로 나눈값이 안전 하중이다.

$$I = \frac{bh^3}{12} = \frac{90 \times 40^3}{12} = 4.8 \times 10^5[\text{mm}^4]$$

$$A = 3.6 \times 10^5[\text{mm}^2]$$

세장비 $\frac{l}{k}$는

$$\frac{l}{k} = \frac{2000}{11.55} = 173.2$$

한편, 양단 회전단이므로 그림 1에 의하여 끝단 계수 n = 1, 또, 표 1에 의하여 랭킨식이 사용될 수 있는 세장비의 한계는 연강의 경우는 $90\sqrt{n} = 90\sqrt{1}$ = 90으로 된다. 그러나 이 재료의 세장비 173.2는 세장비의 한계를 초과하므로 오일러의 식을 사용하여야 한다.
그래서

· 좌굴하중 $W = n\pi^2 \frac{EI}{l^2} = 1 \times \pi^2 \times \frac{2 \times 10^4 \times 4.8 \times 10^5}{2000^2}$

$= 23700$[kgf]

· 안전하중 $\frac{W}{S} = \frac{23700}{4} = 5930$[kgf]

02. 길이 2[m] 직경 100[mm]인 경강제 원 기둥의 좌굴하중을 구하시오. 단, E = 2 × 10^4[kgf/mm^2], 기둥의 끝단조건은 양단 고정이다.

풀이 I 및 A를 먼저 산출한 다음에 세장비를 구하고, 사용할 식을 결정한다.

$$I = \frac{\pi d^4}{64}, \quad A = \frac{\pi d^2}{4}$$

$$k = \sqrt{\frac{I}{A}} = \sqrt{\frac{\frac{\pi d^4}{64}}{\frac{\pi d^2}{4}}} = \frac{d}{4} = \frac{100}{4} = 25[\text{mm}]$$

세장비 $\frac{l}{k}$는

$$\frac{l}{k} = \frac{2000}{25} = 80$$

랭킨의 식에 의한 세장비의 한계는 $85\sqrt{n}$, 기둥은 양단 고정이므로 끝단계수 $n = 4$

$$85\sqrt{n} = 85\sqrt{4} = 170$$

따라서 랭킨의 식을 사용한다.

$$\sigma = \frac{\sigma_c}{1 + \frac{a}{n}(\frac{l}{k})^2} = \frac{49}{1 + \frac{1}{4 \times 5000} \times 80^2} = 37.1[\text{kgf/mm}^2]$$

03. 양단 회전단의 끝단조건을 가진 길이 1.5[m]인 연강봉에 2000[kgf]의 하중이 걸릴 때 그 축경을 얼마로 하면 되는가? 단, 안전율 S = 6, E = 2 × 10^4[kgf/mm^2]이다.

풀이 우선 오일러의 식으로 축경을 계산하고 그 결과로부터 세장비를 비교하고, 다시한번 오일러의 식 또는 랭킨식 인가를 판단하고 오일러의 식에서 부적당한 경우는 랭킨식에서 계산하여 고친다.
사용하중 2000[kgf], 안전율 6이므로 좌굴하중 W는

$$W = 2000 \times 6 = 12000[\text{kgf}]$$

오일러의 식 $W = n\pi^2 \frac{EI}{l^2}$에 $W = 2000[kgf]$, $n = 1$, $E = 2\times10^4$ $[kgf/mm^2]$, $I = \frac{\pi d^4}{64}$를 대입하여

$$12000 = 1\times\pi^2 \frac{2\times10^4\times\frac{\pi d^4}{64}}{1500^2}$$

$$d = \sqrt[4]{\frac{12000\times1500^2\times64}{1\times2\times10^4\times\pi^3}} = 40.9[mm]$$

$$k = \sqrt{\frac{I}{A}} = \sqrt{\frac{\frac{\pi d^4}{64}}{\frac{\pi d^2}{4}}} = \frac{d}{4} = 10.23[mm]$$

세장비 $\frac{l}{k}$는

$$\frac{l}{k} = \frac{1500}{10.23} = 147$$

세장비의 한계 $90\sqrt{n}$, 양단 회전단이므로 $n = 1$

$$\therefore\ 90\sqrt{n} = 90\sqrt{1} = 90$$

세장비가 90보다 크므로 오일러의 식을 사용한다.

$$\therefore\ d = 40.9[mm]$$

2.2.2. 존슨식(Johnson's formula)

고든-랭킨식은 이론과 실험을 병용하여 탄성한계 이내에서 성립되는 것을 전제로 하여 만든 것으로 오일러 식에서의 세장비가 작은 경우(〉 100)에 대하여 적용할 수 있는 식이다.

그러나 고든-랭킨식은 세장비가 50 ~ 100의 범위 내에서는 일치하지만 세장비가 그보다 작거나 큰 부분에서는 잘 일치되지 않는다.

이러한 결점을 보완하여 존슨은 실험결과에 일치할 수 있도록 다음과 같은 식을 만들었다.

$$\sigma = \frac{W}{A} = \sigma_c - \frac{\sigma^2_{c4n\pi^2E}(\frac{l}{k})^2}{} \quad \cdots\cdots (8-6)$$

2.2.3. 테트마이어 식(tetmajer's formula)

테트마이어는 양단 회전기둥에 대하여 오일러식과 랭킨식에 대하여 실험결과에 맞지 않는 부분에 대하여 각종 재료를 사용하여 실험을 통하여 다음과 같은 직선식을 만들었다.

$$\sigma = \frac{W}{A} = \sigma_c[1 - a(\frac{l}{k}) + b(\frac{l}{k})^2] \quad \cdots\cdots (8-7)$$

이 식에서 a 및 b는 표 2에 표시한 상수이고 표 중에서 세장비의 범위 내에서만 적합하다. 계수 b는 대단히 작은 값이므로 주철 이외에는 직선으로 된다.

표 2. 테트마이어 직선식 상수(양단회전지지의 장주)

재 료	σ_c[kgf/cm^2]	a	b	$\lambda = l/k$
주 철	7760	0.01546	0.00007	5~88
연 철	3030	0.00246	0	10~112
연 강	3100	0.00368	0	10~105
경 강	3350	0.00185	0	〈 90
목 재	293	0.00625	0	1.8~100

2.3. 편심하중을 받는 단주

세장비가 30 이하인 기둥을 일반적으로 단주라 한다. 하중을 단주의 축선과 일치하도록 작용시키려 해도 실제로는 편심되어 작용되는 경우가 많다.

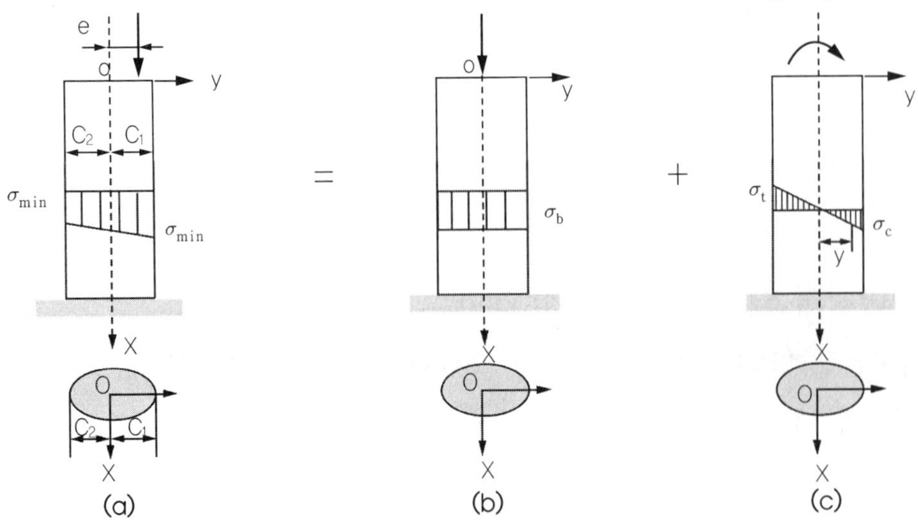

그림 3. 편심하중을 받는 단주

그림 3(a)와 같이 단주의 축선에서 e만큼 편심되어 작용하는 하중을 편심하중(eccentric load)이라 하고, e를 편심거리라 한다. 그림 3(a)에서 단주에 작용하는 편심하중 P에 의해 생기는 응력은 그림 3(b), (c)와 같이 두 가지로 나누어서 생각할 수 있다. 즉, 그림 3(b)와 같이 기둥의 각 단면 위에 균일하게 작용하는 압축응력 $\sigma_1 = \dfrac{P}{A}$와 그림 3(c)와 같이 편심으로 인한 모멘트 M= Pe에 의해 생기는 굽힘응력 $\sigma_2 = \dfrac{M}{Z}$로 나누어진다.

그러므로 기둥의 단면에는 편심하중에 의해 압축과 조합응력이 나타나며 임의의 단면에 발생하는 합성응력은 위의 두 가지 응력을 중첩시킨 결과로서 다음과 같이 된다.

$$\sigma = -\frac{P}{A} \pm \frac{M}{Z} = -\frac{P}{A} \pm \frac{Pey}{I} \quad \cdots\cdots (8-8)$$

여기서 A는 기둥의 단면적이고 I는 단면의 Z축에 관한 관성모멘트, e는 편심거리, y는 축선으로 부터의 거리이다.

이 식으로 주어지는 응력의 분포상태는 그림 3(a)에서의 사다리꼴 모양과 같다. 이 모양은 압축응력이 최대 굽힘응력보다 커서 그림과 같이 전단면에 압축응력이 생긴 경우이다.

만약 굽힘응력이 압축응력보다 크다면 왼편은 인장응력, 오른편은 압축이 생기고 따라서 단면 내에서 응력이 0이 되는 곳이 생긴다. 이것을 영응력선(line of zero stress)라고 한다. 따라서 단면 내에서 영 응력선을 경계로 인장응력과 압축응력으로 나뉘어진다. 그리고 이 기둥에 걸리는 최대응력은 식(8-8)의 y 대신에 중심에서 오른쪽 표면까지의 거리 c_1을 대입하고, 그 단면의 회전반경 $k = \sqrt{\frac{I}{A}}$를 고려하여 정리하면 다음과 같다.

$$\sigma_{max} = -\frac{P}{A}\left(1 + \frac{ec_1}{k^2}\right) \quad \cdots\cdots (8-9)$$

같은 방법으로 식 (8-8)의 y대신에 왼쪽 표면까지의 거리 $-c_2$를 대입하면 최소 응력이 구해진다.

$$\sigma_{min} = -\frac{P}{A}\left(1 - \frac{ec_2}{k^2}\right) \quad \cdots\cdots (8-10)$$

실제 설계에서는 식 (8-9)로 주어지는 최대 압축응력만을 고려하면 된다.

그러나 식 (8-10)에서 괄호 안의 $\frac{ec_2}{k^2}$값이 1보다 커지는 경우에는 식 (8-10)은 양의 값을 가지게 되므로 단면의 왼쪽에는 인장응력이 작용하게 된다. 이것은 단주가 편심하중을 받아 단면에서 인장응력이 발생하는 경우로 설계상 이러한 응력이 발생하지 않도록 편심을 줄이는 노력이 필요하다. 기둥의 왼쪽 표면의 응력 즉, 인장응력이 0이 되기 위한 위치를 중심선으로부터 거리 y라 하면 식 (8-10)에서 $c_2 = y$가 되고 따라서

$$0 = -\frac{P}{A}\left(1 - \frac{ey}{k^2}\right) \quad \cdots\cdots (8-11)$$

따라서 다음과 같은 식을 구할 수 있다.

$$y = \pm\frac{k^2}{y}$$

$$e = \pm\frac{k^2}{y} \quad \cdots\cdots (8-12)$$

만약 폭 b와 높이 h인 직사각형 단면이라면 $c_1 = c_2 = \frac{h}{2}$, $k^2 = \frac{I}{A} = \frac{h^2}{12}$이 되고, 따라서 위 식에 의하면 기둥이 편심 압축을 받아도 인장응력이 발생하지 않도록 하는 편심거리 e는 다음 식으로 나타낼 수 있다.

$$e = \pm\frac{k^2}{y} = \frac{\pm\frac{h^2}{12}}{\frac{h}{2}} = \pm\frac{h}{6}$$

또는

$$e = \pm\frac{k^2}{y} = \frac{\pm\frac{b^2}{12}}{\frac{b}{2}} = \pm\frac{h}{6}$$

따라서 e의 범위는 다음과 같다.

$$-\frac{h}{6} \langle e \langle \frac{h}{6}$$

또는

$$-\frac{b}{6} < e < \frac{b}{6}$$

또한 직경이 d인 원형단면의 경우, e는 식 (8-12)로 부터

$$e = \pm\frac{k^2}{y} = \pm\frac{\frac{d^2}{16}}{\frac{d}{2}} = \pm\frac{d}{8}$$

따라서 편심거리 e의 범위는 다음과 같다.

$$-\frac{d}{8} < e < +\frac{d}{8}$$

여기서 e의 범위는 하중이 작용했을 때 단면에 생기는 응력의 상태를 결정한다.

만약 하중이 e의 범위 내에 작용하면 영응력선을 항상 단면의 가장자리 외에 존재하게 되고 단면에서 압축응력만이 일어나고 인장응력은 일어나지 않는다. 이러한 편심거리 e의 범위를 단면의 핵심(core of section)이라고 한다. 따라서 하중이 작용할 때 편심된 거리가 단면의 핵심 내에 있게 되면 단면은 인장응력이 생기지 않는다. 인장에 약하고 압축에 강한 콘크리트, 벽돌, 주철 등에는 하중이 단면의 핵심 내에 작용하도록 설계하여야 한다.

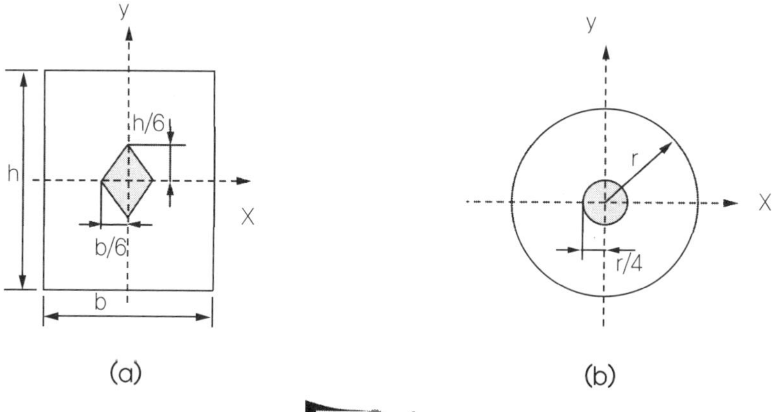

그림 4.

그림 4(a)와 같은 직사각형 단면에서 하중 P의 작용점이 도심에서 e만큼 편심되어 작용하는 경우 모서리의 점에서 인장응력이 일어나므로, 모서리에서 인장응력이 일어나지 않는 범위 즉, 인장응력이 0이 되는 하중의 작용점의 범위를 구하면 된다.

여기서는 빗금친 부분의 마름모꼴이 단면의 핵이 된다. 그림 4(b)와 같은 원형단면에서는 모든 방향에서 대칭축을 가지므로 d/8 즉, r/4의 원으로 단면의 핵이 표시된다.

연습문제 Exercises

01. 외경 100[mm], 내경 80[mm], 길이 1.5[m]인 연강제의 기둥으로 지지할 수 있는 하중은 얼마인가 ? 단, 종탄성계수 $E = 2 \times 10^4$[kgf/ mm^2], 안전율 S = 5, 보의 끝단조건은 일단고정 타단 자유이다.

풀이

(1) 기둥의 최소 단면 2차 모멘트 I와 단면적 A의 계산

$$I = \frac{\pi}{64}\left(d_2^4 - d_1^4\right) = \frac{\pi}{64}(100^4 - 80^4) = 2.90 \times 10^6 [mm^4]$$

$$A = \frac{\pi}{4}\left(d_2^2 - d_1^2\right) = \frac{\pi}{4}(100^2 - 80^2) = 2.83 \times 10^3 [mm^4]$$

(2) 최소 단면 2차 반경 k와 세장비 l/k의 계산

$$k = \sqrt{\frac{I}{A}} = \sqrt{\frac{2.90 \times 10^6}{2.83 \times 10^3}} = 32.0[mm]$$

$$\frac{l}{k} = \frac{1500}{32} = 46.9$$

(3) 식의 선정

$$n = \frac{1}{4}, \quad < \quad 90\sqrt{n}, \quad 90\sqrt{n} = 90\sqrt{\frac{1}{4}} = 45$$

$\frac{l}{k} > 90\sqrt{n}$ 이므로,

(4) 좌굴하중 W와 사용하중 W ′ 의 계산

$$W = n\pi^2 \frac{EI}{l^2} = \frac{1}{4} \times \pi^2 \times \frac{2.1 \times 10^4 \times 2.90 \times 10^6}{1500^2}$$

$$= 6.68 \times 10^4 [\text{kgf}]$$

$$\text{사용하중 } W' = \frac{W}{S} = \frac{6.68 \times 10^4}{5} = 1.336 \times 10^4 [\text{kgf}]$$

Mechanics of Materials

CHAPTER 00

부 록

appendix

1. 평면도형의 기하학적 성질

1.1 도심(centroid)

1.1.1. 도심이란?

지구의 중력은 물체를 구성하는 모든 질점에 작용하고 있고, 지구중력의 합력이 작용하는 물체상의 작용점을 그 물체의 중심(center of gravity)이라 부른다. 그러나 두께와 무게가 없는 평면도형의 경우는 중심보다는 도형의 중심 즉, 도심이라 부르는 것이 타당하다.

1.1.2. 도심의 결정

일반적으로 도심은 평면도형의 관찰에 의해서 찾아지는 경우가 많다. 그 예로서 그림 1의 2개의 대칭축을 갖는 평면 도형의 중심은 대칭축의 교점에 있고, 대칭축을 하나만 가지고 있을 때는 도심은 대칭축상에 있다.

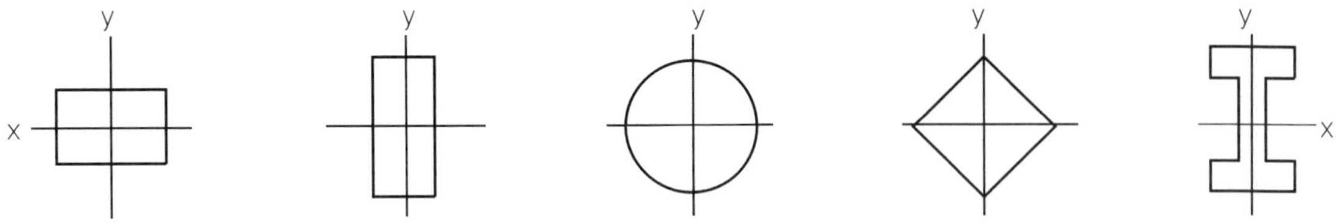

그림 1.

그러나 도형이 대칭축을 가지고 있지 않은 그림 2와 같은 경우에는 도심의 위치를 알 수 있는 몇 개의 부분(원, 삼각형, 사각형 등)으로 나누고, 각 부분의 임의의 축에 대한 모멘트의 대수적 총합은 전도형의 면적에 중심과 축과의 거리를 곱한 모멘트와 같다는 관계를 이용하여 구할 수 있다.

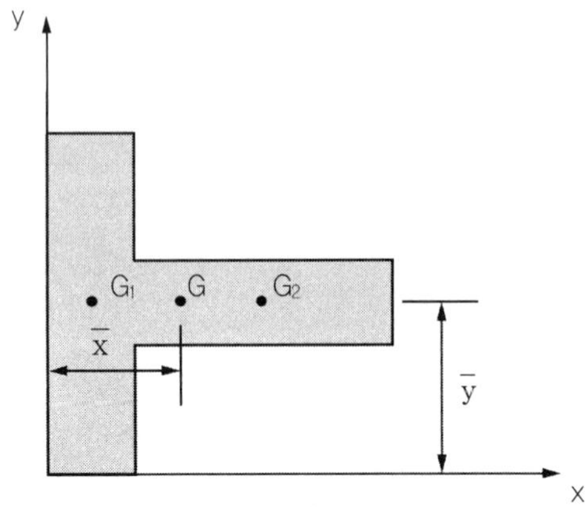

그림 2.

1.2. 단면 1차 모멘트와 도심

그림 3과 같은 면적이 A인 임의의 평면도형상에 x, y의 좌표를 갖는 미소면적 dA를 취하여 xdA 및 ydA를 x, y축에 대한 미소면적 dA의 1차 모멘트라고 정의한다.

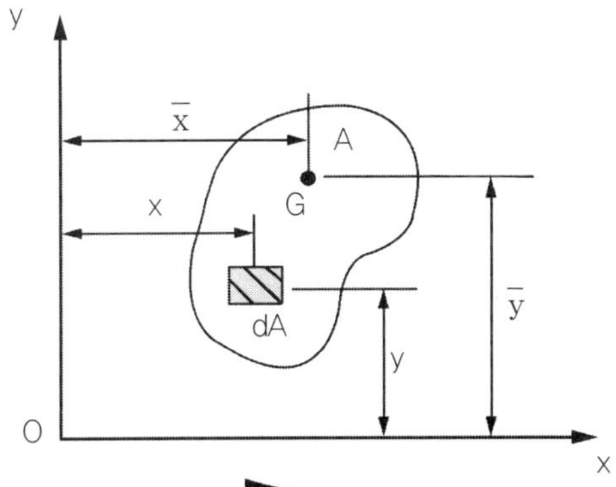

그림 3.

이것을 전 면적 A에 걸쳐서 적분한 값을 전 면적 A의 x, y축에 관한 단면 1차 모멘트, 면적모멘트 또는 기하모멘트라 하고 기호로는 G_x, G_y로 표시하면 식 (0-1)과 같다.

$$\left.\begin{aligned} G_x &= \int_A y dA = \bar{y} A \\ G_y &= \int_A x dA = \bar{x} A \end{aligned}\right\} \quad \cdots\cdots\cdots\cdots\cdots\cdots (0-1)$$

도형의 중심 즉, 도심에서는 모멘트가 0이라는 점을 착안한다면 단면 1차 모멘트가 0이 되는 점이 단면의 도심이 되고, 이 도심 G의 좌표 $\bar{x}$, $\bar{y}$는 식 (0-2)와 같은 관계식으로 주어진다.

$$\left.\begin{aligned} \therefore \bar{y} &= \frac{G_x}{A} = \frac{\int_A y dA}{\int_A dA} \\ \bar{x} &= \frac{G_y}{A} = \frac{\int_A x dA}{\int_A dA} \end{aligned}\right\} \quad \cdots\cdots\cdots\cdots\cdots\cdots (0-2)$$

만약 x, y축이 되심 G를 통과하면 $\bar{x}=0$, $\bar{y}=0$이므로 이들 축에 관한 단면 1차 모멘트도 0이 된다. 즉, $G_x=0$, $G_y=0$이 되고, $G_x=0$, $G_y=0$이면 x축 또는 y축은 반드시 도심을 지나게 된다. 그러므로 평면도형이 대칭축을 가지면 축은 반드시 도심을 지나게 되고, 그 축에 대한 단면 1차 모멘트는 0이 된다.

예제 Exercise

01. 아래 그림과 같은 T형 단면의 도심을 구해보자.(단위 : [mm])

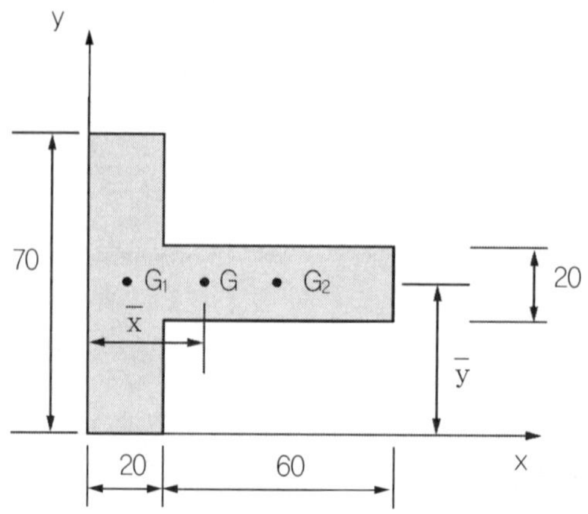

풀이 단면의 왼쪽(A_1)과 오른쪽(A_2)의 두 개의 사각 단면으로 나누어 생각하면

$A_1 = 70\times20 = 1400[mm^2]$

$A_2 = 60\times20 = 1200[mm^2]$

$x_1 = \dfrac{20}{2} = 10[mm]$

$x_2 = \dfrac{60}{2} + 20 = 50[mm]$

이므로

$$\bar{x} = \frac{\int xdA}{A} = \frac{A_1x_1 + A_2x_2}{A_1 + A_2}$$

$$= \frac{1400\times10 + 1200\times50}{1400+1200} = 28.46[mm]$$

상하 대칭인 도면이므로 $\bar{y}=\frac{70}{2}=35$[mm]이다.

02. 아래의 그림과 같이 한 변의 길이가 60[cm]인 정방형 도형에 직경 $d=25$[cm]의 구멍이 있고, 이 원의 중심은 대각선 $\overline{AC}$의 $\frac{1}{4}$인 지점에 있다. 이 도형의 도심을 구하여라.

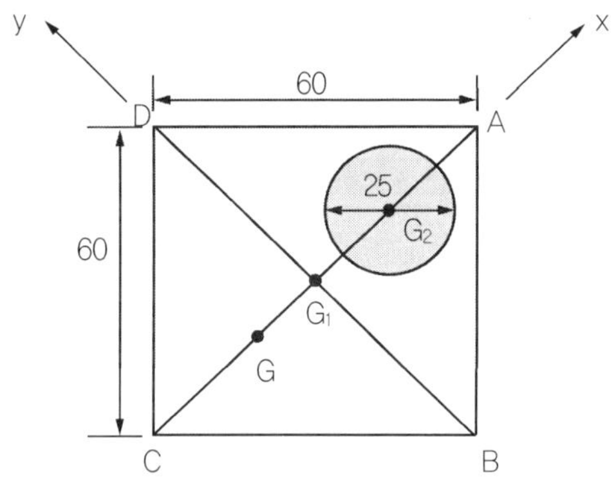

풀이 도형을 두 개의 도형(정방형, 원형)으로 생각하고, 정방형 도형의 면적에서 원의 면적을 빼면 되고, 정방형 도형의 도심 G_1을 좌표의 원점으로 잡고, 도심의 위치를 결정하면 편리하다.

$x_1=0$

$$x_2=\overline{G_1G_2}=\frac{1}{2}\overline{AG_1}=\frac{1}{4}\overline{AC}=\frac{1}{4}\sqrt{60^2+60^2}=21.2[\text{cm}]$$

$A_1=60\times60=3600[\text{cm}^2]$

$$A_2=\frac{\pi}{4}\times25^2=491[\text{cm}^2]$$

$$\therefore \overline{G_1G}=\frac{A_{1x_1}-A_2x_2}{A_1-A_2}=\frac{3600\times0-491\times21.2}{3600-491}=-3.35[\text{cm}]$$

가 된다. 즉, 도심의 G는 G_1보다 3.35[cm] 아래에 위치한다. 그리고 도심 G의 y축 좌표는 삼각형의 기본성질과 각 변의 비례관계를 생각하면 쉽게 구할 수 있다.

03. 그림과 같은 사다리꼴 도형의 도심을 구하여라.

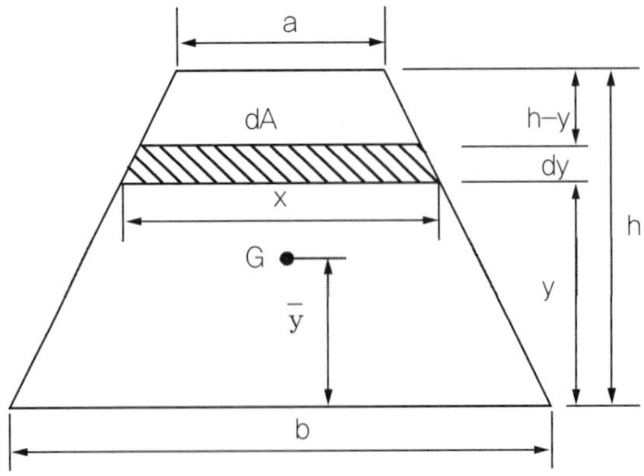

풀이 사다리꼴의 비례관계와 미소면적 dA를 고려하면,

$$(x-a):(b-a)=(h-y):h$$

$$\therefore x=b-\frac{y}{h}(b-a)$$

$$\therefore dA=xdy=[b-\frac{y}{h}(b-a)]dy$$

$$\therefore G_x=\int_0^h ydA=\int_0^h y[b-\frac{y}{h}(b-a)]dy=\frac{h^2}{6}(b+2a)$$

따라서 $\bar{y}=\dfrac{G_x}{A}=\dfrac{\frac{h^2}{6}(b+2a)}{\frac{h(a+b)}{2}}=\dfrac{h(2a+b)}{3(a+b)}$가 된다.

1.3. 단면 2차 모멘트와 단면계수

그림 4와 같이 임의의 평면도형의 미소면적 dA의 X, Y축까지의 거리를 각각 x, y라 할 때, 거리 x 및 y의 제곱과 미소면적 dA를 각각 곱한 값을 X, Y축에 대한 단면 2차 모멘트(second moment of area) 또는 관성모멘트(moment of inertia)라 하고, 기호로는 I_x, I_y로 표시한다.

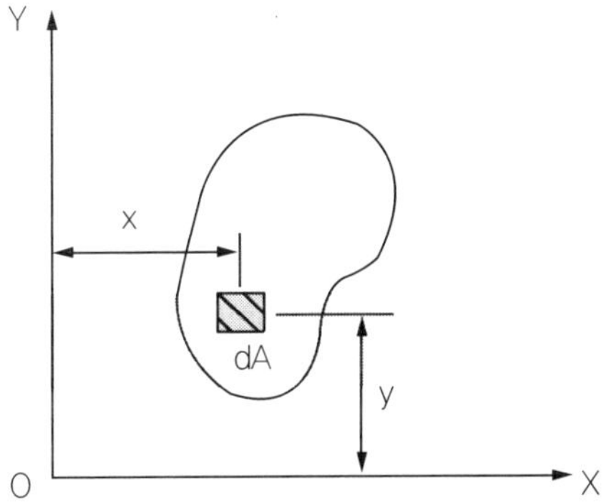

그림 4.

$$\left.\begin{aligned} I_x &= \int_A y^2 dA \\ I_y &= \int_A x^2 dA \end{aligned}\right\} \quad \cdots\cdots (0\text{-}3)$$

만약 주어진 도형이 몇 개의 부분으로 나누어지는 경우에는 각 부분의 도형들의 관성모멘트를 합하여 전체 도형의 관성모멘트를 구할 수 있다. 또한 도형의 전 면적이 어떤 한 점에 집중되어 있다고 생각하고 주어진 축에 대한 도형의 관성모멘트의 크기가 동일 축에 대해 분포된 면적의 관성모멘트와 같을 경우, 이 집중된 점을 단면 2차 중심(center of gyration)이라 한다.

그리고 이 점에서 주어진 축까지의 거리를 단면 2차 반경, 회전반경(radius of gyration), 혹은 관성반경이라 하고 기호 k로 표시한다.

회전반경 k와 관성모멘트 I와는 다음의 관계가 있다.

$$\left.\begin{aligned} I_x &= kx^2 A \\ I_y &= ky^2 A \end{aligned}\right\} \quad \cdots\cdots (0\text{-}4)$$

회전반경이 도심을 지나는 대칭축일 경우,

$$\left.\begin{aligned} I &= k^2 A \\ k &= \sqrt{\frac{I}{A}} \end{aligned}\right\} \cdots\cdots (0-5)$$

이다.

또, 그림 5와 같이 축 $X-X$가 도심을 지날 때, 축으로부터 상단 및 하단까지의 거리를 각각 y_1, y_2라 하면, 이 도심을 지나는 축에 대한 관성모멘트를 상하단까지의 거리로 나눈 것을 이 축에 대한 단면계수(modulus of section)라 한다. 단면 계수는 기호 Z로 표시하며, 관성모멘트와는 다음의 관계가 있다.

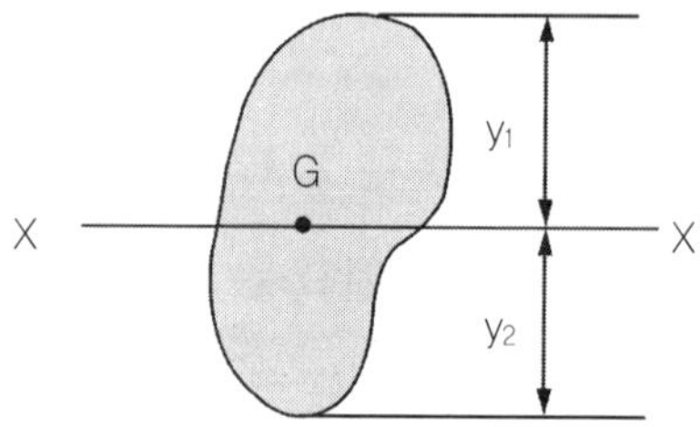

그림 5.

$$\left.\begin{aligned} Z_1 &= \frac{I_x}{I_y} \\ Z_2 &= \frac{I_x}{y} \end{aligned}\right\} \cdots\cdots (0-6)$$

만일 도형이 상하 대칭이면 단면계수는 하나만 존재하고 그 값은 $Z = \frac{I}{y}$이다.

예제 Exercise

04. 아래의 그림과 같은 정방형 단면에서 도심 O를 지나는 직교축 x, y에 대한 관성모멘트 I_x, I_y, 단면계수 Z_x, Z_y 및 회전반경 k_x, k_y를 구하여라.

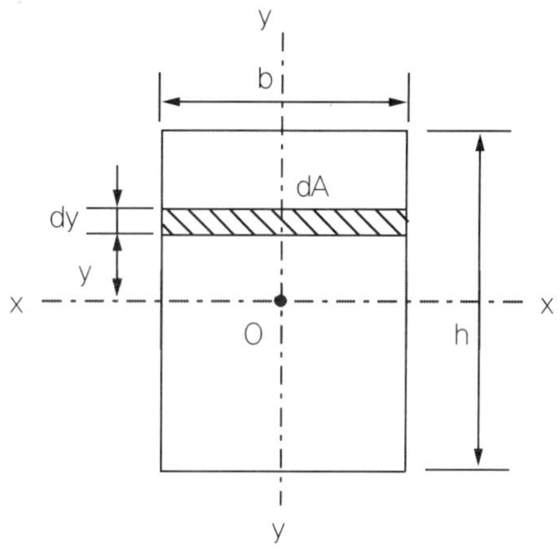

풀이 $I_x = 2\int_0^{\frac{h}{2}} y^2 dA = 2\int_0^{\frac{h}{2}} y^2 b dy = 2b\left[\frac{y^3}{3}\right]_0^{\frac{h}{2}} = \frac{2}{3}b\left[\frac{h}{2}\right]^3 = \frac{bh^3}{12}$

같은 방법으로 I_y를 구하면

$I_y = \frac{hb^3}{12}$가 되고, 단면계수와 회전반경은 다음과 같다.

$$Z_x = \frac{I_x}{y} = \frac{bh^3}{12} \times \frac{2}{h} = \frac{bh^2}{6}$$

$$Z_y = \frac{I_y}{x} = \frac{hb^3}{12} \times \frac{b}{2} = \frac{hb^2}{6}$$

$$k_x = \sqrt{\frac{I_x}{A}} = \sqrt{\frac{h^2}{12}} = \frac{h}{\sqrt{12}}$$

$$k_y = \sqrt{\frac{I_y}{A}} = \sqrt{\frac{b^2}{12}} = \frac{b}{\sqrt{12}}$$

1.4. 극관성 모멘트와 극단면계수

그림 6과 같이 X, Y축의 교점 O를 극으로 할 때, 도형의 미소면적 dA에 극(pole, O점)으로부터의 거리 r의 제곱을 전면적 A에 대해서 적분한 값과 곱한 값을 극관성 모멘트(polar moment of inertia)라 하고 기호로 I_p로 표시한다.

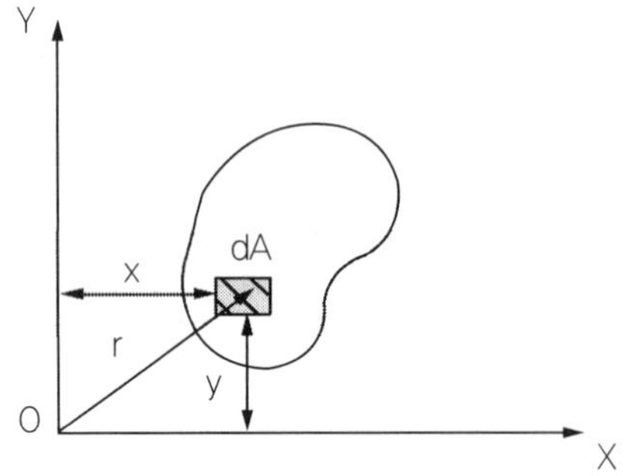

그림 6.

$$I_p = \int_A r^2 dA([\text{cm}^4]) \quad \cdots\cdots (0-7)$$

이고, $r^2 = x^2 + y^2$인 관계를 식 (0-7)에 대입하면

$$I_p = \int_A (x^2 + y^2)dA = \int_A x^2 dA + \int_A y^2 dA = I_x + I_y \quad \cdots\cdots (0-8)$$

이다. 그러므로 I_p는 X, Y축에 관한 두 관성모멘트의 합과 같고, 정방형이나 원과 같은 두 직교축이 대칭인 도형에서는 $I_x = I_y$이므로

$$\left.\begin{aligned} I_p &= 2I_x = 2I_y = 2I \\ \therefore I &= \frac{I_p}{2} \end{aligned}\right\} \quad \cdots\cdots (0-9)$$

가 된다.

또한 도심 G에 대한 극관성모멘트를 단면의 최외각까지의 거리로 나눈 값을 극단면계수라 하고 기호는 Z_p로 표시한다.

$$Z_p = \frac{I_p}{y}([\mathrm{cm}^3]) \quad \cdots\cdots (0-10)$$

예 제 Exercise

05. 지름 d 인 원형 단면에서 중심 O에 대한 극관성모멘트 I_p, 극단면계수 Z_p와 O점을 지나는 축에 대한 관성모멘트 I 및 단면계수 Z를 구하여라.

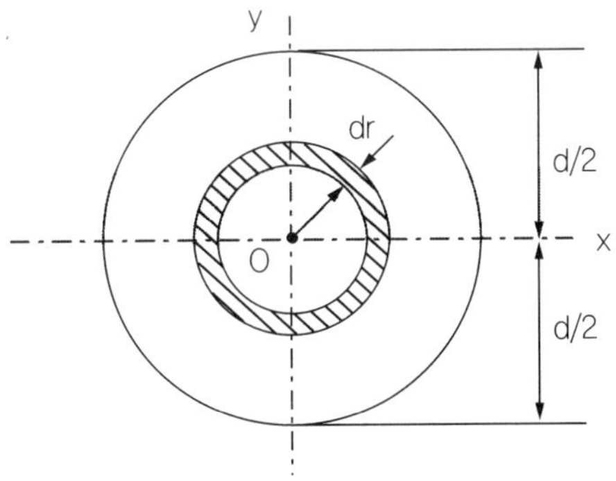

풀이 폭 dr의 미소면적을 dA라 하면

$dA = 2\pi r dr$이므로

$$I_p = \int_0^{\frac{d}{2}} r^2 dA = \int_0^{\frac{d}{2}} r^2 2\pi r dr = 2\pi \left[\frac{r^4}{4}\right]_0^{\frac{d}{2}} = \frac{\pi d^4}{32}$$

$$Z_p = \frac{I_p}{y} = \frac{\pi d^4}{32} / \frac{d}{2} = \frac{\pi d^3}{16}$$

$$I = \frac{I_p}{2} = \pi d^4 64$$

$$Z = \frac{I}{y} = \frac{\pi d^4}{64} / \frac{d}{2}$$

가 된다.

06. 외경 d_2, 내경 d_1인 아래의 그림과 같은 중공 원형 단면의 중립축에 대한 단면 2차 모멘트 I, 단면계수 Z와 극관성모멘트 I_p와 극단면계수 Z_p를 구하여라.

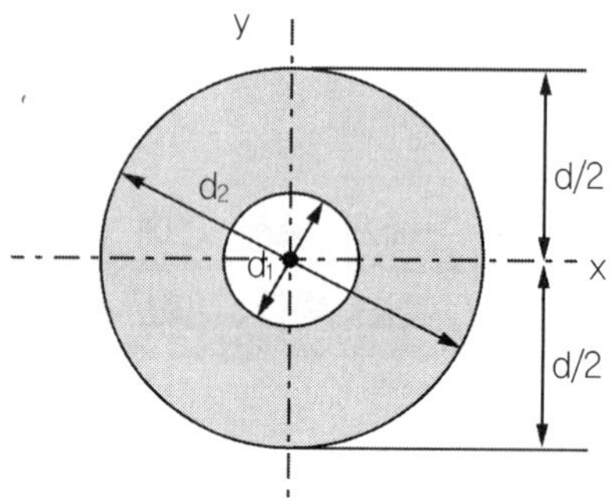

풀이

$$I=\frac{\pi d_2^4}{64}-\frac{\pi d_1^4}{64}=\frac{\pi(d_2^4-d_1^4)}{64}$$

$$Z=\frac{I}{y}=\frac{\pi(d_2^4-d_1^4)}{64}\times\frac{2}{d_2}=\frac{\pi}{32}\left(\frac{d_2^4-d_1^4}{d_2}\right)$$

$$I_p=2I=\frac{\pi}{32}(d_2^4-d_1^4)$$

$$Z_p=\frac{I_p}{y}=\frac{\pi}{16}\left(\frac{d_2^4-d_1^4}{d_2}\right)$$

2. 응력 집중계수

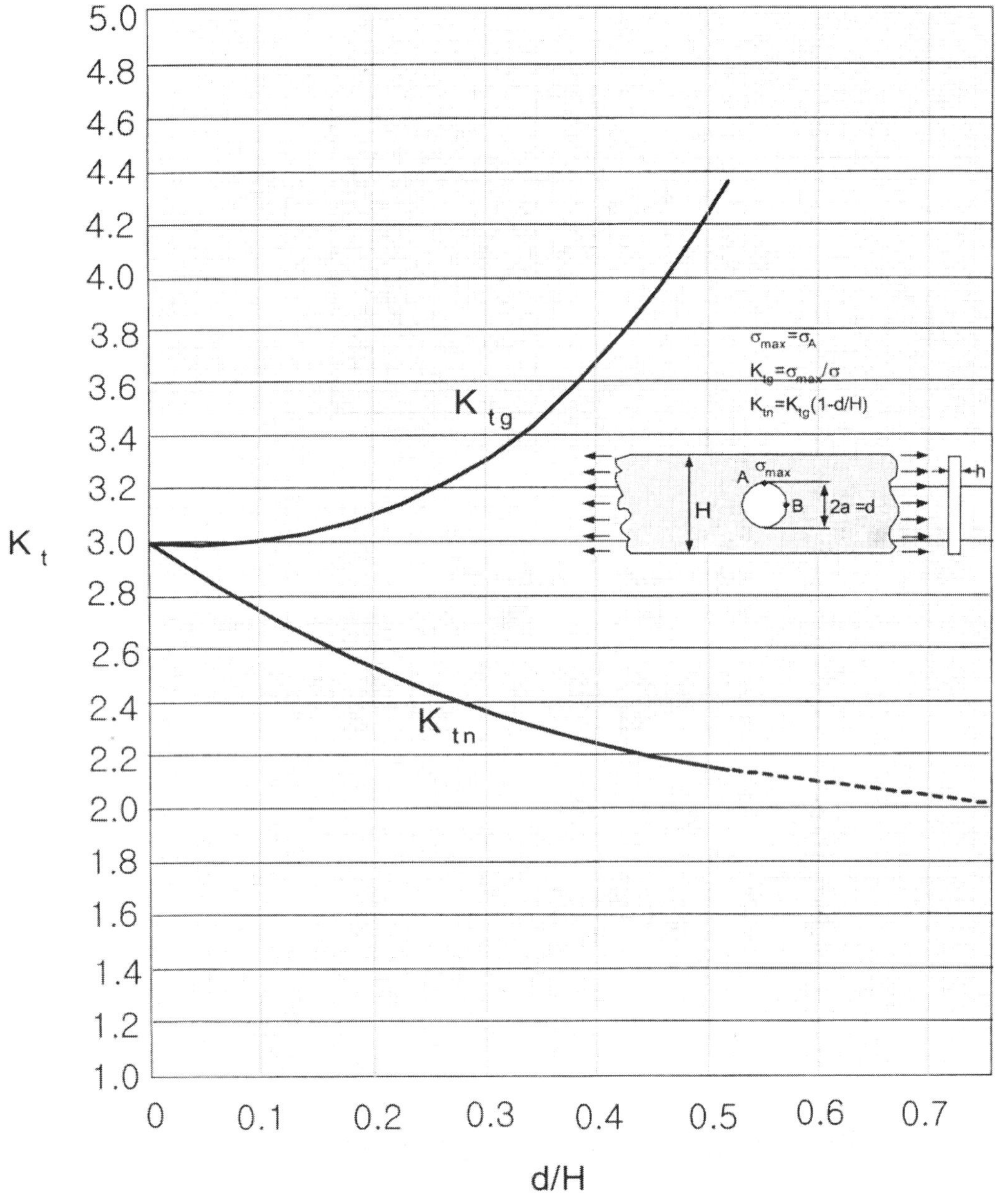

그림 7. 원공을 갖는 유한판의 응력 집중계수

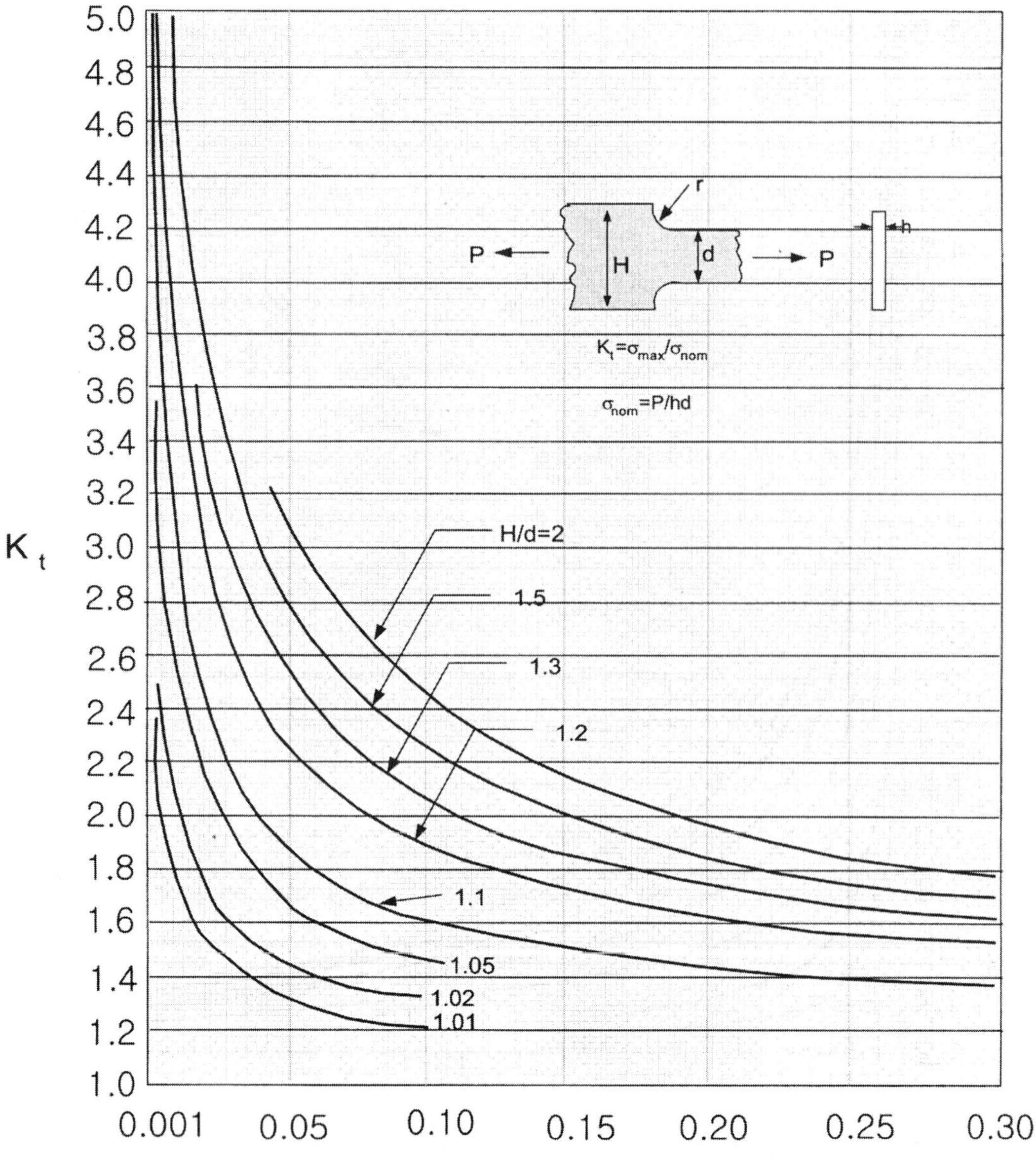

그림 8. 필렛부를 갖는 단달림 평판의 응력 집중계수

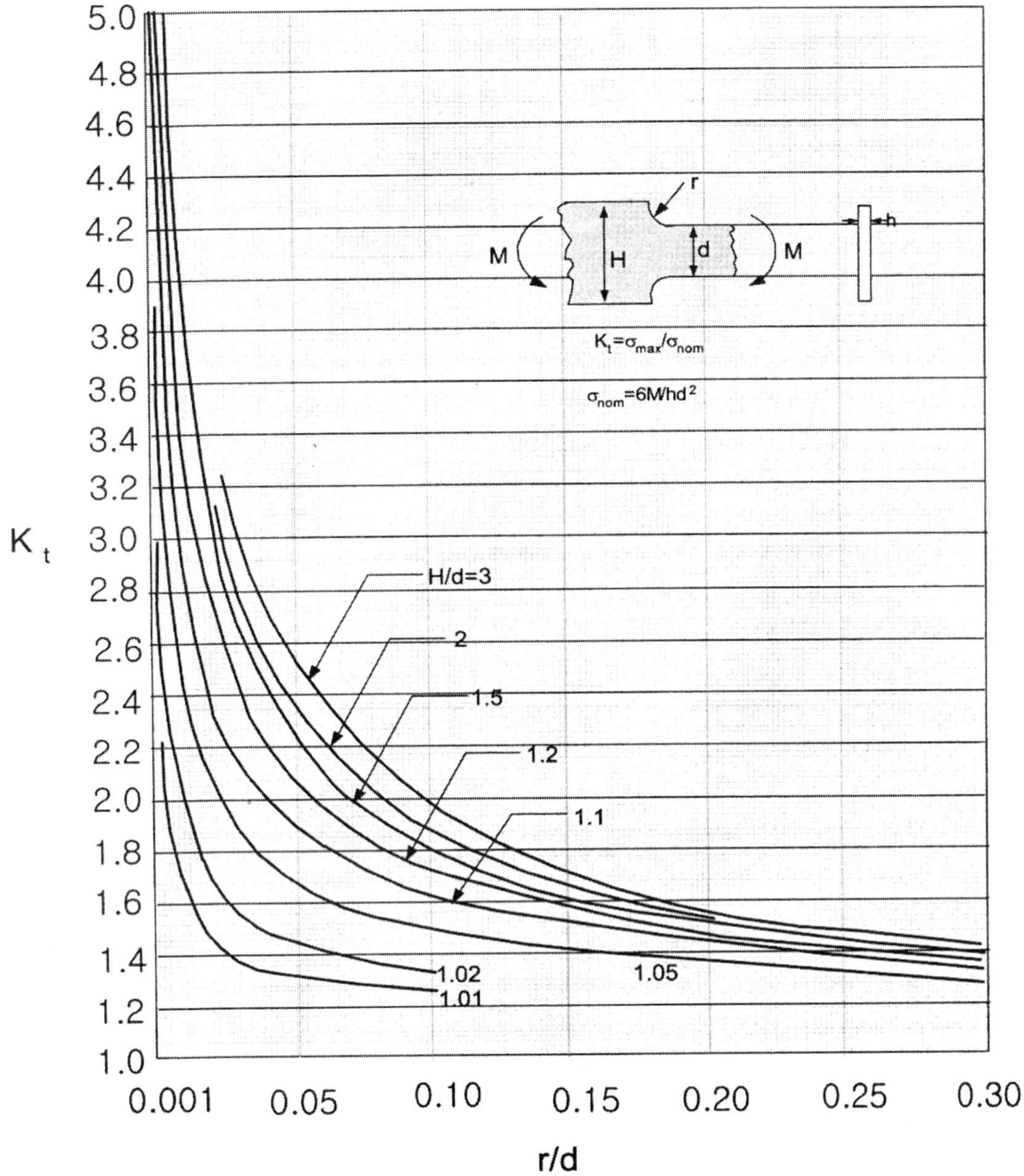

그림 9. 필렛부를 갖는 단달림 평판의 응력 집중계수

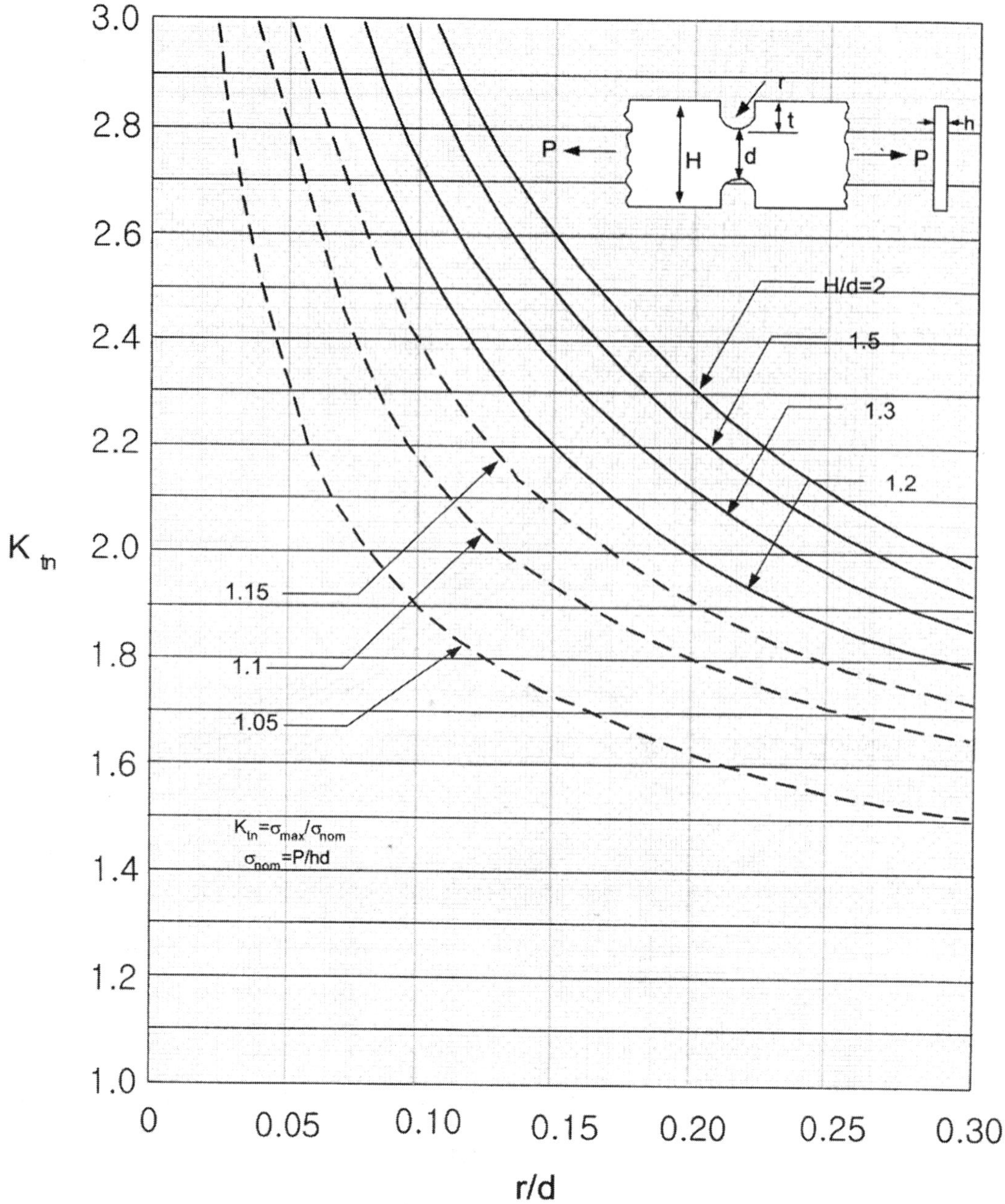

그림 10. 양쪽 노치를 갖는 평판의 응력 집중계수

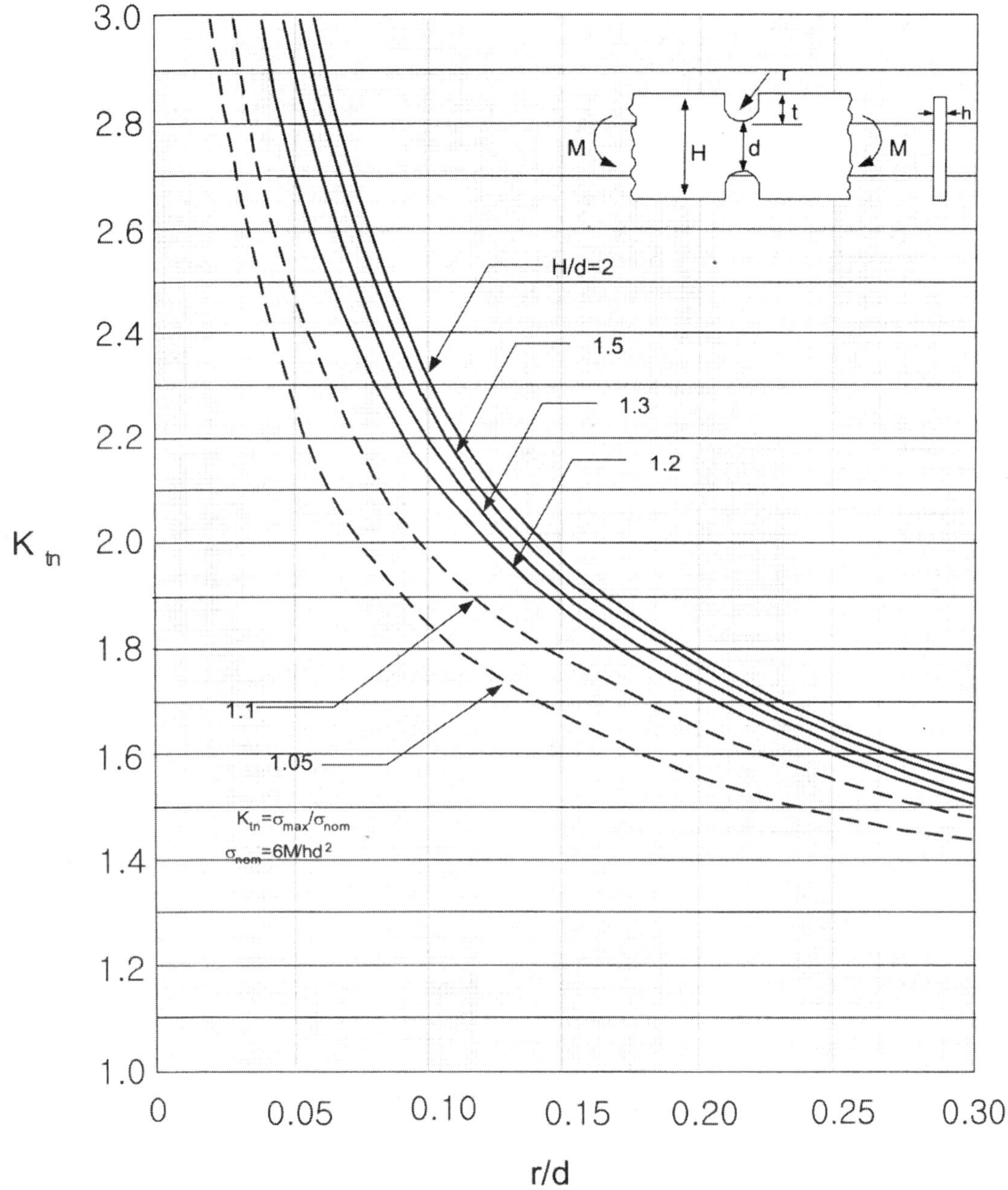

그림 11. 양쪽 노치를 갖는 평판의 응력 집중계수

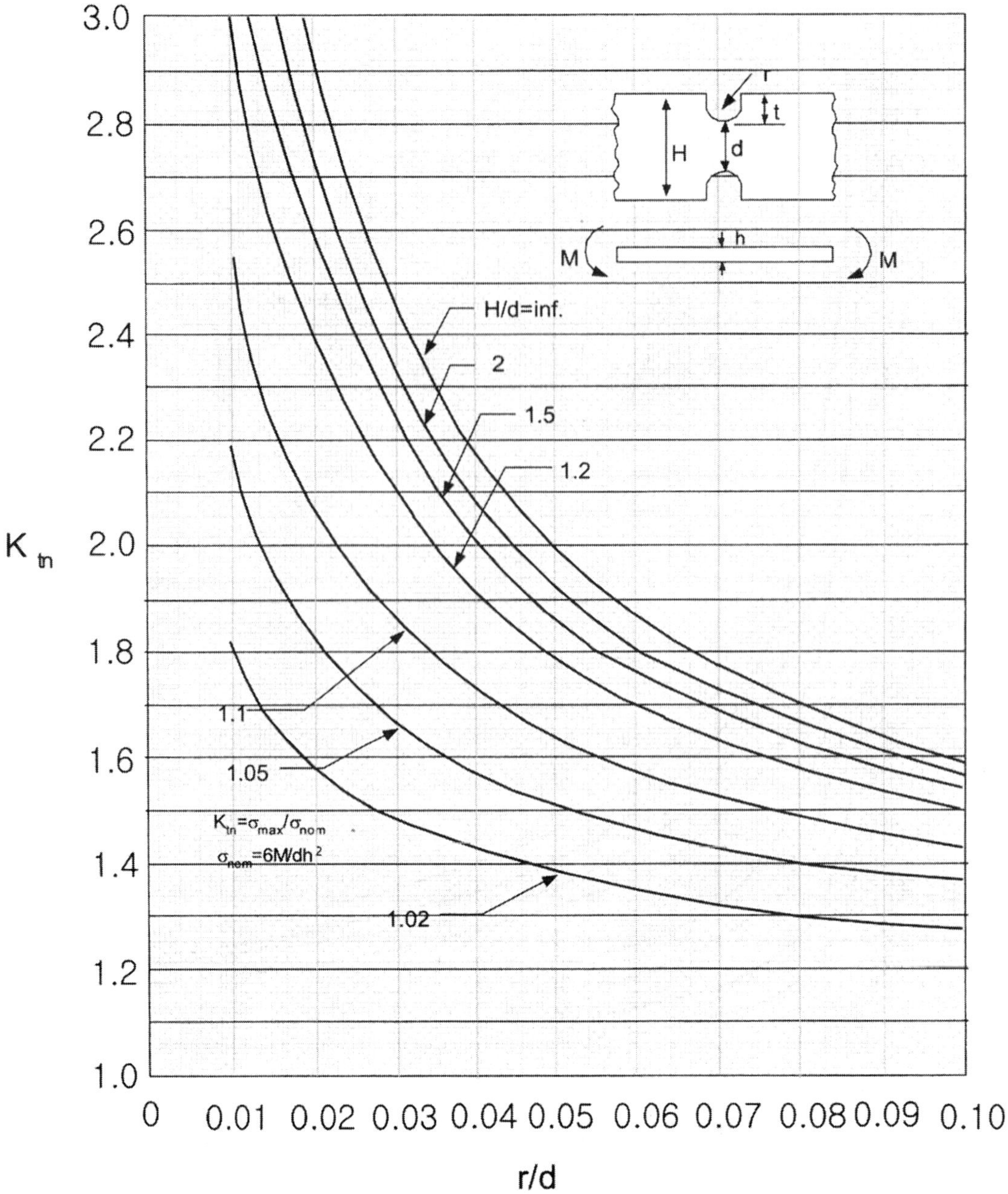

그림 12. 양쪽 노치를 갖는 평판의 응력 집중계수

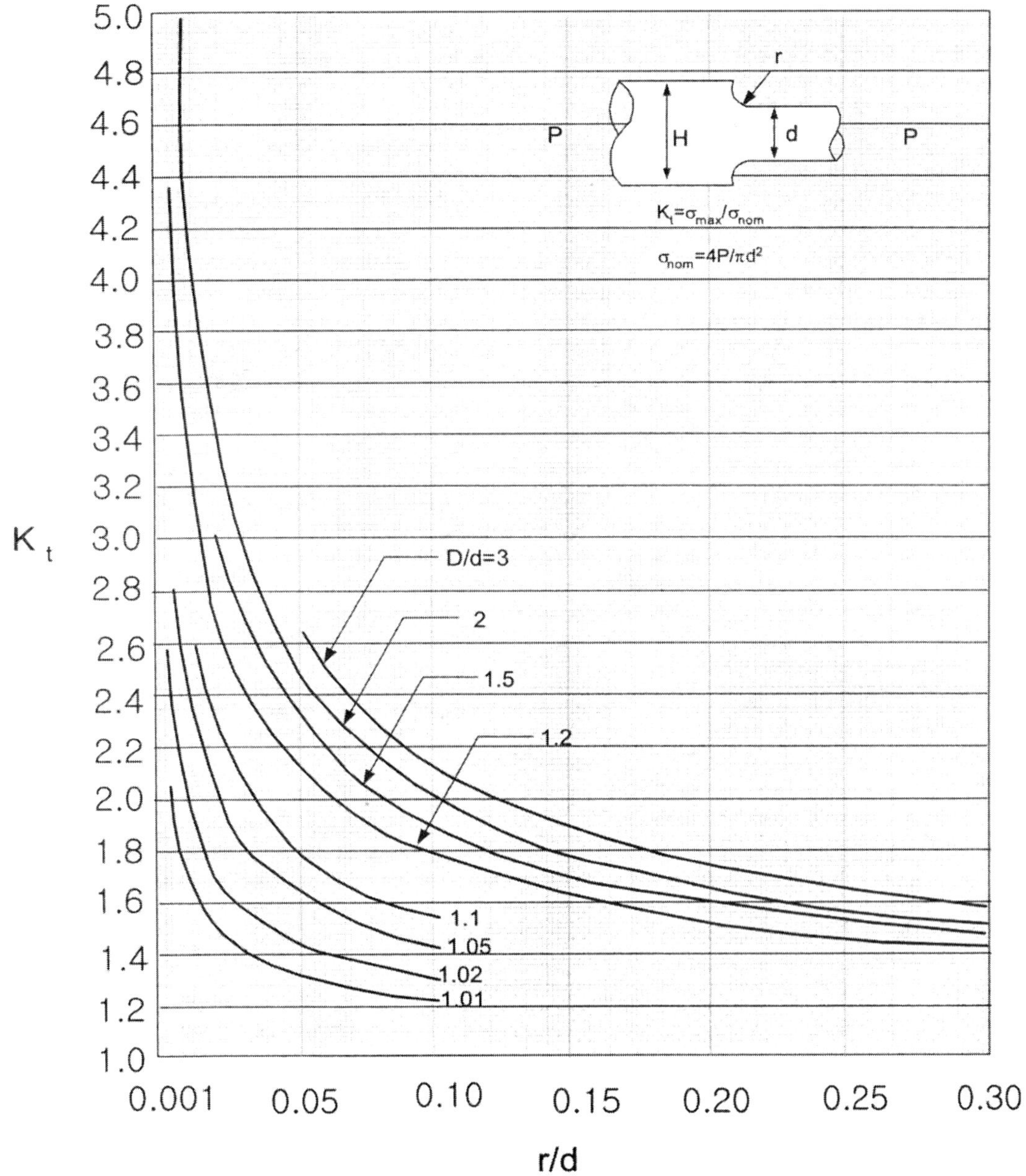

그림 13. 필렛부를 갖는 단달림 봉의 응력 집중계수

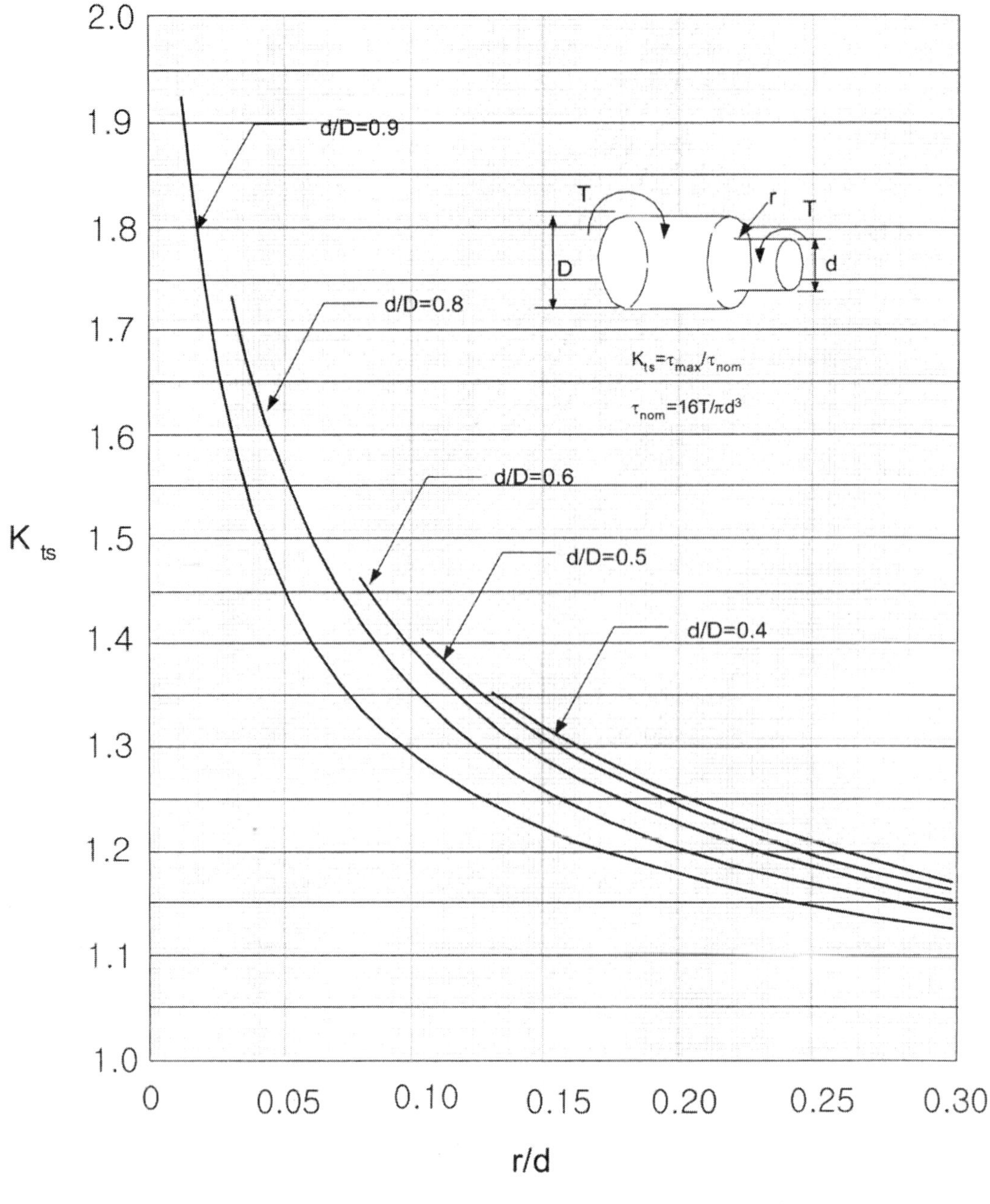

그림 14. 필렛부를 갖는 단달림 봉의 응력 집중계수

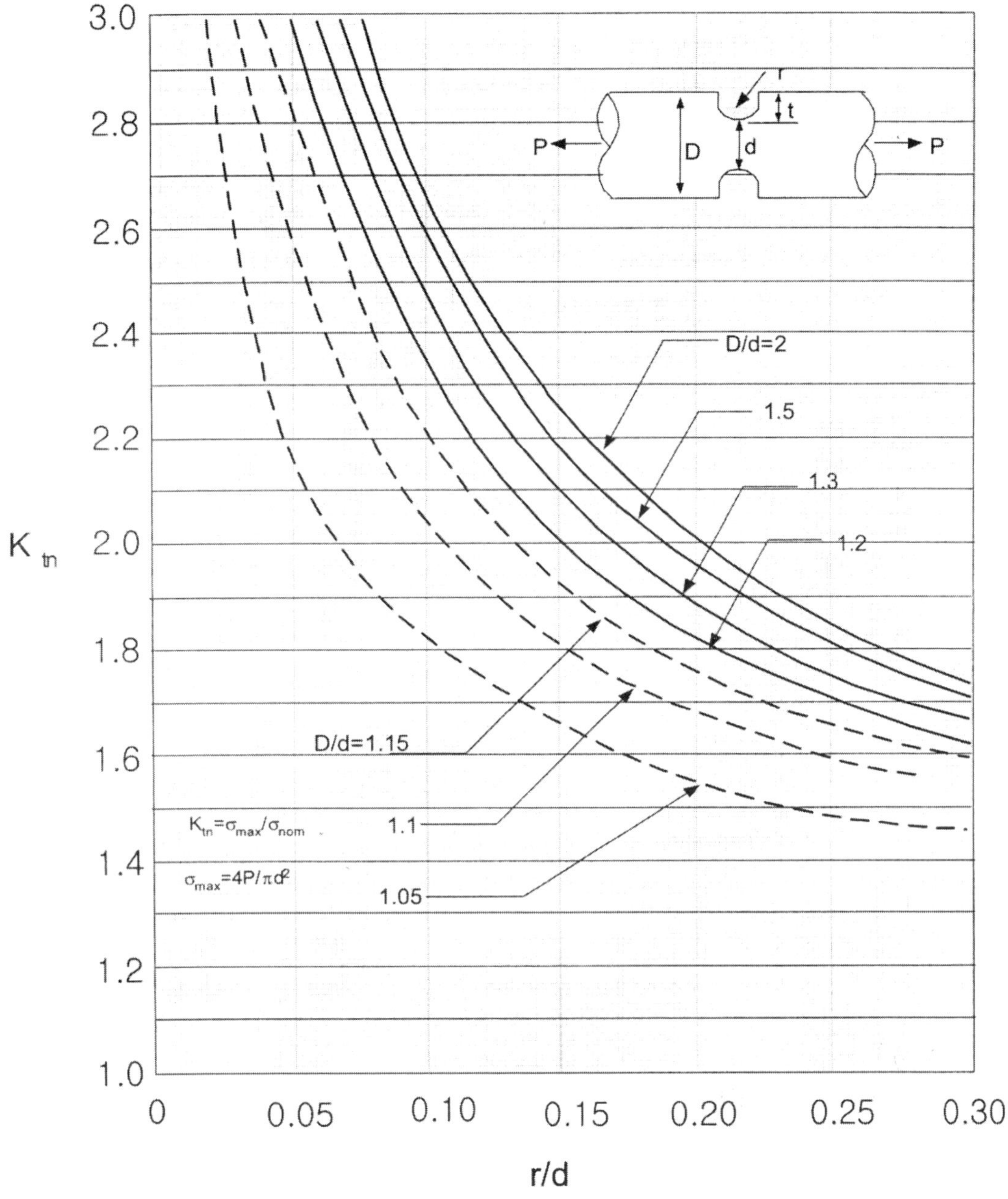

그림 15. 양쪽 노치를 갖는 원형봉의 응력 집중계수

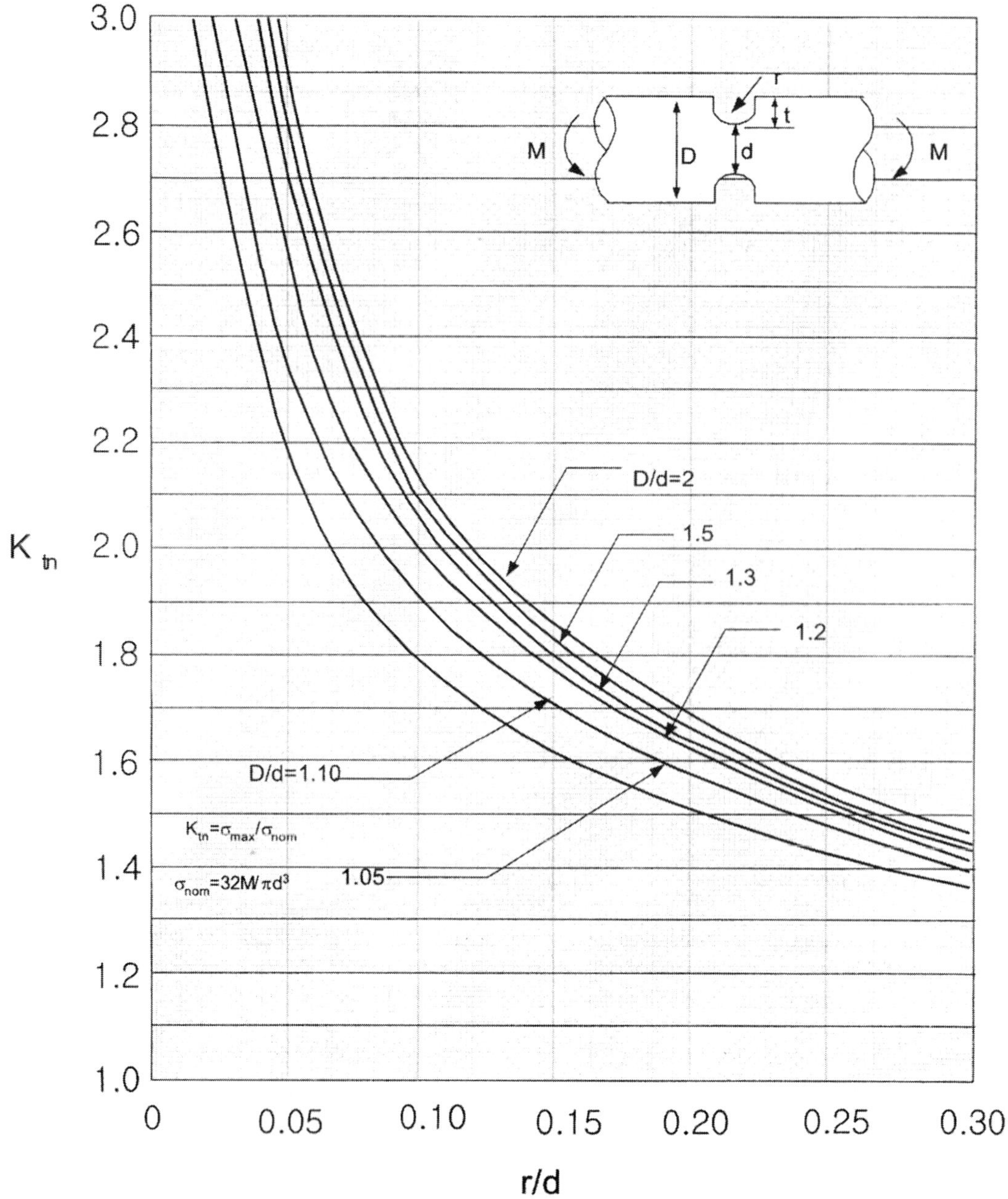

그림 16. 양쪽 노치를 갖는 원형봉의 응력 집중계수

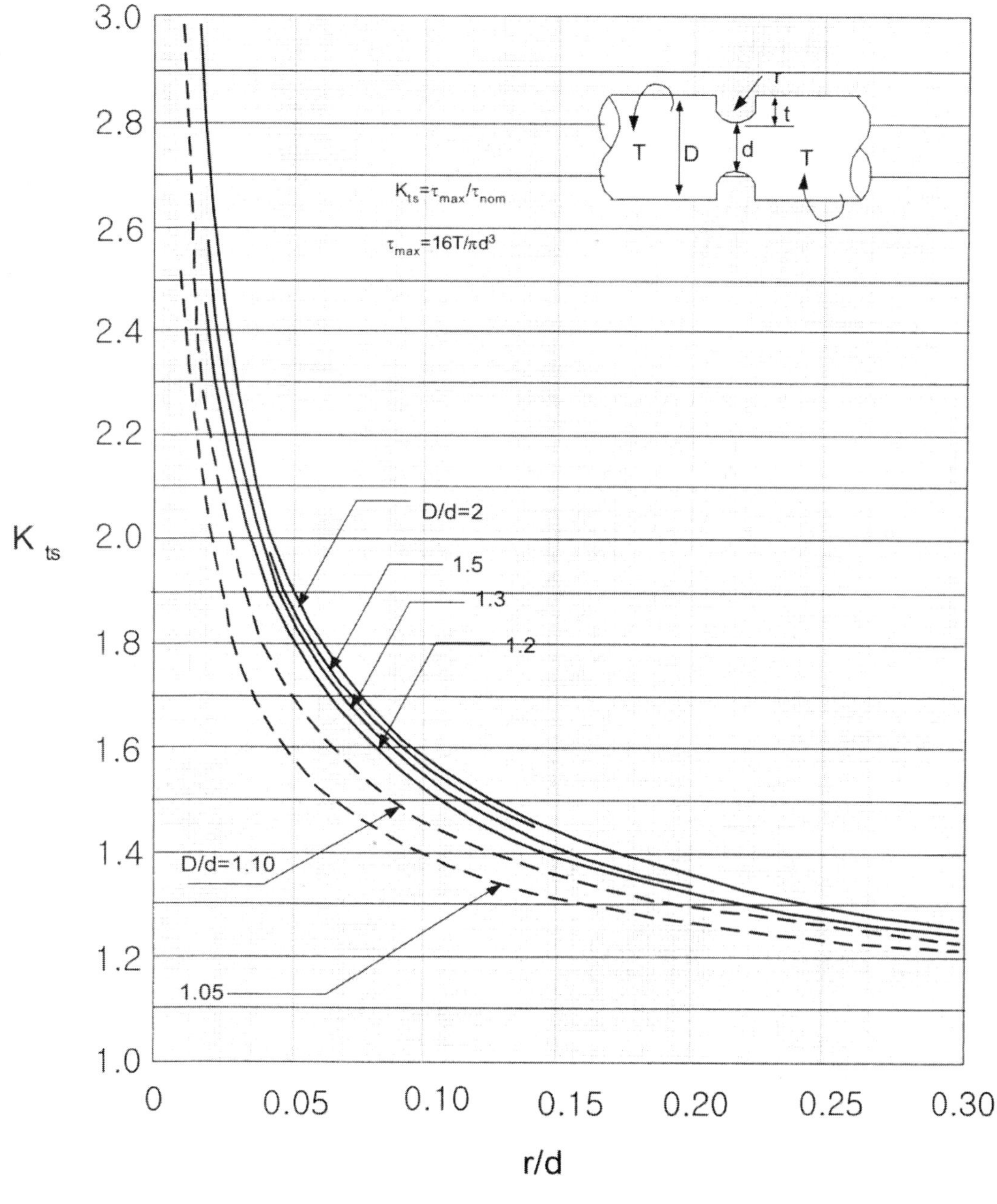

그림 17. 양쪽 노치를 갖는 원형봉의 응력 집중계수